作物湿渍害遥感

黄敬峰 等 著

科学出版社

北京

内 容 简 介

本书围绕"宏观定性，微观定量；宏观概查，微观精准"的总体思路，充分分析了湿渍害遥感监测的技术需求，研究和设计了湿渍害遥感监测技术框架，完成了对长江中下游地区冬小麦和油菜湿渍害遥感监测、损失评估、预报和风险区划等指标体系及技术方法的构建。本书主要内容包括湿渍害对冬小麦和油菜的影响及指标研究、地块尺度冬小麦和油菜湿渍害遥感监测方法研究、基于多源降水数据融合的作物湿渍害监测方法研究、基于星地多源土壤水分含量数据的作物湿渍害遥感监测方法研究、作物湿渍害预报方法研究和作物湿渍害风险评估。

本书是国内外第一本有关作物湿渍害遥感的专著。适合从事农业遥感、植被遥感、农业气象灾害研究等相关领域的技术人员和管理人员阅读，也可以作为高等院校遥感和农业气象等相关专业的参考教材。

审图号：GS（2019）1901号

图书在版编目（CIP）数据

作物湿渍害遥感/黄敬峰 等著. —北京：科学出版社，2019.10

ISBN 978-7-03-062426-0

I. ①作… II. ①黄… III. ①作物-湿害-监测系统 IV. ①S422

中国版本图书馆 CIP 数据核字（2019）第 214207 号

责任编辑：孟美岑 韩 鹏 柴良木 / 责任校对：杨聪敏
责任印制：吴兆东 / 封面设计：北京图阅盛世

科 学 出 版 社 出版

北京东黄城根北街 16 号
邮政编码：100717
http://www.sciencep.com

北京九州迅驰传媒文化有限公司印刷
科学出版社发行 各地新华书店经销

*

2019 年 10 月第 一 版 开本：787×1092 1/16
2025 年 2 月第二次印刷 印张：14
字数：331 000

定价：**188.00 元**

（如有印装质量问题，我社负责调换）

前　言

据不完全统计，截至 2019 年 6 月，我国有近 60000 个地面气象监测站，全球在轨运行的对地观测卫星超过 100 颗。充分利用星地多源数据开展灾害监测预测研究，不但具有重要的理论意义，而且具有重要的应用价值。在公益性行业（气象）科研专项"作物湿渍害星地一体化监测与预警技术研究及应用示范"（GYHY201406028）、国家自然科学基金资助项目"冬小麦湿害星地多要素协同遥感监测方法研究"（41371412）、"植物叶片多种色素高光谱遥感机理与模型研究"（41471277）、"油菜冻害和霜冻危害高光谱遥感机理与方法研究"（41171276）、"主要作物病虫害遥感监测与预测方法研究"（61661136004）、"十三五"重点研发专项"粮食主产区主要气象灾变过程及其减灾保产调控关键技术"（2017YFD0300400），以及浙江省农业遥感与信息技术重点实验室开放课题资助下，经过几年研究，作者在作物湿渍害风险综合评估、遥感监测、预测等方面取得显著进展，本书是国内外第一本有关作物湿渍害遥感的专著。

本书的总体思路是"宏观定性，微观定量；宏观概查，微观精准"，紧紧围绕高光谱、高时间、高空间卫星遥感数据与地面气象站数据融合，提高作物湿渍害气象业务服务水平这一核心目标，在以下几个方面取得突破性进展：利用高空间分辨率的卫星遥感数据，构建地块尺度作物湿渍害监测与损失评估模型，突破了卫星遥感"高高在上"，难以落实在"田间地头"的技术瓶颈，实现对农户的精准服务；利用地面高光谱数据，构建油菜湿渍害叶片尺度-冠层尺度-田块尺度的遥感监测指标体系，为油菜湿渍害精准识别提供基础；利用高时间分辨率、低空间分辨率的卫星遥感土壤水分含量产品及其融合资料，攻克了作物湿渍害过程宏观遥感监测难题；利用星地多源降水和土壤水分含量数据，通过数据融合方法，提高降水和土壤水分含量数据的时空分辨率，攻克了利用降水、土壤水分含量、植被指数等卫星遥感数据进行湿渍害多要素协同监测时空不匹配的难题，构建了多要素协同监测技术体系，解决了单用植被指数进行作物灾害监测存在的知其然而不知其所以然的问题。

全书共 8 章，其中第 1 章主要介绍冬小麦湿渍害基本特征，并利用小区试验资料、农业气象观测资料、长时间序列的气象资料和产量数据，开展湿渍害对冬小麦生长发育影响的研究，收集整理前期研究成果，构建冬小麦湿渍害监测评估指标；第 2 章介绍湿渍害对油菜生长发育及产量形成的影响以及基于地面要素的油菜湿渍害指标体系和湿渍害胁迫对油菜叶片及冠层光谱的影响与遥感指标研究，构建油菜湿渍害田间诊断（调查）-叶片尺度-冠层尺度-田块尺度-县域尺度的油菜湿渍害监测指标体系；第 3 章和第 4 章分别反映利用 2014~2015 年冬小麦和油菜生长季开展的星地同步观测试验，进行地块尺度冬小麦和油菜湿渍害遥感监测方法研究，构建地块尺度冬小麦和油菜湿渍害监测模型，实现湿渍害胁迫下地块尺度冬小麦和油菜叶面积指数与生物量动态制图，构建地块尺度冬小麦和油菜产量损失遥感估算模型成果；第 5 章主要进行了基于多源降水数据融合的作物湿渍害监测方法研究，首先根据不同地物植被指数的季节变化特征研究确定区域湿渍害监测、预报、损失评估中承载体的范围，然后构建星地多源降水信息融合的定量模型以获取高质量、高空间分辨率的降水数据，最后利用星地降水融合数据和 MODIS 数据提取的冬小麦和油菜种植面积，结合湿渍害指标，对长江中下游地区冬作物湿渍害进行动态监测；第 6 章主要介绍了基于星地多源土壤水分含量数据的作物湿渍害遥感监测方法研究，展示了利用 ERS-1/2 和 ASCAT 土壤水分含量数据产品进行研究区作物湿渍害宏观监测结果，利用光学遥感卫星数据对被动微波所反演的土壤水分含量数据集做降尺度处理，进而获得高时空分辨率、接近地表全覆盖的土壤水分数据集，结合高时空分辨率土壤水分含量数据进行作物湿渍害监测；第 7 章主要介绍了作物湿渍害预报方法研究，包括春季湿渍害评估指数的海温和环流特征量预报模型构建，基于 CLDAS 土壤水分含量数据与天气预报产品的湿渍害预报方法研究；第 8 章主要进行了作物湿渍害风险评估，包括研究区冬小麦和油菜种植分布及生产概况、基于气象因素的冬小麦和油菜春季湿渍害气象风险区划，以及基于 GIS 的作物湿渍害综合风险区划。

　　本书由"作物湿渍害星地一体化监测与预警技术研究及应用示范"项目负责人黄敬峰负责前期构思、中期修改、后期统稿，相关专家分工执笔完成。在项目申请时黄敬峰就构思出版一本能反映研究成果的专著；项目下达后，黄敬峰于 2014 年 3 月 29 日首次提出撰写目录，其后根据项目进展不断优化结构和完善内容；在各位专家提交初稿后，反复修改，直至最后定稿。第 1 章由盛绍学、温华洋、石磊、李文阳执笔；第 2 章由秦鹏程、苏荣瑞、刘志雄、万素琴、刘凯文、尤慧、陈鑫、孟翠丽、韩佳慧、黄敬峰执笔；第 3 章由刘围围、黄敬峰、王秀珍、成杰峰、杜雄俊执笔；第 4 章由韩佳慧、黄敬峰、刘围围、成杰峰、杜雄俊执笔；第 5 章由陈圆圆、黄敬峰、成杰峰、杜雄俊执笔；第 6 章由宋沛林、张利杰、王秀珍、黄敬峰、成杰峰、杜雄俊执笔；第 7 章由吴洪颜、刘志雄、张佩、万素琴、徐敏、高苹执笔；第 8 章由吴洪颜、陈圆圆、张佩、曹璐、李杨、黄敬峰执笔。全书由黄敬峰统稿，王秀珍、成杰峰、杜雄俊负责图表、格式审查。

　　该项目研究由浙江大学牵头，安徽省气象信息中心、江苏省气象台、武汉区域气候中心、上海师范大学、杭州师范大学、国家气象中心等单位参加。浙江大学参加研究的人员主要有黄敬峰、宋晓东、王福民、金元欢、张垚、陈圆圆、宋沛林、刘围围、韩佳慧、王丽媛、魏传文、佘宝、张东东、陈耀亮、黄伟娇、郭乔影、张康宇、潘灼坤、韩冰、周振、成杰峰、杜雄俊等；安徽省气象信息中心主要参加人员有盛绍学、温华洋、石磊、李文阳、张建军、王根、高金兰、邱康俊等；武汉区域气候中心主要参加人员有刘志雄、秦鹏程、万素琴、苏荣瑞、刘凯文、尤慧、孟翠丽、王涵、陈鑫、高华东等；江苏省气象台主要参加人员有吴洪颜、张佩、谢志清、李杨、曹璐、徐云、肖卉、任义芳、王伟丽、周宝亚、徐为根等；上海师范大学主要参加人员有林文鹏、郭璞璞、李亮、江健等；杭州师范大学主要参加人员有王秀珍、张利杰、金梦婷等；国家气象中心主要参加人员有庄立伟、吴门新等。项目在执行中还得到中国气象局科技与气候变化司、浙江大学、安徽省气象局、江苏省气象局、湖北省气象局、上海师范大学、杭州师范大学、国家气象中心领导和项目管理人员的支持和帮助，研究过程中也得到许多专家的指导，在此表示衷心感谢。

　　作物湿渍害遥感研究还处在探索阶段，本书仅是起到抛砖引玉的作用，随着技术进步，卫星数据光谱分辨率、空间分辨率、时间分辨率不断提高，其内容还需要不断深化和完善。由于作者水平有限，书中难免存在疏漏之处，恳请读者批评指正！

黄敬峰

2019 年 6 月于杭州

目　　录

第1章 湿渍害对冬小麦的影响及指标研究

通过收集整理前期研究成果，利用长时间序列的气象资料和产量数据，结合农业气象观测资料，开展湿渍害胁迫对冬小麦生长发育、产量形成、品质等影响研究，构建冬小麦湿渍害监测、损失评估指标。

1.1 冬小麦湿渍害基本特征

湿渍害（或称为渍害、涝渍害）属涝灾范畴，是特殊的涝灾，也是以江淮江汉地区为主的我国南方麦区冬小麦生育期间的主要农业气象灾害之一（金之庆等，2001）。分析冬小麦湿渍害的孕灾环境、致灾因子等基本特征，研究湿渍害对冬小麦生长发育及产量的影响，确定湿渍害监测指标，是进行冬小麦湿渍害影响评估技术研究的重要内容，也是进一步开展冬小麦湿渍灾害风险、损失、经济影响定量分析和动态评估的基础研究之一。

1.1.1 冬小麦湿渍害成因与孕灾环境分析

湿渍害的成因主要是长时间持续阴雨天气，降水量过多，地下水位过高、地面排水不畅，土壤水分过饱和或根层土壤含水量长时间大于田间持水量，土壤空隙充满水分，空气含量严重不足，从而对冬小麦正常生长造成危害（盛绍学等，2009，2010；黄毓华等，2000）。湿渍害有时也被称为涝渍害，但湿渍害的范围比涝渍害大一些，还包括土壤含水量占田间持水量的比例（即土壤相对湿度）长时间维持在 85%以上、植株间的空气相对湿度大，导致作物生长不良和病虫草害严重的情况。湿渍害和内涝是紧密相连的，同时也难以明显区分，一般沿河圩区、地势低洼区域发生涝渍害，则相邻稍高平坦地可能出现湿渍害。

影响江淮江汉地区冬小麦的湿渍害发生在当年 10 月～次年 5 月。根据冬小麦生育进程和江淮江汉地区的生态气候特征，其中影响显著、危害损失大的是春季（3～5 月）的湿渍害（盛绍学等，2010；马晓群等，2003，2005；黄毓华等，2000）。江淮江汉地区地处暖温带向北亚热带过渡地带，自北向南春季降水量明显增多，江淮北部 3～5 月常年降水量在 250～300mm，可满足冬小麦正常生长的需要，偏多年份降水量可达 400～500mm，易出现较长连阴雨形成湿渍害；江淮南部、江汉地区和沿江江南区域春季（3～5 月）降水量常年平均值达 450mm 左右，比同期冬小麦需水量多 20%～40%，偏多的年份可达 550～600mm，是冬小麦湿渍害主要发生区域。江淮地区历年及湿渍害年春季（3～5 月）逐旬平均降水量如图 1.1 所示。

江汉平原区域和江淮北部的沿淮河两岸区域支流众多，多为河间洼地、河口洼地、背河洼地和坡河洼地等洼地，有多处行蓄洪区。其由于地势低洼，排水困难，土壤质地黏重，透水性差，遇强度大的降水过程或长时间连阴雨，极易发生内涝和湿渍害，是湿渍害的高发区域。江淮地区中部的江淮分水岭地区地势较高，一般海拔 50～80m，其地貌为岗冲相间，两岗之间的低洼田，土壤以黏性土为主，且冬小麦、油菜前茬多为水稻，也容易发生湿渍害。江淮地区南部冬小麦、油菜前茬主要为水稻，土壤结构和透水性均较差，且因地下水位高，土壤含水量经常处于饱和状态，常年 3 月中旬～5 月中旬（8～14 旬）的土壤相对湿度均在 80%以上

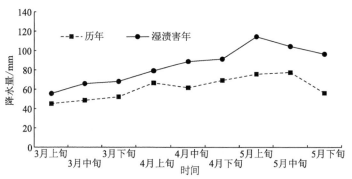

图 1.1　江淮地区历年及湿渍害年春季（3～5月)逐旬平均降水量

（图 1.2）；同时冬小麦前茬主要为水稻，地下水位一般在 1m 甚至更高，稍遇较长时间连阴雨或较大降水量就会发生湿渍害，是冬小麦湿渍害的主要发生区域。另外，排灌设施和水库水塘等水利设施工程陈旧老化，排除农田积水能力较差；尤其是沿江圩区、江汉平原、淮河沿岸湖洼地和江淮分水岭地区低洼田，沟渠不配套，排水不畅，加重了湿渍害的危害。

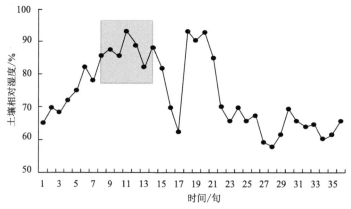

图 1.2　0～30cm 土层土壤相对湿度逐旬平均变化趋势（合肥，1983～2010 年）

此外，旱涝保收面积和低洼、圩区面积等不同的耕地结构对湿渍害的形成与危害有很大影响；冬小麦种植比例、区域经济发展水平和冬小麦单产水平等与湿渍害成因也有密切关系。

1.1.2　冬小麦湿渍害脆弱性定量评价

根据冬小麦春季湿渍害的特征和成因分析（盛绍学等，2009，2010），选取抽穗期—成熟期（4月上旬～5月下旬）各旬降水距平百分数 R'_p 之和与各旬降水距平百分数绝对值 $|R_p|$ 之和的比值 P（$P = \dfrac{\sum R'_p}{\sum |R_p|}$）、旱涝保收面积 S_h 占耕地面积的比例 S_r、水稻种植面积 S_w 占耕地面积的比例 N_r、冬小麦种植面积 S_m 占耕地面积的比例 N_m、旱涝保收面积比例 M_y 作为主要影响因子，构建表征冬小麦湿渍害环境特征的脆弱度 X 计算公式：

$$X = \frac{P \times S_r \times N_r}{N_m \times M_y} \tag{1.1}$$

依据式（1.1），对江淮地区以县（市、区）为统计单元分别计算各区域的冬小麦湿渍害发生环境的脆弱度（表 1.1），以全区平均脆弱度为参考值，对不同区域脆弱性进行空间分异，将各地脆弱性划为一、二、三（对应为强、中、弱）三个等级。可以看出，江淮地区冬小麦湿渍害发生环境的脆弱性有较大差异，其中，淮北区、沿淮江淮西部区冬小麦湿渍害脆弱性较小，而江淮中部区脆弱性则较大。按区域分，江淮中部区、沿淮江淮西部区是冬小麦湿渍害脆弱性最强的地区，沿淮江淮东部区次之，淮北区冬小麦湿渍害脆弱性最弱[图略，见盛绍学等（2010）图 1]。

表 1.1　江淮地区各区域冬小麦湿渍害脆弱度

区域	平均脆弱度	代表点脆弱度
全区	0.448	—
淮北区	0.384	0.281（商丘）、0.429（宿州）
沿淮江淮西部区	0.422	0.382（信阳）、0.447（阜阳）
沿淮江淮东部区	0.445	0.443（蚌埠）、0.422（睢宁）
江淮中部区	0.533	0.512（合肥）、0.681（桐城）

1.1.3　气象要素对冬小麦产量的影响分析

湿渍害的致灾因子主要包括降水量、降水日数和日照时数。通过对 1961～2010 年安徽省江淮地区冬小麦单产（相对气象产量）与春季（3～5 月）各旬降水量、降水日数和日照时数进行相关统计（表 1.2），结果表明，安徽省江淮地区各区域降水量 R 和降水日数 Rd 与冬小麦单产（相对气象产量 Y_w）均呈负相关，除淮北区相关性稍差一些外，其他区域 4 月中旬～5 月下旬各旬的 R 和 Rd 与冬小麦相对气象产量 Y_w 的负相关均达极显著水平，与日照时数均呈极显著的正相关。沿淮淮河以南（包括沿淮江淮西部区、沿淮江淮东部区、江淮中部区，下同）的冬小麦相对气象产量与降水日数 Rd 呈二次曲线的负相关（图 1.3）。

表 1.2　江淮地区春季降水量（R）、降水日数（Rd）、日照时数（S）与冬小麦相对气象产量的相关性

时间	淮北区			沿淮江淮西部区			沿淮江淮东部区			江淮中部区		
	R	Rd	S	R	Rd	S	R	Rd	S	R	Rd	S
3 月上旬	−0.311	−0.112	0.442	−0.229	−0.212	0.236	−0.411	−0.323	0.236	−0.363	−0.263	0.366
3 月中旬	−0.239	−0.202	0.361	−0.234	−0.119	0.197	−0.403	−0.399	0.197	−0.332	−0.432	−0.067
3 月下旬	−0.266	−0.103	0.325	−0.043	−0.361	0.251	−0.434	−0.334	0.251	−0.218	−0.166	0.207
4 月上旬	−0.121	−0.341	0.449	−0.365	−0.299	0.341	−0.327	−0.419	0.341	−0.365	−0287	0.196
4 月中旬	−0.368	−0.461	0.456	−0.445	−0.446	0.469	−0.530	−0.379	0.469	−0.530	−0.505	0.409
4 月下旬	−0.449	−0.315	0.283	−0.467	−0.435	0.551	−0.449	−0539	0.551	−0.449	−0.409	0.447
5 月上旬	−0.364	−0.330	0.443	−0.533	−0.487	0.428	−0.475	−0.485	0.428	−0.475	−0.587	0525
5 月中旬	−0.442	−0.412	0.521	−0.481	−0.561	0.559	−0.547	−0.455	0.559	−0.547	−0.511	0.566
5 月下旬	−0465	−0.433	0.554	−0.527	−0.539	0.514	−0.521	−0.598	0.514	−0.521	−0.545	0.369

注：信度水平 $\alpha = 0.01$ 时的相关系数为 0.393，资料时间为 1961～2010 年。

比较江淮地区春季降水量、降水日数和日照时数等气象要素对产量的影响，降水日数的影响大于降水量，降水量的影响大于日照时数；且对沿淮淮河以南的影响大于淮北，这基本符合湿渍害的特点，反映了江淮地区冬小麦生产的实际情况。

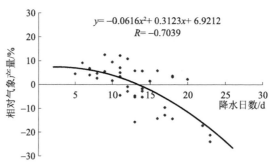

图 1.3 沿淮淮河以南冬小麦相对气象产量与 4 月中旬～5 月中旬降水日数关系

春季降水量、降水日数和日照时数等气象要素对产量的影响，除极端情况（如严重干旱或严重湿渍害等）外，一般是各时段不同因子对作物产量影响程度的累加结果。各时段、各因子的相互作用决定着产量的高低。但在冬小麦生长和产量形成关键期发生特别严重的湿渍害灾害情况，则对农作物减产起着决定性的作用。例如，1969 年的春季湿渍害，江淮地区 4 月 15 日～5 月 25 日持续阴雨，降水日数达 20～30d，降水量为 200～400mm，造成当年冬小麦减产 40%；1991 年 5 月的湿渍害和后期的洪涝，导致冬小麦减产 50%～70%。其原因是形成湿渍害的主要气象条件——降水量和降水日数的增加严重威胁着籽粒灌浆，尤其是灌浆高峰时期出现阴雨过程以及较大降水，一方面会危害作物正常受粉以及子房膨大，另一方面会导致籽粒灌浆速度下降，影响籽粒的正常灌浆充实。由表 1.3 可看出，在冬小麦开花受粉与籽粒膨大期间的 4 月中下旬，降水量和降水日数与千粒重呈显著的负相关，淮北区 5 月中下旬是冬小麦籽粒灌浆的关键时期，其他地区 5 月上中旬是冬小麦籽粒灌浆的关键时期，其降水量和降水日数与千粒重的负相关达到显著水平。

表 1.3 江淮地区不同地理区域冬小麦千粒重与降水量和降水日数的相关系数

区域	要素	4 月中下旬	5 月上中旬	5 月中下旬
淮北区	降水量（R）	−0.601**	—	−0.658**
	降水日数（Rd）	−0.653**	—	−0.696**
沿淮江淮东部区	降水量（R）	—	−0.416*	−0.599**
	降水日数（Rd）	−0.636**	−0.448*	−0.656**
沿淮江淮西部区	降水量（R）	−0.603**	−0.453*	−0.565**
	降水日数（Rd）	−0.610**	−0.556**	−0.623**
江淮中部区	降水量（R）	−0.558**	−0.616**	—
	降水日数（Rd）	−0.589**	−0.701**	—

注：江淮中部区的资料为 1982～1985 年、1987～1989 年的试验资料以及 1994～2010 年的农业气象观测资料，其他各点的资料均为 1986～2010 年冬小麦遥感地面监测资料。

*表示通过 0.05 水平的显著性检验。

**表示通过 0.01 水平的显著性检验。

湿渍害对冬小麦籽粒灌浆也有明显的影响。通过代表江淮的安徽省农业气象试验站（合肥市）历年冬小麦灌浆速度观测资料和相关的试验资料与湿渍害致灾因子比较分析（表 1.4），发现冬小麦灌浆期间，发生降水日数≥5d 的持续阴雨过程，即可导致阴雨持续期间的冬小麦灌浆速度低于理论灌浆速度；其中若出现阴雨持续时间少于 5d 但大于等于 3d，降水量大于 40mm，日平均日照时数不足 2h 的阴雨过程，也会导致灌浆速度明显下降，影响籽粒正常充实。但若日平均日照时数大于 3h，则影响较小。

表 1.4　严重连阴雨过程对灌浆及千粒重的影响（合肥市）

年份	阴雨过程/（月/日）	降水量/mm	降水日数/d	日平均日照时数/h	灌浆速度/V_m	千粒重/g
1995	05/10～05/14	9.1	4	4.1	−0.06	37.6
1996	04/27～05/07	75.2	7	4	−0.21	39.6
1997	05/06～05/12	38.4	5	3.5	−0.18	36.4
1998	05/08～05/17	56.1	6	1.9	−0.54	32.2
	05/21～05/24	65.3	3	0	−0.29	
1999	05/15～05/24	57.3	8	2.6	−0.46	31.3
2002	05/19～05/22	31.6	4	0.5	−0.434	34.4

1.1.4　安徽省冬小麦湿渍害时空分布特征

根据湿渍害是长时间持续阴雨天气，降水量过多，冬小麦根层土壤水分过饱和，从而对正常生长造成危害的特征，在土壤环境条件基本不变情况下，由降水量、日照时数二要素共同判别冬小麦湿渍害模型、分析湿渍害基本气候特征（盛绍学等，2009；马晓群等，2003）：

$$Q_w = a_1 \frac{R - R_{min}}{R_{max} - R_{min}} + a_2 \frac{Rd - Rd_{min}}{Rd_{max} - Rd_{min}} - a_3 \frac{S - S_{min}}{S_{max} - S_{min}} \tag{1.2}$$

式中，Q_w 为涝渍指数；R 为旬降水量；R_{max} 为历年 3 月上旬～5 月下旬的旬极端最大降水量；R_{min} 为旬极端最小降水量（取 $R_{min} = 0$）；Rd 为旬降水日数；Rd_{max} 为旬极端最多降水日数（取 $Rd_{max} = 11$）；Rd_{min} 为旬极端最少降水日数（取 $Rd_{min} = 0$）；S 为旬日照时数；S_{max} 为历年旬极端最多日照时数（取当旬的可照时数）；S_{min} 为旬极端最少日照时数（取 $S_{min} = 0$）；a_1, a_2, a_3 分别为表征降水量、降水日数和日照时数对湿渍害形成的贡献经验系数。

根据式（1.2），分别计算历年逐旬 Q_w，将 Q_w 与已知典型的冬小麦湿渍害进行对比分析，确定安徽省江淮地区冬小麦湿渍害的气候分析等级指标（表 1.5）。

表 1.5　安徽省江淮地区冬小麦湿渍害气候分析等级指标

等级	发生时间	Q_w 值
轻度	3～5 月	连续 2 旬 $Q_w \geqslant 0.8$
中度	3～5 月	连续 4 旬 $Q_w \geqslant 0.8$，其中有连续 2 旬 Q_w 的平均值 $\geqslant 1.2$
重度	4～5 月	连续 3 旬 $Q_w \geqslant 1.2$，其中有 1 旬 $Q_w \geqslant 1.4$

根据上述定义的湿渍害气候分析等级指标，结合历史实况资料，对安徽省江淮地区冬小麦典型湿渍害基本特征进行分析，结果表明：

（1）湿渍害是江淮地区冬小麦产量波动的主要影响因素。危害严重的湿渍害主要发生在 3～5 月，特别是发生在 4～5 月的湿渍害，有时会成为冬小麦减产的决定性因素。1961 年以来安徽省江淮地区全区冬小麦减产率 $\geqslant 10\%$ 的情况，有 65% 是湿渍害造成的，其中淮河以南区域冬小麦减产率 $\geqslant 10\%$ 的情况，有 80% 是湿渍害引起的。

（2）按照灾损率 Y_z（即单位面积的实际产量 Y_w 与趋势产量 Y_t 的比值 $Y_z = \dfrac{Y_w}{Y_t}$）确定湿渍害

的分级标准，其中 $Y_z \geqslant -10\%$、$-20\% \leqslant Y_z < -10\%$、$Y_z < -20\%$ 分别为轻度湿渍害、中度湿渍害、重度湿渍害的分级标准，对安徽省 1961~2010 年冬小麦湿渍害发生实况资料统计分析，不同区域冬小麦湿渍害发生概率有较大差异：淮北地区发生冬小麦轻度以上湿渍害的概率为 3 年一遇，其中轻度湿渍害发生概率为 25%、中度为 16%、重度为 8%；沿淮至江淮中部冬小麦轻度湿渍害发生概率 47%、中度为 25%、重度为 15%；沿江江南由轻度到重度湿渍害发生概率分别为 65%、44%、27%。

（3）沿江江南是冬小麦湿渍害发生概率最大区域，但危害最严重的区域是沿淮至江淮中部区域，安徽省淮河以南区域 4~5 月经常出现长时间阴雨天气，降水量过多，既影响冬小麦正常生长和开花灌浆，危害根系生长，也造成植株间的空气相对湿度大，导致病虫草害严重；尤其灌浆期间的湿渍害不仅导致冬小麦灌浆速度下降，而且也使得籽粒充实灌浆时间明显缩短，是冬小麦减产的决定性因素之一。

安徽省江淮地区冬小麦典型湿渍害实况统计见表 1.6。

表 1.6 安徽省江淮地区冬小麦典型湿渍害实况统计

年份	地区	受灾时段	等级	年份	地区	受灾时段	等级
1963	全区	4 月下旬~5 月中旬	重度	1998	北部	2 月中旬	轻度
1972	南部	4 月上旬~4 月下旬	中度	1998	全区	5 月上中旬	重度
1975	全区	4 月上旬~4 月下旬	轻度	1999	南部	3 月上中旬	轻度
1980	南部	3 月上旬~3 月下旬	轻度	2001	南部	2 月上旬、2 月下旬	轻度
1984	全区	3 月下旬~4 月上旬	中度	2001	北部	12 月上中旬	轻度
1985	南部	4 月中旬~5 月中旬	重度	2002	南部	4 月中旬~5 月中旬	中度
1989	北部	6 月上旬	中度	2003	全区	2 月下旬~3 月中旬	轻度
1990	全区	2 月、3 月下旬	轻度	2003	南部	4 月上旬~5 月中旬	重度
1991	全区	3 月上旬~4 月中旬	重度	2005	南部	4 月中旬~5 月上旬	重度
1992	全区	3 月中下旬	轻度	2007	南部	3 月中旬~5 月上旬	中度
1993	南部	5 月中旬	中度	2010	南部	3 月中旬~4 月中旬	中度
1996	南部	3 月中旬~4 月中旬	轻度	2011	北部	2 月上旬~3 月上旬	轻度
1997	全区	3 月中旬	重度	2013	全区	3 月上旬~4 月上旬	中度

1.2 湿渍害对冬小麦生长发育的影响

湿渍害的致灾因子主要包括降水量、降水日数和日照时数。通过对冬小麦生育期间气候、种植制度、冬小麦产量和面积以及相应农业经济、地理信息，冬小麦湿渍害发生次数，危害区域、时间、强度以及作物受灾状况、受灾损失等农业气象资料的收集整理，根据大田调查和田间试验，以湿渍害危害实况和试验测定的冬小麦形态与生理表现特征，分析评估湿渍害对冬小麦生长发育的影响。

1.2.1 冬小麦湿渍害胁迫试验设计

冬小麦湿渍害胁迫试验于 2014~2016 年冬小麦生长季在位于江淮麦区的安徽科技学院种植园（32°52′N，117°33′E）进行。供试品种为当地主栽品种烟农 19 号。采取大田小区种植，每个试验小区面积 20m²（4m×5m），播种时间同当地冬小麦适播期，播种密度为 30 万株/亩①。

----

① 1 亩 ≈ 666.67m²。

　　冬小麦湿渍害试验时段为拔节期（4 月中下旬）和灌浆期（5 月中下旬），分别设计淹水和渍水两个试验。其中淹水试验设计为土壤表层积水深度 5cm，淹水维持时间分别为 3d、5d、7d、9d（处理代号分别为：拔节期，BL3、BL5、BL7、BL9；灌浆期，GL3、GL5、GL7、GL9），渍水试验设计将土壤水分控制在田间持水量 90%以上，土表无积水，维持时间分别为 5d、7d、9d 和 12d（处理代号分别为：拔节期，BZ5、BZ7、BZ9、BZ12；灌浆期，GZ5、GZ7、GZ9、GZ12）。

　　2016 年，在前两年试验的基础上，对试验处理进行改进，具体将拔节期和灌浆期两个控制时段的淹水处理维持时间分别设为 3d、6d、9d（处理代号分别为：拔节期，BL3、BL6、BL9；灌浆期，GL3、GL6、GL9），同时开展盆栽试验，即取与大田试验同时播种冬小麦 10 株栽植于直径 35cm 的花盆中，在拔节期和灌浆期两个控制时段将花盆淹没水中（同时对整株、根部拍照），淹水时间分别设为 3d、6d、9d、12d、15d，测定处理和对照（CK）的光合速率（10：00 测定），根鲜重、干重（取样时间为 10：00～14：00）。渍水处理维持时间分别设为 5d、8d、12d（处理代号分别为：拔节期，BZ5、BZ8、BZ12；灌浆期，GZ5、GZ8、GZ12），同时为了更好地模拟自然情况下湿渍害特征，设置遮光渍水处理，即覆盖透光率 50%的黑色遮阳网，处理期间如遇阴天则取下遮阳网。

　　按照农业气象观测规范开展田间操作记录和生长发育观测及试验测定。主要记录土壤性质、施肥、灌水（包括淹水、渍水时间）、排水、播种和收获日期、冬小麦品种等田间工作，并在各生育期普遍期拍照，灌水前 1d、灌水中及灌水后第 5d 拍照，每天利用便携式土壤水分仪，监测一次渍水处理各小区土壤水分，以保证将土壤水分控制在田间持水量 90%以上。生长发育观测记录包括播种期、出苗期（苗期）、三叶期、分蘖期、越冬期、返青期、起身期、拔节期、孕穗期、抽穗期、开花期（花期）、灌浆期、成熟期等。

　　试验测定主要在播种期、拔节期、抽穗期、灌浆期、成熟期测定耕作层（10～30cm）土壤全氮、速效氮、速效磷、速效钾、有机质含量；测定越冬期茎数、返青期茎数、拔节期和灌浆期总茎数和有效茎数，各小区水分控制处理前 1d 及该处理结束后第 5d 分别测定总茎数和有效茎数；测定拔节期、孕穗期、抽穗期、灌浆期、成熟期叶面积指数（LAI）；在拔节期、孕穗期、抽穗期、灌浆期、成熟期分别测定作物光合速率、蒸腾速率及气孔导度；选同一天开花、穗大小相仿的植株 30～50 株，自开花后 10d 开始每 5d 取样 1 次（如 1d、6d、11d、16d、21d）测定灌浆速率；在拔节期、孕穗期、抽穗期、灌浆期、成熟期，每个小区选择 5 株具有代表性的植株测定叶绿素含量；在拔节期、孕穗期、抽穗期、灌浆期、成熟期，每个小区选择 5 株具有代表性的植株测定旗叶酶活性，包括超氧化物歧化酶（SOD）、过氧化物酶（POD）、过氧化氢酶（CAT）、丙二醛（MDA）。同时测定小穗数、不孕小穗率、穗粒数、千粒重、成穗率（有效茎数/最高茎数×100%）等产量结构；收获后每小区选择 5 株收获长势一致的植株，测定其总蛋白质、麦谷蛋白、醇溶蛋白、清蛋白、球蛋白的含量。

1.2.2　湿渍害胁迫对冬小麦产量性状的影响

　　2014～2016 年湿渍害胁迫试验分析表明（表 1.7、表 1.8），不同湿渍害胁迫处理对冬小麦产量结构有较大的影响。拔节期和灌浆期的湿渍害胁迫处理均导致冬小麦产量结构比对照降低，籽粒灌浆期湿渍害胁迫对冬小麦产量影响比拔节期湿渍害胁迫危害严重。拔节期湿渍害胁迫处理中，渍水处理 12d 与淹水处理 9d 冬小麦籽粒产量显著低于对照；拔节期其他湿渍害胁迫处理籽粒产量低于对照，但与对照无显著差异。可见，拔节期淹水处理 9d 后、渍水处理 12d 后对冬小麦产量构成显著影响。灌浆期湿渍害胁迫处理冬小麦籽粒产量均显著低于对照，随着处理持续时间的延长，冬小麦产量的降幅逐渐增大。与渍水处理相比，灌浆期淹水处理对冬小麦产量的影响更大。

表 1.7　2014～2015 年湿渍害胁迫对冬小麦产量构成的影响（试验地点：安徽科技学院）

| 处理时期 | 处理 | | 产量 | | 亩穗数 | | 穗粒数 | | 千粒重 | |
		/（kg/亩）	占对照的比例/%	/（万穗/亩）	占对照的比例/%	/（粒/穗）	占对照的比例/%	/（g/千粒）	占对照的比例/%
	CK	446.89	—	37.69	—	32.8	—	36.7	—
拔节期 B	渍水 Z	BZ5	426.88	95.5	35.55	94.3	31.9	97.3	36.5	99.5
		BZ7	413.54	92.5	33.95	90.1	31.9	97.3	35.8	97.5
		BZ9	420.21	94.0	31.75	84.2	32.9	100.3	34.5	94.0
		BZ12	380.19	85.1	30.68	81.4	32.8	100.0	33.5	91.3
	淹水 L	BL3	440.22	98.5	37.69	100.0	32.3	98.5	36.3	98.9
		BL5	420.21	94.0	36.22	96.1	32	97.6	36.5	99.5
		BL7	413.54	92.5	33.82	89.7	32.2	98.2	36.2	98.6
		BL9	380.19	85.1	31.02	82.3	32.5	99.1	35.3	96.2
灌浆期 G	渍水 Z	GZ5	353.51	79.1	37.42	99.3	30.3	92.4	30.2	82.3
		GZ7	340.17	76.1	37.82	100.3	29.8	90.9	29.1	79.3
		GZ9	293.48	65.7	37.82	100.3	26.8	81.7	30	81.7
		GZ12	286.81	64.2	37.02	98.2	25.5	77.7	33.8	92.1
	淹水 L	GL3	340.17	76.1	37.49	99.5	31	94.5	33	89.9
		GL5	273.47	61.2	37.62	99.8	26.5	80.8	25.3	68.9
		GL7	180.09	40.3	37.82	100.3	29.3	89.3	24.2	65.9
		GL9	193.43	43.3	37.75	100.2	30	91.5	20.4	55.6

表 1.8　2015～2016 年湿渍害胁迫对冬小麦产量构成的影响（试验地点：安徽科技学院）

| 处理时期 | 处理 | | 产量 | | 亩穗数 | | 穗粒数 | | 千粒重 | |
		/（kg/亩）	占对照的比例/%	/（万穗/亩）	占对照的比例/%	/（粒/穗）	占对照的比例/%	/（g/千粒）	占对照的比例/%
	CK	550.1	—	46.9	—	43.7	—	34.1	—
拔节期 B	渍水 Z	BZ5	500.7	91.0	45.9	97.9	42.6	97.5	32.6	95.6
		BZ8	462.2	84.0	45.4	96.8	41.5	95.0	31.9	93.5
		BZ12	448.5	81.5	45	95.9	40.5	92.7	31.7	93.0
	淹水 L	BL3	464.5	84.4	46.1	98.3	43.8	100.2	33.1	97.1
		BL6	392.5	71.4	42.9	91.5	40.7	93.1	28.6	83.9
		BL9	356.4	64.8	42.2	90.0	40.1	91.8	28.9	84.8
灌浆期 G	渍水 Z	GZ5	436.5	79.3	46.2	98.5	43.4	99.3	32.1	94.1
		GZ8	406.7	73.9	46.2	98.5	42.4	97.0	31.8	93.3
		GZ12	388	70.5	46.5	99.1	42.2	96.6	29.3	85.9
	淹水 L	GL3	429.9	78.1	46.1	98.3	42.8	97.9	30.9	90.6
		GL6	409.1	74.4	46.2	98.5	42.7	97.7	32	93.8
		GL9	402.9	73.2	46.3	98.7	42.6	97.5	30.4	89.1

　　湿渍害胁迫对冬小麦产量构成因素的影响，以对千粒重影响最大。与对照相比，不同处理千粒重均有下降，最大下降约 44%；冬小麦拔节期渍水处理 12d 千粒重显著低于对照，其余拔节期湿渍害胁迫处理千粒重与对照无显著差异；但灌浆期各湿渍害胁迫处理，均使得冬小麦千粒重显著降低，其中渍水处理持续 8d 以上、淹水处理 7d 以上冬小麦千粒重显著下降。拔节期湿渍害胁迫会造成亩穗数不同程度的减少，但较短时间的湿渍害胁迫对冬小麦亩穗数无显著影响，若湿渍害胁迫处理持续 6d 以上，冬小麦亩穗数会显著降低。冬小麦遭受湿渍害胁迫会使穗粒数不同程度减少，不同试验处理最大减少约 23%。其中拔节期各湿渍害胁迫处理冬小麦穗粒数与对照无显著差异，但灌浆期湿渍害胁迫处理持续 6~8d 后，冬小麦穗粒数显著减少。可见，灌浆期遭受 7d 以上湿渍害胁迫对冬小麦籽粒数有显著影响。

　　湿渍害胁迫下冬小麦会出现不同程度减产，减产幅度随着处理天数增加显著增大。其中灌浆期湿渍害胁迫下冬小麦减产幅度明显大于拔节期。拔节期渍水处理少于 5d、淹水处理少于 3d，冬小麦减产幅度在 10% 以内，但灌浆期渍水处理大于 5d、淹水处理大于 3d，冬小麦减产幅度即可大于 20%，淹水的危害程度明显大于渍水。

　　从减产率与产量因素的相关看，3 个产量构成因素与减产幅度均呈正相关，相关性由大到小顺序为穗粒数>千粒重>亩穗数。其中减产率与穗粒数的变化数值之间的相关系数为0.898，与千粒重的相关系数为 0.745，均达到极显著性水平（$n=12$），减产率与亩穗数相关系数未达到显著水平。以上表明湿渍害胁迫对冬小麦产量的影响主要是穗粒数减少和千粒重的降低所导致。

　　不同湿渍害胁迫处理下冬小麦总干重均呈下降趋势（图 1.4），淹水处理影响明显大于渍水。其中拔节期淹水处理，使得冬小麦总干物重显著下降 [图 1.4（a）]，淹水天数越多，影响越显著；淹水导致冬小麦明显生长不良，矮小瘦弱，即使后期环境条件适宜，地上生物量也无法恢复到正常水平。灌浆期湿渍害胁迫对冬小麦植株总干重影响也是淹水大于渍水 [图 1.4（b）]。与拔节期淹水相比，灌浆期淹水处理变化率更大。

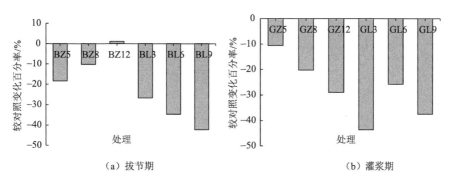

图 1.4　2016 年湿渍害胁迫下冬小麦植株总干重的变化

　　小麦株高是小麦生长发育状况最直接的性状表现，长时间淹水会使小麦生长发育受到阻碍，进而反馈到株高。湿渍害胁迫对冬小麦株高也有较大影响。试验结果表明，不同湿渍害胁迫处理对冬小麦株高的影响有差异，拔节期湿渍害胁迫影响较显著，尤其是拔节期淹水处理持续 6d 和持续 9d，株高明显降低。淹水处理 6d 后冬小麦植株高度增长幅度显著低于对照，淹水处理 12d 后，冬小麦株高增长几乎停止（图 1.5）。

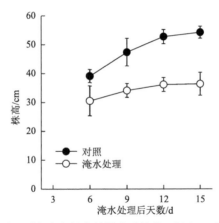

图 1.5　拔节期淹水处理对冬小麦株高的影响（品种：烟农 19 号，凤阳，2015 年）

1.2.3　湿渍害胁迫对冬小麦部分品质性状的影响

冬小麦拔节期湿渍害降低了籽粒蛋白质含量、湿面筋含量与面团稳定时间，其中渍水处理 12d 以上参数显著低于对照（表 1.9）。冬小麦灌浆期湿渍害降低了籽粒蛋白质含量、湿面筋含量与面团稳定时间，其中渍水处理 8d 以上参数显著低于对照。在灌浆期，渍水处理籽粒蛋白质含量明显低于对照，结论与戴廷波等（2006）、兰涛等（2004）、姜东等（2004）研究结果一致，即水分胁迫下蛋白质含量显著降低。

表 1.9　湿渍害胁迫对冬小麦部分品质性状的影响（2015 年，试验地点：安徽科技学院）

处理时期	处理		籽粒蛋白质含量/%	湿面筋含量/%	面团稳定时间/min
拔节期 B	淹水 L	CK	12.59 a	26.3 a	8.3 a
		BL3	12.41 a	26.2 a	7.9 ab
		BL6	11.81 ab	25.1 abc	7.0 bc
		BL9	12.28 ab	25.9 a	7.4 abc
	渍水 Z	BZ5	12.18 ab	25.4ab	7.4abc
		BZ8	12.06 ab	25.5 ab	7.4 abc
		BZ12	11.73 ab	25.2 ab	6.7 bc
灌浆期 G	淹水 L	GL3	12.07 ab	25.4 ab	7.7 abc
		GL6	12.03 ab	25.7 ab	7.6 abc
		GL9	12.49 a	26.4 a	7.5abc
	渍水 Z	GZ5	12.08 ab	25.5 ab	7.6 abc
		GZ8	11.01 b	23.8 c	7.2 bc
		GZ12	12.09 ab	25.4 ab	7.6 abc

注：a、b、c 属于方差分析中多重比较方法的标记字母法，同一列不同字母表示处理在 $P < 0.05$ 水平差异显著。

1.2.4　湿渍害胁迫对冬小麦生理特性的影响

1）湿渍害胁迫对冬小麦灌浆期旗叶 SOD 的影响

超氧化物歧化酶（SOD）是细胞膜进行过氧化作用能使氧自由基被清除的酶之一，细胞膜脂过氧化会产生超氧阴离子自由基，超氧化物歧化酶可以使超氧阴离子自由基转化为过氧化氢，然后进行清除。渍水处理冬小麦旗叶 SOD 活性呈现先减少再增加的趋势（表 1.10），GZ5、GZ8 冬小麦旗叶 SOD 在灌浆前期高于 CK，灌浆中、后期低于 CK，说明灌浆中期开始

SOD 对 GZ5、GZ8 处理旗叶已经丧失部分保护作用。

淹水处理冬小麦旗叶 SOD 活性呈现先增加后减少的趋势，灌浆前期处理都高于 CK，说明刚进行处理后的冬小麦在细胞膜受到损伤后，旗叶的膜脂过氧化作用加剧，旗叶 SOD 酶活性增加，开始保护受损旗叶，其中 GL3、GL6 处理酶活性最高。灌浆后期，GL3、GL6 处理都低于 CK，GL9 处理旗叶酶活性含量高于 CK，这可能因为 GL9 处理时间过长导致旗叶的应激反应还未退去。

表 1.10　湿渍害胁迫对冬小麦灌浆期旗叶 SOD 活性的影响　［单位：OD/（g·min）］

处理	灌浆前期	灌浆中期	灌浆后期
CK	214.78 c	180.87 bc	265.34 a
GL3	232.95 a	247.02 a	252.00 a
GL6	231.22 ab	240.40 ab	231.02 ab
GL9	—	170.21 bc	282.57 a
GZ5	227.92 abc	156.14 cd	237.25 ab
GZ8	216.38 bc	117.90 d	151.49 b
GZ12	—	195.51 abc	276.00 a

注：a、b、c、d 属于方差分析中多重比较方法的标记字母法，同一列不同字母表示处理在 $P < 0.05$ 水平差异显著。

2）湿渍害胁迫对冬小麦灌浆期旗叶 POD 的影响

过氧化物酶（POD）是活性氧防御系统的关键酶之一，能够清除过氧化氢及其他的过氧化物，从而为植物提供抗氧化保护。在灌浆期渍水处理后冬小麦旗叶 POD 的活性是先降低后上升的趋势，在灌浆前期渍水处理后的冬小麦旗叶 POD 的活性都显著高于 CK（表 1.11）。在灌浆中期，渍水处理后的冬小麦旗叶 POD 活性低于 CK，说明 POD 在灌浆中期提供的保护作用比灌浆前期有所削弱。到灌浆后期渍水处理旗叶 POD 活性除 GZ12 外都显著低于 CK，说明 POD 在灌浆后期不能提供有效作用。

淹水处理后旗叶 POD 的活性是下降趋势。淹水处理旗叶 POD 活性在灌浆前期均显著高于 CK，说明灌浆前期 POD 在旗叶抗氧化中发挥了作用。在灌浆中期，淹水处理后旗叶 POD 活性略高于 CK，说明 POD 在灌浆中期对旗叶能提供一定的保护作用但不明显。淹水处理（除 GL9 外）旗叶 POD 活性在灌浆后期均显著低于 CK，说明 POD 在灌浆后期对旗叶的保护作用比前期、中期都差。

表 1.11　湿渍害胁迫对冬小麦灌浆期旗叶 POD 活性的影响　［单位：OD/（g·min）］

处理	灌浆前期	灌浆中期	灌浆后期
CK	454.14 d	444.75 bc	528.85 a
GL3	485.27 cd	485.04 bc	293.44 c
GL6	670.94 a	487.74 ab	143.44 d
GL9	—	555.11 a	530.36 a
GZ5	558.12 b	362.22 c	322.99 c
GZ8	540.47 bc	416.39 bc	462.92 b
GZ12	—	444.75 bc	505.24 ab

注：a、b、c、d 属于方差分析中多重比较方法的标记字母法，同一列不同字母表示处理在 $P < 0.05$ 水平差异显著。

3）湿渍害胁迫对冬小麦灌浆期旗叶 CAT 的影响

过氧化氢酶（CAT）也是活性氧防御系统的关键酶之一，它对过氧化氢的清除具有专一性。渍水处理后和淹水处理后的旗叶 CAT 的活性在整个灌浆期是下降的趋势，但处理后的旗叶 CAT 活性在灌浆前期、中期、后期基本都高于 CK（GZ5 灌浆中期的值略小于 CK，属测定误差），其中灌浆前期和后期都显著高于 CK（表 1.12），说明 CAT 在整个灌浆期都持续保护旗叶。而且在渍水处理中，灌浆后期旗叶 CAT 活性大小顺序为 GZ5>GZ8>GZ12>CK，在淹水处理中，灌浆后期旗叶 CAT 的活性大小顺序为 GL3>GL6>GL9>CK，说明处理的时间越长，细胞受到的不可逆损伤越大，从而导致旗叶 CAT 活性降低。

表 1.12　湿渍害胁迫对冬小麦灌浆期旗叶 CAT 活性的影响 ［单位：OD/（g·min）］

处理	灌浆前期	灌浆中期	灌浆后期
CK	41.10 c	17.73 b	1.17 c
GL3	45.97 abc	24.70 ab	9.74 a
GL6	42.51 bc	24.60 ab	7.58 ab
GL9	—	28.75 a	5.71 b
GZ5	48.36 ab	17.01 b	8.12 ab
GZ8	52.73 a	18.33 b	5.52 b
GZ12	—	28.86 a	4.46 b

注：a、b、c 属于方差分析中多重比较方法的标记字母法，同一列不同字母表示处理在 $P < 0.05$ 水平差异显著。

4）湿渍害胁迫对冬小麦灌浆期旗叶 MDA 含量的影响

丙二醛（MDA）是细胞膜脂过氧化作用最主要的产物，可以通过植物 MDA 含量变化来反映植物细胞膜脂过氧化程度的大小。旗叶 MDA 的总体变化是先降低后增加的趋势，灌浆前期，渍水、淹水处理旗叶 MDA 含量显著高于 CK（表 1.13），说明渍水、淹水处理使细胞膜脂过氧化作用提升，导致旗叶内 MDA 含量升高。灌浆中期，渍水、淹水处理旗叶 MDA 含量与 CK 无显著差异，这可能是因为渍水、淹水处理后膜脂过氧化作用提升而抗氧化酶的含量也在提升，从而导致旗叶 MDA 含量变化不明显。灌浆后期，渍水、淹水处理旗叶 MDA 含量显著高于对照，并且各处理与 CK 的 MDA 大小顺序为 GL9 > GL6 > GL3 > CK，GZ12 > GZ8 > GZ5 > CK。说明随着处理天数的增加旗叶细胞膜脂过氧化作用加剧越来越明显。

表 1.13　湿渍害胁迫对冬小麦灌浆期旗叶 MDA 含量变化的影响 （单位：μmol/g）

处理	灌浆前期	灌浆中期	灌浆后期
CK	6.83 c	5.09 b	9.60 e
GL3	8.31 ab	4.03 b	13.58 c
GL6	7.23 bc	5.02 b	15.10 b
GL9	—	6.65 a	16.70 a
GZ5	7.54 abc	4.97 b	11.23 d
GZ8	8.43 a	4.63 b	12.05 d
GZ12	—	4.81 b	15.61 b

注：a、b、c、d、e 属于方差分析中多重比较方法的标记字母法，同一列不同字母表示处理在 $P < 0.05$ 水平差异显著。

对冬小麦灌浆期湿渍害处理后，在冬小麦旗叶抗氧化酶系统中，CAT 在冬小麦生育后期中起主要作用，POD 和 SOD 起次要作用。

1.2.5　湿渍害胁迫对冬小麦光合呼吸特性的影响

通过测量湿渍害胁迫下的叶绿素含量、旗叶净光合速率、蒸腾速率、气孔导度和胞间 CO_2

浓度，分析湿渍害对冬小麦光合呼吸特性的影响。

叶绿素在植物光合作用中发挥关键性作用，叶绿素含量直接影响旗叶光合效率。通过叶绿素仪（SPAD 仪）测定的旗叶 SPAD 值可间接反映作物旗叶叶绿素含量高低。拔节期淹水处理第 3d 冬小麦旗叶 SPAD 值与对照相比无显著差异[图 1.6（a）]。而淹水处理 3d 后，冬小麦旗叶 SPAD 值逐渐下降，并且 6d 后显著低于对照。淹水处理冬小麦旗叶 SPAD 值在淹水后 6d、9d、12d、15d 较对照组分别下降 17.1%、25.1%、33.5%、58.6%。因此可知拔节期淹水使冬小麦旗叶 SPAD 含量显著下降，从而影响光合作用中光合产物的积累。

净光合速率（Pn）是衡量植物光合作用强弱最直接的指标，决定了作物的生长状况。而光合作用是作物生长的最重要的生理生化过程，也是作物达到高产目标的基础。淹水处理后 3d，冬小麦旗叶净光合速率与对照相比无显著差异[图 1.6（b）]。而在淹水 3d 后，冬小麦旗叶的净光合速率逐渐下降，6d 后，显著低于对照。淹水后 6d、9d、12d、15d 冬小麦旗叶净光合速率与对照相比分别下降了 30%、50%、69%、88%。因此可知，淹水会影响冬小麦的光合速率，使冬小麦光合速率显著降低。本次试验在淹水处理 15d 之后，冬小麦品种烟农 19 号旗叶的净光合速率接近于 0，可见此时的冬小麦不再进行光合产物的积累（蔡永萍等，2000）。

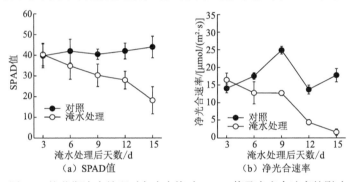

图 1.6　拔节期淹水处理对冬小麦旗叶 SPAD 值及净光合速率的影响

如图 1.7（a）所示，淹水处理后 3~6d 冬小麦旗叶蒸腾速率与对照相比无显著差异。之后随着淹水时间的延长，冬小麦旗叶的蒸腾速率迅速下降。淹水处理后 9d，冬小麦的蒸腾速率显著低于对照。淹水处理冬小麦蒸腾速率在淹水后 9d、12d、15d 比对照相分别下降 58%、55%、79%。可见淹水处理对烟农 19 号冬小麦旗叶蒸腾速率（Tr）有显著影响。

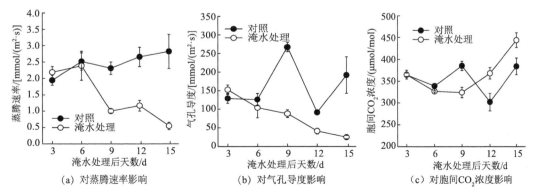

图 1.7　拔节期淹水处理对冬小麦蒸腾速率、气孔导度和胞间 CO_2 浓度的影响

作物主要通过叶片上气孔与外界进行气体与水分的交换，气孔导度（Gs）表示气孔张开

程度，对植物进行光合与蒸腾作用有直接影响。淹水处理后 3d 冬小麦旗叶气孔导度与对照相比无显著差异。随着淹水时间的延长，冬小麦旗叶气孔导度持续下降。淹水 6d 后，烟农 19 号旗叶气孔导度显著低于对照。因此可知淹水会导致冬小麦旗叶气孔导度下降，影响冬小麦的光合作用[图 1.7（b）]。

在气孔关闭后，植物进行光合作用所需要的 CO_2 可以从细胞间获取。在淹水后 3d，冬小麦胞间 CO_2 浓度与对照相比无显著差异[图 1.7（c）]。随后到淹水后 9d 冬小麦胞间 CO_2 浓度呈下降的趋势，并且第 9d 显著低于对照。而淹水后 9～15d，冬小麦胞间 CO_2 浓度呈迅速上升的趋势。12d 后，冬小麦胞间 CO_2 浓度显著高于对照。因此可知，随着淹水时间的延长，冬小麦胞间 CO_2 浓度的变化呈先下降后上升的趋势。

在植物光合作用研究中，逆境胁迫条件下叶片净光合速率降低的原因可分为两种类型，即气孔限制因素和非气孔限制因素。Farquhar 和 Sharkey 研究认为，植物进行光合作用时，当叶片气孔导度（Gs）与细胞间 CO_2 浓度（Ci）同时下降时，植物净光合速率（Pn）降低主要是气孔因素限制引起的；当叶片净光合速率下降但细胞间 CO_2 浓度升高时，植物光合作用的限制因素则通常是一些非气孔因素。

淹水处理后，随着淹水时间的延长，烟农 19 号冬小麦旗叶净光合速率逐渐下降，与此同时，旗叶气孔导度亦显著下降。而在淹水处理后 3～9d，细胞间 CO_2 浓度变化呈下降趋势，说明在此阶段冬小麦旗叶净光合速率下降主要是旗叶气孔限制因素影响的。而在淹水 9d 后，细胞间 CO_2 浓度显著升高，说明在此阶段，冬小麦旗叶净光合速率的下降主要是受非气孔限制因素的影响，如旗叶 SPAD 值含量的影响等。因此，本节研究表明，在淹水处理的前期，烟农 19 号冬小麦旗叶气孔的张开程度决定其光合作用的强弱，而在淹水处理的后期，随着淹水时间的延长，烟农 19 号冬小麦光合作用的降低主要受一些非气孔限制因素影响。

1.3 冬小麦湿渍害监测评估指标

通过对表征冬小麦湿渍害特征的冬小麦涝渍指数 Q_w（中国气象局，2009）、改进冬小麦涝渍指数（吴洪颜等，2016）、基于灾损率的冬小麦湿渍害分级指标、冬小麦累积旱涝指数等进行分析，结合冬小麦湿渍害胁迫试验分析结果，建立适宜对长江中下游的冬小麦湿渍害监测与分析的评估指标。

1.3.1 冬小麦湿渍害监测分级指标

冬小麦湿渍害监测分级指标主要构建了基于灾损率的冬小麦湿渍害致灾分级指标、基于涝渍指数的冬小麦湿渍害致灾分级指标和基于试验分析的冬小麦湿渍害致灾分级指标。

1.3.1.1 基于灾损率的冬小麦湿渍害致灾分级指标

根据湿渍害的致灾因子对冬小麦生长及产量的影响分析，采用大面积多种农作物平均单产求算小面积作物趋势产量的方法，计算分区域冬小麦减产率，根据冬小麦轻度、中度、重度湿渍害的发生实况，分县（区、市）逐一分析三个级别湿渍害发生年份的上一年 10 月～当年 5 月持续阴雨时段的降水量、降水日数和日照时数，三个级别各旬降水量、降水日数和日照时数以及持续阴雨时段超过 5d 阴雨天气过程的降水量、降水日数和日照时数，将所统计的三个级别各旬降水量、降水日数和日照时数中数值小于等于平均值的样本剔除，所剩样本的平均值即初步定为该县（区、市）冬小麦湿渍害指标。以该县（区、市）的灾损率占区域总灾损率的比例为加权系数，将各县（区、市）湿渍害指标加权平均，即本区域基于灾损率的冬小麦湿渍害分级指标。按照上述方法分析确定了安徽省不同区域基于灾损率的冬小麦湿渍害致灾分级指标（表 1.14）。

表 1.14　安徽省不同区域基于灾损率的冬小麦湿渍害致灾分级指标

区域	时间	轻度	中度	重度
淮北区	上一年10月～当年1月	$R \geqslant 85$，$Rd \geqslant 8$，$S < 40$	$R \geqslant 115$，$Rd \geqslant 8$，$S < 30$	—
	当年2～3月	$R \geqslant 70$，$Rd \geqslant 6$，$S < 30$	$R \geqslant 95$，$Rd \geqslant 9$，$S < 30$	—
	当年4～5月	$R \geqslant 45$，$Rd \geqslant 7$，$S < 30$	$R \geqslant 70$，$Rd \geqslant 8$，$S < 25$	$R \geqslant 90$，$Rd \geqslant 10$，$S < 20$
沿淮江淮西部区	上一年10月～当年1月	$R \geqslant 80$，$Rd \geqslant 7$，$S < 45$	$R \geqslant 100$，$Rd \geqslant 8$，$S < 30$	—
	当年2～3月	$R \geqslant 65$，$Rd \geqslant 6$，$S < 25$	$R \geqslant 90$，$Rd \geqslant 8$，$S < 25$	—
	当年4～5月	$R \geqslant 50$，$Rd \geqslant 6$，$S < 30$	$R \geqslant 75$，$Rd \geqslant 6$，$S < 25$	$R \geqslant 110$，$Rd \geqslant 10$，$S < 20$
沿淮江淮东部区	上一年10月～当年1月	$R \geqslant 80$，$Rd \geqslant 7$，$S < 40$	$R \geqslant 110$，$Rd \geqslant 8$，$S < 30$	—
	当年2～3月	$R \geqslant 65$，$Rd \geqslant 7$，$S < 25$	$R \geqslant 100$，$Rd \geqslant 8$，$S < 25$	$R \geqslant 120$，$Rd \geqslant 11$，$S < 20$
	当年4～5月	$R \geqslant 55$，$Rd \geqslant 6$，$S < 30$	$R \geqslant 80$，$Rd \geqslant 6$，$S < 25$	$R \geqslant 110$，$Rd \geqslant 11$，$S < 25$
江淮中部区	上一年10月～当年1月	$R \geqslant 90$，$Rd \geqslant 8$，$S < 40$	$R \geqslant 120$，$Rd \geqslant 8$，$S < 30$	—
	当年2～3月	$R \geqslant 70$，$Rd \geqslant 6$，$S < 25$	$R \geqslant 90$，$Rd \geqslant 7$，$S < 30$	$R \geqslant 100$，$Rd \geqslant 9$，$S < 20$
	当年4～5月	$R \geqslant 55$，$Rd \geqslant 6$，$S < 30$	$R \geqslant 90$，$Rd \geqslant 7$，$S < 30$	$R \geqslant 110$，$Rd \geqslant 11$，$S < 25$

注：上述指标是两旬或超过10d的一次连阴雨过程的累计值，其 R 值的个位数在 1～5 时取 5，6～10 时取 10，S 值的个位数在 0～4 时取 0，5～9 时取 5，如江淮中部区 4～5 月的 R 值和 S 值计算结果为分别 51、32，则取 R=55，S=30；其中 R 为降水量（mm），Rd 为降水日数（d），S 为日照时数（h）。

可以看出，安徽省冬小麦播种期至越冬期没有发生导致灾损率大于 10% 的湿渍害，因此，没有上一年 10 月～当年 1 月的湿渍害指标；当年 2～3 月，没有发生导致灾损率大于 20% 的重度湿渍害。

1.3.1.2　基于涝渍指数的冬小麦湿渍害致灾分级指标

根据定义，将涝渍指数 Q_w 转换为

$$Q_w = a_1 \frac{R}{R_{max}} + a_2 \frac{Rd}{11} - a_3 \frac{S}{S_{max}} \qquad (1.3)$$

式中，R 为降水量；Rd 为降水日数；S 为日照时数；当 $R \geqslant R_{max}$ 时，$\dfrac{R}{R_{max}} = 1$；a_1, a_2, a_3 为表征降水量、降水日数和日照时数对形成湿渍害贡献的经验系数。经过反复模拟计算，确定不同区域 a_1, a_2, a_3 值（表 1.15）。

表 1.15　不同区域 a_1, a_2, a_3 值

区域	a_1	a_2	a_3
淮北区	1	0.75	0.75
沿淮江淮东部区	1	1	0.5
沿淮江淮西部区	1	0.75	0.75
江淮中部区	1	1	0.5

逐旬计算涝渍指数，按照冬小麦产量湿渍害灾损率的区间，$-10\% \leqslant \dfrac{Y_w}{Y_t} < -5\%$、$-20\% \leqslant$ $\dfrac{Y_w}{Y_t} < -10\%$、$\dfrac{Y_w}{Y_t} < -20\%$（其中 Y_w 为气象产量，Y_t 为趋势产量）分别为轻度、中度、重度湿渍害的分级标准，计算各区上一年 10 月～当年 5 月出现的不同等级冬小麦 Q_w，将其与已知的典型的冬小麦湿渍害进行对比分析，确定安徽省江淮地区的冬小麦湿渍害致灾分级指标（表 1.16）。

表 1.16　基于涝渍指数的冬小麦湿渍害致灾分级指标

湿渍害等级	发生时间	冬小麦湿渍害致灾分级指标（Q_w 值）
轻度	上一年 10 月～当年 2 月	连续 3 旬 $Q_w > 0.8$
	当年 3 月	连续 2 旬 $Q_w > 0.8$
	当年 4～5 月	连续 2 旬 $Q_w > 0.7$
中度	上一年 10 月～当年 2 月	连续 2 旬 $Q_w > 1.1$
	当年 3～5 月	连续 2 旬 $Q_w > 0.9$
重度	当年 3 月	连续 2 旬 $Q_w > 1.1$，其中有 1 旬 $Q_w > 1.2$
	当年 4～5 月	连续 2 旬 $Q_w > 1.2$，或 1 旬 $Q_w > 1.3$

1.3.1.3　基于试验分析的冬小麦湿渍害致灾分级指标

根据大田调查和田间试验，以及湿渍害危害实况和试验测定的冬小麦形态与生理表现特征，初步建立适用于安徽省江淮地区的冬小麦湿渍害致灾分级指标（表 1.17）。

表 1.17　基于试验分析的冬小麦湿渍害致灾分级指标

生育时段	湿渍害等级	渍水指标	淹水指标
拔节期	轻度	土壤相对湿度达 85%并持续 7d	淹水 5d
	中度	土壤相对湿度达 85%并持续 10d	淹水 7d
	重度	土壤相对湿度达 85%并持续 11d 以上	淹水 10d
灌浆期	轻度	土壤相对湿度达 85%并持续 5d	淹水 3d
	中度	土壤相对湿度达 85%并持续 7d	淹水 5d
	重度	土壤相对湿度达 85%并持续 10d	淹水 7d

计算 2015～2016 年试验产量灾损率，依据冬小麦产量湿渍害灾损率的区间，$-10\% \leqslant \dfrac{Y_w}{Y_t} <$ -5%、$-20\% \leqslant \dfrac{Y_w}{Y_t} < -10\%$、$\dfrac{Y_w}{Y_t} < -20\%$ 分别为轻度、中度、重度湿渍害的分级标准，判别不同试验处理的湿渍害程度，灾损率计算结果基本与湿渍害处理持续时间成正比，另根据不同试验处理方式，采用基于试验分析的冬小麦湿渍害分级指标判别湿渍害等级，两种结果相比较后基本相吻合，仅有 BL6、BL9、GZ5 三个处理的判别结果比实际灾损判别结果偏轻，GL9处理的判别结果比实际灾损判别结果偏重，且仅相差一个等级。基于试验分析的冬小麦湿渍害分级指标，能够直观地根据湿渍害持续时间，很好地反映出湿渍害程度，且湿渍害等级与减产率呈正相关，湿渍害持续时间越长，减产程度越大（表 1.18）。

表 1.18　基于试验分析的湿渍害分级判别结果与试验灾损率对比

处理时期	处理	湿渍害分级判别*	2015~2016 年试验产量灾损率/%	实际灾损判别
拔节期	BZ5	轻度	0.5	—
	BZ8	轻度	−7.3	轻度
	BZ12	重度	−10.0	重度
	BL3	轻度	−6.8	轻度
	BL6	轻度	−17.0	中度
	BL9	中度	−21.5	重度
灌浆期	GZ5	轻度	−12.4	中度
	GZ8	中度	−18.4	中度
	GZ12	重度	−22.2	重度
	GL3	轻度	−6.2	轻度
	GL6	中度	−17.9	中度
	GL9	重度	−19.2	中度

*基于试验分析的冬小麦湿渍害分级指标判别灾害等级。

利用基于灾损率和涝渍指数确定的安徽省冬小麦湿渍害，分别计算 1961~2010 年安徽省各区域的 3 月下旬~5 月中旬出现的不同等级冬小麦湿渍害发生概率。根据表 1.19 可以看出，安徽省不同区域，根据两种分级指标计算的湿渍害发生概率与实况的差异有所不同，淮北区、沿淮江淮西部区和沿淮江淮东部区计算结果与发生实况吻合率达 90%，但江淮中部区的评估总体偏轻。基于灾损率的分级指标计算的冬小麦湿渍害发生概率总体偏小，而基于涝渍指数确定的分级指标所计算结果与发生实况相当吻合，说明基于涝渍指数的分级指标分析评估冬小麦湿渍害不仅有利于分析计算，而且效果也比较好。

表 1.19　分级指标计算的安徽省江淮地区冬小麦湿渍害发生概率与实况比较（单位：%）

区域	湿渍害发生实况			分别指标计算的湿渍害发生概率					
				基于灾损率			基于涝渍指数		
全区	42	27	16	36	20	12	39	24	15
淮北区	24	16	8	20	15	10	22	18	8
沿淮江淮西部区	35	18	12	30	18	10	32	18	11
沿淮江淮东部区	38	28	15	36	22	16	36	25	14
江淮中部区	51	34	21	45	35	18	47	27	19
湿渍害程度	轻	中	重	轻	中	重	轻	中	重

1.3.2　冬小麦湿渍害业务化监测评估指标

冬小麦发生湿渍害期间，业务上需实时开展监测，每旬滚动开展冬小麦湿渍害预评估。但上述冬小麦湿渍害监测评估指标，大多是基于生育时段或生育过程的，迫切需要根据实际业务应用服务的要求予以改进和优化。

1.3.2.1 基于改进涝渍指数的冬小麦湿渍害致灾指标

综合考虑降水量、降水日数和日照时数构建的涝渍指数 Q_w，是针对冬小麦生育期构建的湿渍害致灾指标，但在开展冬小麦湿渍害评估服务中，迫切要求提供能够实时反映湿渍害特点并可供业务应用的冬小麦湿渍害致灾指标。根据农业生产需要和目前以旬为时间尺度的农业气象业务服务规定，应将以冬小麦生育期为时间尺度的指标变换为以旬为时间尺度的指标。湿渍害的轻重是由土壤湿度或受淹的程度和持续时间及其对农作物生长发育与产量影响的大小决定的。湿渍害的形成是一个逐步累积、前效影响的过程，其严重程度与作物的生长发育阶段密切相关，在构建以旬为时间尺度的湿渍害致灾指标时，需要解决前期阴雨对本旬湿渍害持续影响的问题。为此，在当旬的涝渍指数基础上，引入可反映湿渍害前效影响的气候特征变量 α，表征前期涝渍对本旬涝渍程度的贡献率，从而构造旬尺度的冬小麦湿渍害致灾指标。即

$$Q = Q_{wi} + \alpha_{i-1}Q_{wi-1} + \alpha_{i-2}Q_{wi-2} + \alpha_{i-3}Q_{wi-3} \quad (1.4)$$

式中，Q_{wi} 为本旬涝渍指数，i 为本旬旬数；Q_{wi-1}、Q_{wi-2}、Q_{wi-3} 分别为前 1 旬、前 2 旬、前 3 旬涝渍指数；α_{i-1}、α_{i-2}、α_{i-3} 分别为前 1 旬、前 2 旬、前 3 旬的涝渍指数的权重系数。

根据江淮地区冬小麦生育期间的气候特征，前 1 旬降水以及土壤湿度对本旬是否发生湿渍害有明显作用，前 2 旬、前 3 旬的作用则大幅下降，时间再往前推，其作用微乎其微，因此，取前 3 旬表征前效影响的特征。这个新构造的指标较好地反映了湿渍害是一个逐渐累积致灾过程，也更好地适应以旬为时间尺度的农业气象观测资料的汇集特点，方便业务应用。

1.3.2.2 基于累积旱涝指数的冬小麦湿渍害致灾指标

湿润度指数是中国气象局发布的《干旱监测和影响评价业务规定》中的干旱指标之一，它是降水量和参考作物蒸散量的相对比值，反映了实际降水供给的水量与最大水分需要量的平衡关系，是一个具有时空变化的旱涝指标。基于湿润度指数，以冬小麦为承灾体，构建逐旬作物旱涝指数：

$$H_i = \frac{X_i - \bar{X}}{\bar{X}} \times 100\% \quad (1.5)$$

式中，H_i 为旬作物旱涝指数；X_i 为降水量与作物需水量的差占相应作物需水量的比值；$\bar{X}$ 为 X_i 的多年平均值。

X_i 的计算方法为

$$X_i = \frac{R_i - K_i \times ET_{0i}}{K_i \times ET_{0i}} \quad (1.6)$$

式中，R_i 为旬降水量；K_i 为旬作物系数；ET_{0i} 为旬可能蒸散量。

ET_0、ET_{0i} 的计算采用 1998 年联合国粮食及农业组织推荐的 Penman-Monteith 公式，进行逐日可能蒸散量的计算。

为反映冬小麦湿渍害逐步累积、前效影响的特征，以逐旬旱涝指数为基础，同样，引入一个可反映水分供需关系的气候特征变量 α 作为前期的旱涝指数分量的权重系数，构造可反映湿渍害渐变的累积旱涝指数经验公式：

$$H_\alpha = H_0 + \sum_{i=1}^{n} \alpha_i \left(\frac{n+1-i}{\sum_{i=1}^{n} i} H_i \right) \tag{1.7}$$

式中，H_α 为累积旱涝指数；α_i 为前 i 旬权重系数；H_0 为本旬旱涝指数；H_i 为前 i 旬的旱涝指数；n 为向前滚动的旬数，因季节而异，冬季为 4 旬，春秋季为 3 旬。

根据上述经验公式计算逐旬旱涝指数，以逐旬旱涝指数的距平百分率，建立冬小麦湿渍害致灾指标（表 1.20）：

$$Q = \frac{H_\alpha - \bar{H}_\alpha}{\bar{H}_\alpha} \times 100\% \tag{1.8}$$

表 1.20　基于累积旱涝指数的安徽省冬小麦湿渍害致灾指标　　（单位：%）

湿渍害等级	湿渍害致灾指标 Q	
	淮河以北	淮河以南
无湿渍害	≤ 15	≤ 20
轻度	16～25	21～30
中度	26～40	31～40
重度	>40	>40

1.3.2.3　冬小麦湿渍害业务化预评估指标

为方便实际业务应用服务的要求，根据湿渍害形成的条件和冬小麦生长发育特征，基于指标能客观、量化地表征湿渍害及其对冬小麦不同生长阶段危害程度的差异，利用逐旬计算的涝渍指数和累积旱涝指数，构建冬小麦湿渍害业务化预评估指标（表 1.21）。

在发生冬小麦湿渍害期间，业务上需每旬初（每旬第一天）滚动开展冬小麦湿渍害预评估。考虑到连阴雨、降水偏多是冬小麦湿渍害的主要诱发因素，因此，在业务实际中主要是根据上一旬湿渍害等级，结合本旬降水及降水出现日期的预测结果，构建业务化预评估指标，做出本旬冬小麦湿渍害预评估。

表 1.21　逐旬冬小麦湿渍害业务化预评估指标

湿渍害等级	湿渍害致灾指标 Q	
	淮河以北	淮河以南
湿渍害等级降一等级	降水量距平 ≤ −10%	降水量距平 ≤ −20%
湿渍害等级不变	降水距平 5%～10%，无 3d 以上连阴雨	降水量距平 5%～10%，无 3d 以上连阴雨
湿渍害等级增一等级	降水量距平 >10%，有 3d 以上连阴雨	降水量距平 >20%，有 3d 以上连阴雨

1.4　小　　结

本章通过冬小麦湿渍害致灾因子、孕灾环境分析，揭示了冬小麦湿渍害成因与孕灾环境的基本特征，构建了反映冬小麦湿渍害孕灾环境的脆弱性定量评价模型。通过冬小麦湿渍害胁迫试验，具体分析了湿渍害对冬小麦生长发育、生理特性、产量与性状的影响，结合湿渍害气候特征和灾损状况，构建了冬小麦湿渍害监测评估指标体系，并在此基础上，根据应用服务的要求，进一步建立了冬小麦湿渍害业务化监测评估指标。

（1）揭示了冬小麦湿渍害成因与孕灾环境的基本特征。湿渍害的成因主要是长时间持续阴雨天气、降水量过多，地下水位过高、地面排水不畅，造成土壤水分过饱和或根层土壤含水量长时间大于田间持水量、土壤空隙充满水分、空气含量严重不足，从而对冬小麦正常生长造成危害。湿渍害主要气候成因是长时间持续阴雨寡照，致灾成因是降水量过多、日照不足、土壤水分过大。湿渍害孕灾环境是地势低洼、排水困难、土壤质地黏重、透水性差，同时冬小麦种植区域旱涝保收面积、不同的耕地结构、冬小麦种植比例、区域经济发展水平和冬小麦单产水平等与湿渍害成因也有密切关系。

（2）冬小麦湿渍害脆弱性定量评价模型构建。根据冬小麦湿渍害的特征和成因分析，从地理条件、气候条件、农业生产条件等方面选取对湿渍害脆弱性影响明显的因子，以县（市、区）级行政单位为统计单元，构建冬小麦湿渍害脆弱性定量评价模型并以县（市、区）为统计单元脆弱度，以全区平均脆弱度为参考值，对不同区域脆弱性进行空间分异。

（3）冬小麦湿渍害区域气候特征。湿渍害的致灾因子主要包括降水量、降水日数和日照时数。基于降水量、降水日数和日照时数共同构建的冬小麦涝渍指数，结合历史实况资料，分析冬小麦湿渍害区域气候特征，结果表明，湿渍害是小麦产量波动的主要影响因素，危害严重的湿渍害主要发生在3～5月，特别是发生在4～5月的湿渍害，既影响冬小麦正常生长和开花灌浆，危害根系生长，也造成植株间的空气湿度大，导致病虫草害严重；不仅导致冬小麦灌浆速度下降，而且也使得籽粒充实灌浆时间明显缩短，是冬小麦减产的决定性因素之一。不同区域冬小麦湿渍害发生概率有较大差异，其中江淮中部区是冬小麦湿渍害发生概率最大区域，但危害最严重的区域是冬小麦种植比较集中的江淮区域。

（4）湿渍害胁迫对冬小麦产量性状及品质的影响。湿渍害胁迫下冬小麦亩穗数、穗粒数和千粒重会出现不同程度降低，其降低幅度随着胁迫天数增加显著增大，灌浆期影响明显大于拔节期；尤其是灌浆期湿渍害胁迫7d以上会导致小麦亩穗数、穗粒数和千粒重显著降低。湿渍害胁迫不仅影响冬小麦籽粒产量，而且也导致干物重减少，其中拔节期淹水会导致冬小麦总干物重显著下降，淹水天数越多，影响越显著。湿渍害胁迫降低了冬小麦籽粒蛋白质含量、湿面筋含量与面团稳定时间，尤其渍水8d以上降低显著。

（5）湿渍害胁迫对冬小麦生理特性的影响。湿渍害胁迫对冬小麦超氧化物歧化酶（SOD）、过氧化物酶（POD）、过氧化氢酶（CAT）、丙二醛（MDA）等均有显著影响。其中随着湿渍害胁迫时间增加，冬小麦旗叶SOD活性呈现先增加后减少的趋势，说明灌浆期间SOD旗叶保护作用正逐步丧失。湿渍害胁迫下冬小麦旗叶POD的活性呈下降趋势，其对旗叶的保护作用随着湿渍害胁迫时间增加而降低。湿渍害胁迫使得冬小麦旗叶的叶绿素含量显著下降，尤其是淹水6d以后冬小麦叶片SPAD值下降可达20%～60%，冬小麦旗叶净光合速率下降达30%～90%，严重影响冬小麦光合作用。长时间湿渍害胁迫对冬小麦蒸腾也有显著影响。6d以上会使冬小麦叶片的蒸腾速率迅速下降。

（6）冬小麦湿渍害监测评估指标。通过对表征冬小麦湿渍害特征的冬小麦涝渍指数、改进冬小麦涝渍指数、基于灾损率的冬小麦湿渍害分级指标、冬小麦累积旱涝指数等分析，结合冬小麦湿渍害胁迫试验结果，建立适宜对长江中下游的冬小麦湿渍害监测分级的指标、湿渍害评估指标、湿渍害气候风险指数、湿渍害风险度评估指标等冬小麦湿渍害监测评估指标体系。并根据实时业务应用服务的需求，构建了基于涝渍指数的以旬为时间尺度的冬小麦湿渍害致灾判别指标以及冬小麦湿渍害业务化预评估指标等。

参 考 文 献

蔡永萍, 陶汉之, 张玉琼. 2000. 土壤渍水对小麦开花后叶片几种生理特性的影响. 植物生理学通讯, 36(2): 110-113.

戴廷波, 赵辉, 荆奇, 等. 2006. 灌浆期高温和水分逆境对冬小麦籽粒蛋白质和淀粉含量的影响. 生态学报, 26(11): 3670-3676.

黄毓华, 武金岗, 高苹. 2000. 淮河以南春季三麦阴湿害的判别方法. 中国农业气象, 21(1): 23-26.

姜东, 谢祝捷, 曹卫星, 等. 2004. 花后干旱和渍水对冬小麦光合特性和物质运转的影响. 作物学报, 30(2): 175- 182.

金之庆, 石春林, 葛道阔, 等. 2001. 长江下游平原小麦生长季气候变化特点及小麦发展方向. 江苏农业学报, 17(4): 193-199.

兰涛, 姜东, 谢祝捷, 等. 2004. 花后土壤干旱和渍水对不同专用小麦籽粒品质的影响. 水土保持学报, 18(1): 193-196.

马晓群, 陈晓艺, 盛绍学. 2003. 安徽省冬小麦渍涝灾害损失评估模型研究. 自然灾害学报, 12(1): 158-162.

马晓群, 盛绍学, 徐敏, 等. 2005. 安徽省江淮地区冬小麦春季涝渍灾害的风险评估. 苏州: 中国气象学会 2005 年年会.

盛绍学, 石磊. 2010. 江淮地区小麦春季涝渍灾害脆弱性成因及空间格局分析. 中国农业气象, 31(s1): 140-143.

盛绍学, 石磊, 张玉龙. 2009. 江淮地区冬小麦渍害指标与风险评估模型研究. 中国农学通报, 25(19): 263-268.

盛绍学, 霍治国, 石磊. 2010. 江淮地区小麦涝渍灾害风险评估与区划. 生态学杂志, 29(5): 985-990.

吴洪颜, 曹璐, 李娟, 等. 2016. 长江中下游冬小麦春季湿渍害灾损风险评估. 长江流域资源与环境, 25(8): 1279-1285.

中国气象局. 2009. 冬小麦、油菜涝渍等级(QX/T 107—2009). 北京: 气象出版社.

第 2 章　湿渍害对油菜的影响及指标研究

油菜是我国南方地区冬半年的主要种植作物，但其耐湿性相对较弱（张树杰等，2013），油菜生产的各个环节，均易受到湿渍害的影响，导致生产成本增加，蕾薹期和花期遭受湿渍害还会显著降低收获产量和含油量（谭筱玉等，2011），因而，湿渍害是油菜生产的主要农业气象灾害（陆魁东等，2013；秦鹏程等，2016）。从植物生理的角度看，湿渍害被界定为土壤水分达到饱和形成嫌气环境，植物根系因氧气亏缺而发生代谢改变，对植株生长发育所造成危害，其可以抑制油菜生长，并造成产量和品质下降（周广生和朱旭彤，2002）。在自然条件下湿渍害的产生通常与长期阴雨寡照的天气条件密切相关，长期阴雨寡照可直接导致光合作用下降，同时田间湿度大，除造成根系呼吸受阻外，还可导致菌核病、霜霉病等病害的滋生。因此，部分学者又将湿渍害称为阴湿害（黄毓华等，2000）。

2.1　湿渍害对油菜生长发育及产量形成的影响

湿渍害逆境持续时间超过油菜品种的耐渍能力时，机体就会发生一系列形态或生理上的应激性响应，如叶绿素降解、叶片黄化萎蔫脱落、丙二醛含量增加、根系活力下降等，造成产量下降，从而导致油菜叶面积指数、地上部分生物量、每株一次分枝数、有效角果数、总角果数、千粒重、油菜籽产量等变化。因此，在研究实施期间，分别在浙江大学、湖北省荆州农业气象试验站和武汉农业气象试验站开展了湿渍害对油菜的影响试验，以期进一步了解湿渍害对油菜生长发育及产量形成的影响机理，改进和完善油菜湿渍害遥感监测与评估指标。

2.1.1　湿渍害对油菜生长发育的影响

湿渍害对油菜生长影响试验于 2014～2015 年油菜生长季在浙江大学进行。供试油菜品种为浙油 50 号（来源为沪油 15 号/浙双 6 号）。选用聚乙烯塑料桶（直径 34cm，高 33cm）进行盆栽控制试验，每桶装土 25kg，于 2014 年 11 月 5 日将油菜种子直播于桶内，每桶播种 15～20 粒种子。当油菜第五片真叶长出时，定苗至 5 株/桶，在每次处理前选择长势均匀的同一批次油菜，并定苗至 3 株/桶，同时在处理之前进行一次测定，保证一批次的试验样品之间没有显著性差异。

在油菜苗期、花期分别进行不同时长的水分调控。处理期间土壤水分调控通过 HM-SW 型土壤水分湿度检测系统监测并以人工加水的方式设定在 3 个梯度内。两个生育期试验均设置不同湿渍害水平和不同湿渍害处理时间，其中湿渍害水分调控设置 3 个水平，分别为：W0，适宜水分水平（CK）；W1，渍水水平设置水面与盆中土面相持平（W）；W2，淹水水平设置水面超过盆中的土壤 2～3cm（F）。湿渍害处理时间设置 4 个水平，分别为：T1，湿渍害处理 5d；T2，湿渍害处理 10d；T3，湿渍害处理 15d；T4，湿渍害处理 20d。每个生育期进行 12 个处理，4 次重复，并于每次处理结束后，立即测定相关指标。

整个试验周期共有 120 桶油菜材料供试。其中，苗期处理时间为 2015 年 1 月 13 日～2 月

2 日；花期处理时间为 2015 年 3 月 14 日～4 月 3 日；油菜成熟收获日期为 2015 年 5 月 17 日。处理完成后，从桶中取出油菜植株，冲洗干净并吸干水分后测定各项指标。

记录油菜生育期，淹水结束后观测油菜生长状况。叶面积利用 LI-3000C 便携式叶面积仪测定，单位为 cm² （郑腾飞等，2014）。地上部分生物烘干后由天平测定干重，单位为 g。

2.1.1.1　湿渍害对油菜叶面积的影响

苗期湿渍害处理对叶面积的影响主要表现为，随着湿渍害处理时间的延长，植株下部叶片逐渐萎蔫、黄化并脱落。湿渍害对油菜叶面积的影响如图 2.1（a）所示。对苗期油菜叶片进行观察，发现正常植株在生长期间很少有黄叶出现，但经过湿渍害处理后，油菜叶片出现严重的黄化、萎蔫现象。油菜经苗期湿渍害处理 10d 后，淹水处理和渍水处理均开始出现黄叶，且随着处理时间的增加，油菜的黄叶叶面积也呈不断增加的趋势，但是当处理时间超过 15d 后，由于受湿渍害水分胁迫的影响，植株叶片开始脱落（黄叶也脱落），在湿渍害处理 20d 后，淹水处理和渍水处理的黄叶叶面积开始下降。苗期经 5d、10d、15d、20d 湿渍害处理后，绿叶叶面积大小顺序均表现为对照>渍水处理>淹水处理。苗期经不同处理时间的湿渍害水分胁迫处理后的叶面积表现与绿叶叶面积的表现较为一致。

在花期对油菜进行不同处理时间的不同湿渍害处理，油菜叶片发生了明显改变，如图 2.1（b）所示。油菜花期经湿渍害处理后叶片变少，在处理 5d 时即表现出淹水处理和渍水处理的叶片叶面积低于对照，且淹水处理叶片叶面积低于渍水处理，随着湿渍害处理时间的延长，湿渍害症状加重。绿叶部分受湿渍害水分胁迫后的表现与叶片叶面积表现较为一致，淹水处理受湿渍害影响最严重，渍水处理次之，不同的是，淹水处理和渍水处理的绿叶叶面积均在湿渍害处理 5d 后开始持续下降。油菜的黄叶叶面积变化趋势与绿叶叶面积完全不同，在湿渍害处理初期，黄叶叶面积呈逐渐上升趋势，且淹水处理高于渍水处理，在淹水处理 10d、渍水处理 15d 后黄叶叶面积开始下降。在湿渍害处理前期，油菜刚开始表现出湿渍害症状，植株开始出现黄叶，受湿渍害水分胁迫后，油菜黄叶叶面积增加，且淹水处理的湿渍害影响要高于渍水处理，因而淹水处理的黄叶叶面积要高于渍水处理，但随着处理时间的延长，植株受害现象更为严重，底部叶片从叶柄处脱落，黄叶的脱落更多，因为在处理后期，受湿渍害水分胁迫后的油菜黄叶叶面积降低，且不同湿渍害处理间的差异性也减小。

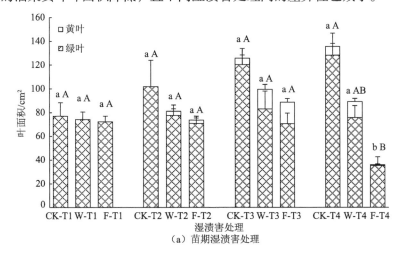

（a）苗期湿渍害处理

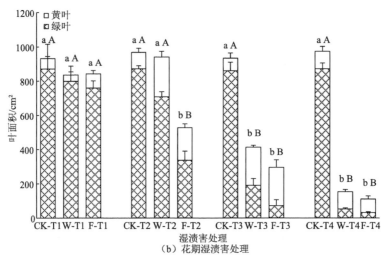

图 2.1　不同湿渍害处理对油菜叶面积的影响

图中英文大小写字母分别代表 0.01 和 0.05 水平的差异显著性

经过方差分析（图 2.1）可知，淹水处理的叶面积明显比 CK 小，但只在苗期淹水 20d 极显著（$P<0.01$）低于 CK，花期淹水 10d、15d 和 20d 极显著（$P<0.01$）低于 CK。虽然渍水处理的单株叶面积也表现出减少现象，但减少幅度低于淹水处理；苗期湿渍害处理与 CK 均没有表现出显著性差异，花期渍水 15d 和 20d 的叶面积极显著（$P<0.01$）降低。综合分析可知，在相同湿渍害处理条件下，随着湿渍害处理时间的延长，渍水处理和淹水处理的叶面积相比 CK 表现出下降趋势；而在相同湿渍害处理时间条件下，淹水处理的受害现象比渍水处理更为明显。因此，适宜的土壤水分含量有益于油菜的生长和叶面积的增加。

2.1.1.2　湿渍害对油菜地上部分干重的影响

油菜苗期营养生长占绝对优势，地上部分主要为缩茎段和叶片的生长。苗期经不同湿渍害处理后，油菜叶片开始变黄，出现烂叶，严重的可从叶柄处脱落，茎部出现腐烂，烂叶增多，植株的地上部分开始呈现一定的变化规律。由图 2.2（a）可看出，苗期经过 CK、渍水处理和淹水处理的叶占地上部分干重的分配比例高于茎。湿渍害处理后油菜地上部分茎干重以及叶干重均低于 CK，且淹水处理小于渍水处理。

油菜开花期表现为边开花边结角果，该时期油菜生长旺盛，开始由营养生长占优势的阶段转向生殖生长占优势的阶段。油菜到花期，根系生物量、主茎高、植株干重、叶面积和花芽数都达到了最大值，花期过后营养生长基本停止。由图 2.2（b）可知，该时期对油菜地上部分干重分配比例较大的是茎，其次是叶，角果最小，但是在花期后期，油菜生殖生长较旺盛，角果生长变快，在地上干物质分配比例中逐渐增加，与叶相近。油菜花期进行湿渍害处理，表现为油菜植株底部叶片脱落变少，茎秆纤细，分枝数减少，出现败花现象，茎下部开始腐烂，而且茎秆上部开始枯萎，油菜倒伏现象极为严重，且随湿渍害处理时间的延长，新开的花也会萎蔫，形态上明显差于 CK 植株。CK 的地上部分干重不断增长，淹水处理在处理 5d 后开始下降，而渍水在处理 10d 才开始下降，而且淹水处理的地上部分干重明显低于渍水处理。茎干重的变化与地上总体干重的变化基本一致。茎干重在渍水处理、淹水处理 10d 后均开始下降，且淹水处理的茎部干重低于渍水处理。油菜花期角果生长较快，但是经不同时间不同方式渍水处理后，渍水处理的角果增长低于正常油菜植株，淹水处理角果增长更低。

由于花期之后，油菜植株营养生长基本停止，油菜叶片脱落值也变小。本试验中 CK 的油菜叶片干重在处理 10d 后开始下降，渍水处理也在 10d 后开始下降，而淹水处理 5d 后即呈下降趋势，但是，湿渍害处理时间相同时，淹水处理的叶片干重小于渍水处理，渍水处理的叶片干重小于 CK。

湿渍害处理后油菜各生育期地上部分干重如图 2.2 所示。综上分析可知，湿渍害处理影响了地上部分干物质在叶、茎和角果的分配，但在总体上表现并不明显。淹水处理的干物质总重量总体比 CK 偏少，但只在苗期淹水 20d 极显著（$P<0.01$）低于 CK，花期淹水 10d 显著（$P<0.05$）低于 CK，花期淹水 15d、20d 极显著（$P<0.01$）低于 CK。同时，渍水处理也抑制地上部分干物质积累，但干物质的减少幅度小于淹水处理；苗期处理差异并不显著（$P>0.05$），只在花期渍水 15d 和 20d 的干物质总质量极显著（$P<0.01$）降低。

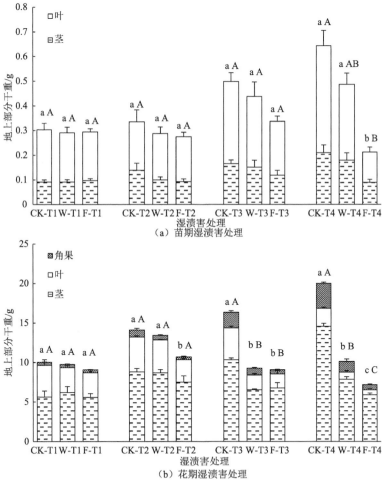

图 2.2　不同湿渍害处理对油菜地上部分干重的影响

图中英文大小写字母分别代表 0.01 和 0.05 水平的差异显著性

2.1.2　湿渍害对油菜产量形成的影响

湿渍害对油菜产量形成的影响试验在荆州农业气象试验站（30°21′N，112°09′E，海拔 32.2m）院内进行，该区为北亚热带湿润季风型气候，年平均气温 16.5℃，年均降水量 1095mm，年均日照时数 1718h。湿渍害试验采用测筒实现渍涝水平控制。测筒为一圆柱形水泥池，直径

0.7m，池内 1.5m 深，填满土壤，土壤类型为潴育型水稻土，测筒顶部和底部均有加水闸阀，可自如调节内部水深和地下水位（图 2.3～图 2.5）。无湿渍害试验期间，苗期、蕾薹期、花期、角果期测筒内地下水位分别设置为 60cm、55cm、45cm、55cm；试验期间，湿渍害判定标准为地下水位稳定在 0～2cm，测筒内土壤表面略显明水，此时土壤孔隙饱和；湿渍害处理结束后，24h 内将地下水位降至与对照相同水位。

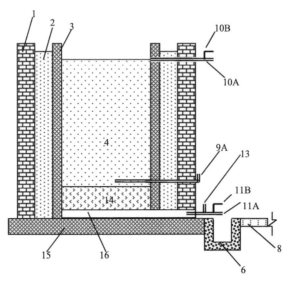

图 2.3　测筒试验原理示意图（朱建强，2011）

1. 外砌体；2. 保护层；3. 内砌体；4. 有效土体；6. 排水沟；8. 观测走廊；9A. 地下水位连通管，接刻度管；10A. 排水孔；10B. 控制阀；11A. 排水孔；11B. 控制阀；13. 进水口；14. 滤水层；15. 钢筋混凝土底板；16. 下部灌排两用管

图 2.4　荆州农业气象试验站油菜湿渍害测筒试验
（第 1 期试验样本刚刚移栽）

图 2.5　荆州农业气象试验站油菜湿渍害花期试验

试验选用油菜品种为华油杂 668 号，耐渍水平中等，于 2014 年 9 月 20 日播种，10 月 26 日移栽，每测筒种植 2 株。湿渍害试验分别在蕾薹期、花期、角果期单独进行，各生育期试验受渍天数设置见表 2.1，每个处理 3 个重复；另设 3 个测筒作为对照处理，共计使用 48 个测筒。

表 2.1　试验受渍天数设置

生育期	受渍开始日期	受渍天数设置/d				
蕾薹期	2 月 4 日	3	6	9	12	15
花期	3 月 2 日	3	6	9	12	15
角果期	3 月 30 日	5	7	10	15	20

试验期间观测记录各处理油菜发育期，成熟时调查每株一次分枝数、有效角果数、总角果数、千粒重、油菜籽产量等指标。并计算有效角果率 r_p、相对产量 R_y、相对渍害指数 RIR（方正武等，2012）、渍害日变率 R_d、渍害敏感系数 CS_i，其计算方法如下。

有效角果率：

$$r_p = \frac{\text{有效角果数}}{\text{总角果数}} \times 100\% \qquad (2.1)$$

相对产量：

$$R_y = \frac{\text{处理产量}}{\text{对照产量}} \times 100\% \qquad (2.2)$$

相对渍害指数：

$$RIR = \frac{(V_c - V_t)}{V_c} \times 100\% \qquad (2.3)$$

渍害日变率：

$$R_d = \frac{RIR}{D} \qquad (2.4)$$

渍害敏感系数：

$$CS_i = \frac{R_{di}}{\sum R_d} \qquad (2.5)$$

式中，V_c 为某产量要素的对照值；V_t 为某产量要素的湿渍害处理值；i 为第 i 个生育期；D 为受渍天数。

2.1.2.1　湿渍害对油菜产量因素的影响

试验结果分析表明，蕾薹期受渍后，一次分枝数明显减少，受渍 12d 以上，减少到显著或极显著水平，而花期、角果期受渍后，一次分枝减少不显著。花期、角果期受渍 9d 以上的，有效角果数相比对照减少，差异达极显著水平，蕾薹期受渍对有效角果数的减少作用不明显；而有效角果率下降较明显，蕾薹期受渍 9d，其与对照差异达显著水平，继续受渍，则极显著下降；花期和角果期则分别在受渍 6d、10d 时，有效角果率极显著下降。由此可见，在受渍条件下，有效角果率的变化比有效角果数更敏感，其表明受渍后，总角果数的减少速率（$-\Delta_{总}$）和无效角果数的增加速率（$\Delta_{无效}$）均快于有效角果数的减少速率（$-\Delta_{有效}$）。籽粒千粒重的下降要缓和于其他产量结构要素，蕾薹期、花期受渍 12～15d，以及角果期受渍 10～20d 时，千粒重的下降与对照的差异为显著水平（表 2.2）。

表 2.2　各生育期湿渍害对油菜产量构成的影响

生育期	受渍天数/d	一次分枝数/个	有效角果数/个	有效角果率/%	千粒重/g
	0	26.5±1.9	3247.8±56.9	86.5±1.4	3.3±0.07
蕾薹期	3	25.8±0.7	3203.7±180.7	84.9±1.3	3.2±0.13
	6	25.2±0.9	3157.0±122.0	83.6±1.3	3.2±0.09

续表

生育期	受渍天数/d	一次分枝数/个	有效角果数/个	有效角果率/%	千粒重/g
蕾薹期	9	23.8±0.8	2956.0±137.0	81.5±1.0*	3.1±0.04
	12	21.8±0.9*	2924.3±63.9	80.2±1.2**	3.0±0.06*
	15	19.0±1.6**	2788.4±56.6	78.0±1.7**	3.0±0.03*
花期	0	26.5±1.9	3247.8±56.9	86.5±1.4	3.3±0.07
	3	26.5±0.6	3188.0±163.6	77.6±1.3	3.1±0.16
	6	26.0±0.6	2964.2±88.3	73.3±6.3**	3.0±0.04
	9	23.8±1.3	2776.5±142.7**	70.7±1.8**	3.0±0.12
	12	24.2±1.2	2655.2±100.0**	68.9±1.7**	2.9±0.10*
	15	23.8±1.5	2348.3±89.5**	66.9±3.7**	2.6±0.06**
角果期	0	26.5±1.9	3247.8±56.9	86.5±1.4	3.3±0.07
	5	25.8±1.0	3057.0±81.1	80.5±2.8	3.1±0.03
	7	26.3±1.4	2978.0±89.2	76.9±1.7*	3.0±0.08
	10	26.5±0.7	2744.8±79.0*	72.8±0.9**	2.7±0.08*
	15	24.8±1.1	2440.2±190.4**	69.1±2.6**	2.3±0.25**
	20	25.3±1.1	2133.0±77.5**	67.1±4.7**	2.2±0.05**

*表示通过 0.05 水平的显著性检验。

**表示通过 0.01 水平的显著性检验。

　　为了定量分析不同生育期之间各产量结构要素对湿渍害胁迫的响应特点，分别统计相对渍害指数（RIR），公式如下：

$$RIR = \frac{(V_c - V_t)}{V_c} \times 100\%$$

式中，V_c 为某产量要素的对照值；V_t 为某产量要素的湿渍害处理值。相对渍害指数指相对于未受渍的对照处理在充分受渍条件下，油菜主要产量结构要素变化值与对照处理值的百分比。

　　各生育期相对渍害指数的特点为蕾薹期湿渍害下，各产量结构要素的相对渍害指数变化大小顺序分别是 RIR_b（一次分枝数）$>RIR_r$（有效角果率）$>RIR_w$（千粒重），主要影响因子为一次分枝数。有效角果率与千粒重的相对渍害指数较接近，明显低于一次分枝数。蕾薹期湿渍害虽然导致一次分枝数明显减少，但对有效角果数和千粒重的影响有限，最终油菜籽产量的减幅也小于花期、角果期湿渍害。花期各相对渍害指数变化差异较大，总体来说，变化大小顺序为 $RIR_r>RIR_w>RIR_b$，主要影响因子为有效角果率，其次为千粒重。角果期湿渍害的影响大小顺序为 $RIR_w>RIR_r>RIR_b$，主要影响因子为千粒重，其次为有效角果率，一次分枝数的影响可忽略不计（表 2.3）。结果表明，油菜蕾薹期、花期、角果期的湿渍害关键影响因子分别为一次分枝数、有效角果率、千粒重。

表 2.3　各生育期主要产量结构要素的相对渍害指数

生育期	受渍天数/d	相对渍害指数 RIR		
		RIR_b	RIR_r	RIR_w
蕾薹期	3	2.5	1.9	2.1

续表

生育期	受渍天数/d	相对渍害指数 RIR		
		RIR_b	RIR_r	RIR_w
蕾薹期	6	5.0	3.3	3.3
	9	10.2	5.7	5.6
	12	17.6	7.2	8.0
	15	28.3	9.9	7.8
花期	3	0.0	10.3	5.5
	6	1.9	15.3	8.5
	9	10.1	18.3	10.3
	12	8.8	20.4	13.0
	15	10.2	22.7	20.4
角果期	5	2.5	6.9	6.6
	7	0.6	11.1	8.9
	10	0.0	15.8	17.4
	15	6.3	20.1	29.3
	20	4.4	22.4	33.6

2.1.2.2　湿渍害对油菜产量和品质的影响

湿渍害显著抑制油菜干物质积累，影响光合产物向角果转移和籽粒产量形成，造成产量下降。其中，蕾薹期受渍 6d，减产达显著水平；受渍 9d，减产达极显著水平。花期和角果期受渍 6d 或以上，减产即达极显著水平。根据各生育期湿渍害天数对应的油菜相对产量，可分别建立油菜主要生育期相对产量 R_y 与充分受渍天数 D 之间的回归方程。各生育期相对产量与充分受渍天数的回归方程均通过 F 检验，达到极显著水平，即充分受渍天数显著影响油菜产量（表 2.4）。

表 2.4　各生育期充分受渍天数与产量的回归关系

生育期	回归方程	决定系数 R^2	F 值
蕾薹期	$R_y = -1.986D + 98.532$	0.913	200.071**
花期	$R_y = -3.304D + 96.290$	0.942	82.125**
角果期	$R_y = -2.170D + 93.286$	0.891	41.834**

**表示通过 0.01 水平的显著性检验。

湿渍害对油菜品质的影响主要表现在油菜籽含油量、蛋白质含量、硫代葡萄糖苷含量的差异上。渍水处理会导致成熟期油菜籽粒蛋白质、硫代葡萄糖苷含量较对照有一定程度的升高，且随渍水时间的延长，升高幅度加大，而含油量随渍水时间延长有一定减少（宋丰萍，2008）。

2.1.3　湿渍害对油菜菌核病的影响

油菜菌核病是菌核菌感染导致的严重病害，居油菜三大病害之首（朱金良等，2012），在世界范围内都有发生。该病害在油菜生长相对冷凉和潮湿的地区适宜发生，亚洲的冬油菜区比较严重。在我国东南沿海及长江中、下游的主要油菜产区，江苏、湖南、安徽、湖北、上海、浙江等地该病发生尤为突出。该病从苗期到成熟期均可为害，其中以中、后期发病最普遍，主要为害油菜茎秆，引起植株早枯、角果减少、籽粒皱瘪、千粒重和出油率降低（高雪等，2009）。据报道，油菜菌核病一般发病率在10%～30%，严重时可高达80%，可导致减产11%～73%，含油量降低1%～5%，严重影响油菜的产量与品质（李丽丽，1994）。近年来，随着农业产业结构的调整，受气候条件不利、品种繁杂、栽培管理粗放、施肥水平提高等因素的影响，油菜菌核病的发生呈加重趋势，严重影响了油菜的产量和品质。

油菜湿渍害的产生通常与长时间阴雨寡照的天气条件密切相关，而长时间阴雨寡照也可导致油菜菌核病、霜霉病等病害的滋生（黄毓华等，2000）。油菜菌核病的发生程度除了与相应气象条件有关，还与田间菌核残存数量以及防治管理水平等因素有关。一般情况下，田间菌核残存数量越大、气象条件越适宜、防治水平越低，油菜菌核病发生程度也越重。其他条件相近的情况下，湿渍害越严重的年份，菌核病发生越严重。

按式（2.6）构建的湿渍害指标计算每年湖北省湿渍害指数（3～5月），然后分析湿渍害指数与湖北省油菜菌核病发生面积 s、损失面积 p、发病指数 K（发生面积占种植面积比值）的关系。从表2.5可以发现，湿渍害指数与损失面积、菌核病发病指数 K 均呈正相关，与菌核病发生面积相关性不明显。这是因为湖北省油菜种植面积波动较大，发病面积与种植面积有关，发病面积较大，不一定表示发病程度重。只有在相同种植面积情况下，发病面积大的年份相对较重。发病指数 K 比发生面积更能反映菌核病发生程度，说明湿渍害指数能明显地反映油菜菌核病造成的损失和发生程度，且湿渍害指数越高，油菜菌核病造成的危害越大。

表 2.5　湿渍害指数与菌核病的发生面积、损失面积、发病指数的相关性分析

要素	发生面积 s	损失面积 p	发病指数 K
相关系数	0.011	0.927[**]	0.788[**]

**表示在0.01水平上显著相关。

将3～5月平均湿渍害指数 ≥0.5 的年份定义为有湿渍害发生的年份，平均湿渍害指数 ≥1.0 的年份为湿渍害严重的年份。统计1979～2016年逐年3～5月平均湿渍害指数，发现有18年为湿渍害发生年份，其中7年湿渍害严重年份，严重性由高到低依次为2002年、1991年、2003年、1989年、2015年、1992年、1998年。18个湿渍害发生年中，绝大多数年份菌核病发病指数在40%以上，其中1999年、2009年、2002年、2003年、2014年、2015年、2016年发病指数在70%以上；绝大多数年份菌核病造成的产量损失在10000t以上，其中湿渍害最严重的为2002年，损失85816.93t，1996年、1998年、2003年、2009年、2010年、2012年、2014年、2015年、2016年因菌核病产量损失50000t以上；进入21世纪以来，春季湿渍害、油菜菌核病发生频繁，在2014～2016年湿渍害、菌核病均有发生（表2.6）。

表 2.6　典型湿渍害年份与油菜菌核病发生情况（按照湿渍害指数排序）

年份	降雨量/mm	日照时数/h	平均气温/℃	相对湿度/%	降水日数/d	湿渍害指数	种植面积/10^3hm²	发生面积/10^3hm²	损失/t	发病指数 K/%
2002	603.46	356.55	16.77	80.95	50.02	1.85	1155.25	811.11	85816.93	70.21
1991	507.70	323.91	14.71	81.90	47.50	1.72	610.10	310.33	17384.30	50.87
2003	475.05	369.10	16.18	78.96	47.18	1.68	1174.63	935.43	64540.69	79.64
1989	441.49	386.41	15.64	79.21	42.64	1.32	452.16	223.60	14580.40	49.45

续表

年份	降雨量 /mm	日照 时数/h	平均气 温/℃	相对湿 度/%	降水日 数/d	湿渍害 指数	种植面积 /10^3hm²	发生面积 /10^3hm²	损失/t	发病指数 K/%
2015	454.20	419.34	17.34	76.08	34.34	1.21	1232.13	937.38	55693.29	76.08
1992	498.00	415.56	15.97	79.20	44.64	1.18	534.41	216.09	9052.00	40.44
1998	561.02	449.30	17.09	79.35	41.05	1.00	887.01	613.85	52898.90	69.20
2010	488.91	392.18	15.82	74.02	42.34	0.93	1159.88	787.92	54089.36	67.93
2009	408.12	407.55	16.88	75.81	37.50	0.89	1165.88	934.93	68400.37	80.19
1985	439.83	392.57	15.72	80.13	41.98	0.84	367.42	125.01	14783.70	34.02
1999	490.46	374.18	16.42	79.20	44.80	0.69	1003.64	741.86	45818.71	73.92
2012	441.28	372.57	16.87	76.64	44.61	0.65	1167.33	865.23	66126.70	74.12
2007	353.52	472.28	18.03	70.36	29.98	0.58	927.10	630.89	17417.78	68.05
2016	446.72	392.10	17.54	75.65	41.36	0.55	1150.40	841.83	60483.81	73.18
1983	397.19	431.70	16.27	78.50	37.45	0.55	332.72	141.37	36599.00	42.49
2014	380.86	398.54	17.59	74.82	41.73	0.54	1248.70	902.29	56184.61	72.26
1987	427.81	431.89	15.57	80.20	42.23	0.51	402.12	180.87	14794.70	44.98
1995	461.70	422.13	16.57	75.57	39.59	0.50	838.82	451.44	28896.52	53.82
1996	341.66	383.07	15.52	74.58	38.61	0.49	855.26	477.48	50048.44	55.83

注：平均气温、相对湿度、降水日数、日照数据为上一年 9 月～当年 5 月的数据，湿渍害指数为 3～5 月的数据。

湿渍害最严重的 2002 年春季（3～5 月）湿渍害指数排统计年份中第 1 位，油菜产区 3～5 月降雨量为 603.46mm，降水日数为 50.02d，均为历史同期最高，平均空气相对湿度为 80.95%，为历史同期第 2 高值；日照时数为 356.55h，为历史同期第 2 低值；平均气温为 16.77℃，位于菌核病发病的适宜范围之内。据湖北省植物保护总站统计，2002 年是 1979 年以来湖北省油菜菌核病发生最严重的一年，武汉、黄石、宜昌、襄阳、鄂州、荆门、孝感、荆州等地油菜菌核病发生程度为 4～5 级，菌核病发生面积达 837.8×10^3hm²，占当年种植面积的 70.2%，因菌核病损失产量 8.6 万 t。这说明在湿渍害严重的年份，油菜菌核病一般也有发生。

2.2　基于地面要素的油菜湿渍害指标体系

油菜湿渍害指标体系主要包括形态指标、气象要素指标和土壤水分指标。本节先总结前人研究得出的基于形态特征的油菜湿渍害指标，然后根据研究区特点，改进基于气象要素的油菜湿渍害指标和基于土壤水分的油菜湿渍害指标。

2.2.1　基于形态特征的油菜湿渍害指标

何激光（2011）根据油菜湿渍害的发生、分布、危害的严重程度，提出了油菜苗期和花期、角果期湿渍害的形态分级标准（表 2.7、表 2.8）。

表 2.7　油菜苗期湿渍害的形态分级标准

湿渍害分级	症状描述
0	植株正常生长，无症状
1	全株 1/3 叶片数外叶变红，新叶无皱缩，苗体基本正常
2	全株 1/3～2/3 叶片数外叶变红或变黄，或 1/3 以下叶片数皱缩或局部枯死，新叶开始萎缩，苗体轻度矮缩
3	全株 2/3 叶片数变黄，或 1/3～2/3 叶片数皱缩或局部枯死，新叶停止生长，苗体显著矮缩
4	全株皱缩或局部枯死叶片数达 2/3 以上，植株生长停滞，接近死亡

表 2.8　油菜花期、角果期湿渍害的形态分级标准

湿渍害分级	症状描述
0	全株根、茎、叶、分枝、角果无症状
1	1/4 植株茎秆、叶片发黄
2	1/4～1/3 植株茎秆、叶片发黄，花序下部花蕾、角果开始脱落
3	1/3～2/3 植株茎秆变黄，叶片脱落，脱落的花蕾或角果达 1/5，少量植株出现病害
4	2/3 以上植株烂根死苗或茎秆折断，或 1/4 以上花蕾或角果脱落，病害严重

2.2.2　基于气象要素的油菜湿渍害指标

2.2.2.1　基于气象要素的油菜湿渍害指标构建方法研究

根据湿渍害主要致灾因子，在相对湿润指数的基础上，将一定时段内逐日有效降水量进行加权处理，构建湿渍害指标（秦鹏程等，2018），定义其为权重湿润指数：

$$WMI = \frac{(WAP - PET)}{PET} \tag{2.6}$$

式中，WAP 为近 90d 加权平均降水量，其物理意义为前期降水经地表截流、下渗、径流等物理过程后的有效降水量，计算公式为（Lu，2009）

$$WAP = \sum_{t=0}^{N} w_t P_t \tag{2.7}$$

式中，t 为距离当前的日数；P_t 为 t 日的降水量；w_t 为权重，可近似表示为

$$w_t = (1-a)a^t \tag{2.8}$$

式中，a 为降水衰减参数，取值 0～1，通过与土壤湿度的相关性分析确定。PET 为基于 Penman-Monteith 公式计算的同期逐日参考作物蒸散量（秦鹏程等，2016），并采用上述降水权重系数进行加权平均。在[0.8, 1.0]以 0.01 为步长，对 WMI 中的降水衰减参数 a 进行敏感性分析，并与耕作层（20cm）土壤相对湿度计算相关系数，如图 2.6 所示。从图中可以看出，WMI 与土壤相对湿度具有较高的相关性，且当 a 取值 0.95 时 WMI 与土壤相对湿度的相关性最高。

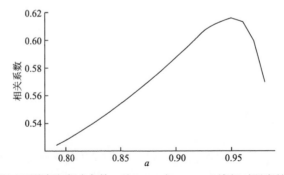

图 2.6　基于不同降水衰减参数 a 的 WMI 与 20cm 土壤相对湿度的相关系数

2.2.2.2　基于气象要素的油菜湿渍害监测等级指标

绘制土壤相对湿度与 WMI 的散点图，如图 2.7 所示，土壤相对湿度随 WMI 的增加呈指数增长直至饱和，以四参数 Logistic 模型进行曲线拟合，参考土壤墒情等级划分，对 WMI 湿渍害等级进行划分，见表 2.9。统计所有站点历史 WMI 每日平均下降量，如图 2.8 所示，WMI 每日平均下降量随 WMI 的增加呈线性关系，据此估算 WMI 从 4 下降至 1 需要约 14d，判定一次湿渍害过程需要 WMI 连续 10d 处于偏湿等级（WMI>1），因此当某日监测 WMI>4 则可直接判定为一次湿渍害过程发生；当某日监测 2 < WMI ≤ 4，且该日前有连续 5d WMI 值处于偏湿以上等级，则判定为一次湿渍害过程发生；当某日监测 1 < WMI ≤ 2，且该日前已有连续 10d WMI 值处于偏湿以上等级，则判定为一次湿渍害过程发生。以持续时间 10～20d 定义为轻度湿渍害，对应的 WMI 累积值为 10 < CWMI ≤ 30；持续时间 20～30d 为中度湿渍害，对应的 WMI 累积值为 30 < CWMI ≤ 60；持续时间 30d 以上的湿渍害过程为重度湿渍害，对应的 WMI 累积值大于 60（表 2.10）。

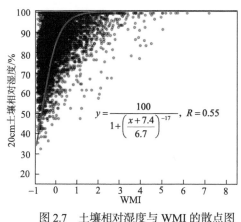

图 2.7　土壤相对湿度与 WMI 的散点图

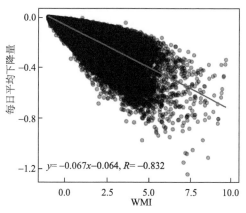

图 2.8　WMI 每日平均下降量

表 2.9　基于 WMI 的油菜湿渍害等级划分表

等级	类型	WMI 值	湿渍害判定阈值/已经持续日数
1	涝渍	WMI > 4	1
2	湿渍	2 < WMI ≤ 4	5
3	偏湿	1 < WMI ≤ 2	10
5	正常	−0.4 < WMI ≤ 1	+∞
6	偏干	WMI ≤ −0.4	+∞

注：引自秦鹏程等（2018）。

表 2.10　基于累积 WMI 的油菜湿渍害等级划分

等级	类型	WMI 累积值	程度描述
1	正常	CWMI ≤ 10	湿渍害持续时间不足 10d
2	轻度	10 < CWMI ≤ 30	湿渍害持续时间 10～20d
3	中度	30 < CWMI ≤ 60	湿渍害持续时间 20～30d
4	重度	CWMI>60	湿渍害持续时间 30d 以上

2.2.2.3　基于气象要素的油菜湿渍害监测指标检验

1）频率分布特征检验

利用 1961～2015 年气象观测资料计算各站点历年 9 月至次年 5 月逐日 WMI，并依据表 2.9 进行湿渍害过程识别，依据表 2.10 进行等级划分，对各站点历年湿渍害过程分等级统计发生频率。如图 2.9 所示，湖北省湿渍害分布特征以西北部地区发生频率最低，2～3 次/a，且以轻度或中度湿渍害为主；江汉平原、鄂西南和鄂东南发生频率较高，且以重度湿渍害为主，发生频率 1.5～2 次/a。以土壤湿度为判别指标，以连续两旬土壤相对湿度在 90%以上确定为一次湿渍害过程，统计其频率分布特征如图 2.10 所示，与图 2.9（d）相比，两类指标判定的湿渍害过程频率空间分布特征相似，发生频率基本接近，且与吴洪颜等（2016）基于阴湿系数的湿渍害风险区划分布一致，表明基于 WMI 对湿渍害过程的判别能够反映总体频率和空间分布特征。此外，从时间分布上，鄂西北湿渍害主要发生在秋季，这与该区域受"华西秋雨"系统影响，易出现秋季连阴雨的气候特征一致，而中东部地区湿渍害则以春季发生频率最高，这主要是受春季冷空气活动影响，冷暖气流频繁交汇形成持续性低温阴雨天气过程所致（张莉等，2015）。

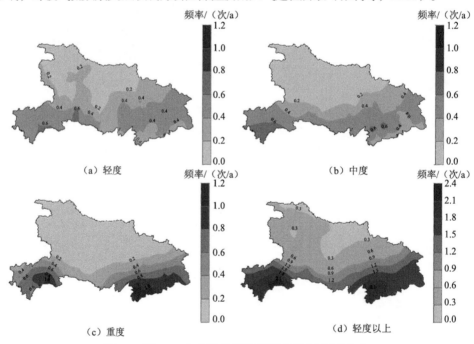

图 2.9　以 WMI 为指标的湖北省湿渍害过程频率分布

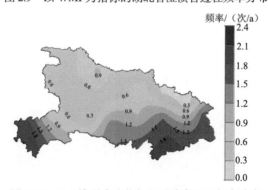

图 2.10　以土壤湿度为指标的湿渍害过程频率分布

2）典型年检验

统计 1961~2015 年历年各站点湿渍害过程强度，如图 2.11 所示，1973 年、1989~1991 年、1998 年及 2001~2003 年湿渍害发生程度较为严重，且有连年发生的特点。此外，总体上春季湿渍害的强度最为突出，其次是秋季和冬季，1973 年前秋季和春季湿渍害较为突出，1991~1998年冬季和春季湿渍害较为突出，1990 年秋、冬、春三季湿渍害均较为突出，而 2001 年主要发生在秋季和冬季，由于作物不同发育期耐渍性的差异（宋丰萍等，2010；朱建强等，2005），春季湿渍害的发生时段正值作物生殖生长期，对产量的直接影响更大（中国气象局，2009）。

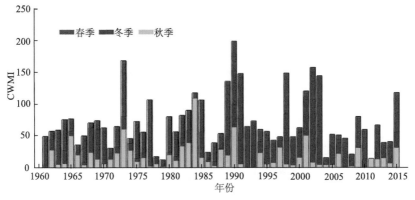

图 2.11　基于 CWMI 的历年湿渍害强度

此外，春季湿渍害还易导致油菜菌核病的发生流行，从而严重影响油菜的产量和品质。为此，对春季湿渍害发生程度最重的前 10 个年份及其增减产情况进行统计（宫德吉和陈素华，1999），从表 2.11 中可以看出，春季湿渍害典型年份作物产量均有不同程度减产，其中，1997年、2002 年湿渍害强度最大，减产在 25%以上，尽管 1990 年湿渍害的总体强度最大，但减产情况较 2002 年、1977 年偏轻，这主要是由于 1990 年春季湿渍害的程度较 2002 年、1977 年偏轻，这与湿渍害的敏感生育期及对产量影响的相关研究结果一致。

表 2.11　典型湿渍害年及作物减产情况

年份	2002	1977	1990	2003	1991	1973	1989	1998	1992	2015
CWMI	135.9	104.2	99.0	96.0	94.3	87.4	86.3	64.2	62.9	61.2
油菜减产/%	33.9	52.1	6.1	19.6	8.5	14.6	15.2	1.8	16.7	0.8

2.2.2.4　基于 WMI 的油菜湿渍害监测方法及应用

对油菜湿渍害进行客观、准确的监测，可为政府部门组织防灾减灾提供科学依据。从资料获取的及时性、可靠性等方面考虑，可采用 WMI 和基于同化的土壤湿度等方法开展油菜湿渍害的监测。

WMI 以常规气象观测资料为基础即可实现逐日湿渍害滚动监测。以江汉平原腹地荆州站为例，结合文献记载灾情情况（张莉等，2015），选择春季典型湿渍害过程对降水量、土壤湿度及WMI、CWMI 过程曲线进行比较，如图 2.12 所示，图 2.12（a）为 2002 年春季湿渍害过程监测曲线，从图中可以看出，自 2 月中旬起，荆州站出现连续 2 周降水过程，随后在 4 月上旬出现一次较强降水过程，4 月中旬再次出现连续 2 周持续降水过程；监测 3 月以来土壤湿度始终维持在 90%以上；WMI 在 2 月中旬处于正常或偏干等级（依据表 2.9 划分等级，下同），随后迅速升高进入偏湿及以上的等级并维持至 5 月；CWMI 自 2 月下旬开始出现正值，显示一次湿渍害过程已经发生（依据表 2.10 划分等级，下同），随后缓慢升高，在 3 月上旬达到中度等级，4 月上旬达到重度等级，且强度仍在不断增加，为一次典型的重度湿渍害过程。图 2.12（b）为 2003 年春季湿渍害过程监测曲线，从图中可以看出，2 月中旬~3 月中旬荆州站出现两个阶段持续降水过程，土壤湿度连续 3 旬在 90%以上，WMI 监测显示出现一次轻度到中度湿渍害过程，随后土壤湿度下降，湿渍害解除，4 月中旬再次出现明显降水过程，土壤偏湿，WMI 监测出现中度到重度湿渍害过程。图 2.12（c）为 2015 年春季湿渍害过程监测曲线，从图中可以看出，3 月下旬~4 月上旬，荆州站出现连续降水过程，土壤湿度连续 2 旬在 90%以上，WMI 监测出现一次轻度湿渍害过程，其他时段降水分散且量级小，未造成土壤持续偏湿的情况，因而未形成湿渍害。综上所述，基于 WMI 对典型湿渍害过程的监测与降水量和土壤湿度的时间分布具有较好的对应关系，对湿渍害过程的识别具有一定的指示意义，可以作为湿渍害实时监测的气象指标。

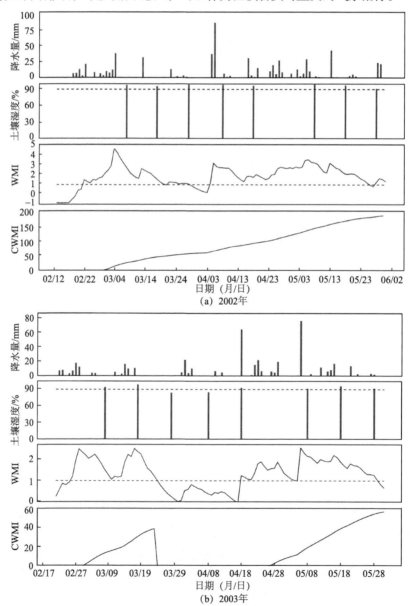

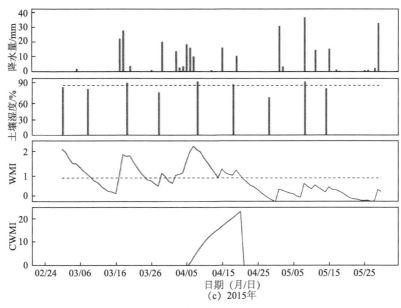

图 2.12　荆州站春季典型湿渍害过程

2.2.3　基于土壤水分的油菜湿渍害指标

利用 2.1.2 节的田间试验资料，建立充分受渍天数与产量回归方程，以减产（R_1）10%以内（即 $0 < R_1 \leqslant 10\%$）作为轻度湿渍害、$10\% < R_1 \leqslant 20\%$ 为中度湿渍害、$20\% < R_1 \leqslant 30\%$ 为较重湿渍害、$R_1 > 30\%$ 为严重渍害，相应地可确定各生育期允许的受渍天数标准。同一受渍天数范围内，花期和角果期湿渍害等级一般比蕾薹期高一个等级，即其减产损失一般比蕾薹期多 10%以上。花期和角果期的轻度和中度湿渍害等级标准基本接近，较重湿渍害和严重湿渍害等级下，其对应的受渍天数范围有所差异，花期的受渍天数少于角果期（表 2.12）。

表 2.12　各生育期湿渍害天数等级标准

生育期	轻度湿渍害天数/d $0 < R_1 \leqslant 10\%$	中度湿渍害天数/d $10\% < R_1 \leqslant 20\%$	较重湿渍害天数/d $20\% < R_1 \leqslant 30\%$	严重湿渍害天数/d $R_1 > 30\%$
蕾薹期	≤4	5～9	10～14	>14
花期	≤2	3～5	6～8	>8
角果期	≤2	3～6	7～11	>11

2.3　湿渍害胁迫对油菜叶片及冠层光谱的影响与遥感指标研究

油菜在受到湿渍害胁迫时，会影响油菜叶片色素含量，导致叶面积指数、地上部分生物量、油菜籽产量下降，而前期研究表明（黄敬峰等，2010），叶片光谱和冠层光谱能有效反映色素含量、叶面积指数、生物量的变化，因此本节通过田间油菜湿渍害胁迫试验，观测湿渍害胁迫下油菜叶片光谱和冠层光谱，同时获取产量，以期研究利用叶片光谱和冠层光谱进行油菜湿渍害识别的可行性，建立湿渍害胁迫下油菜产量与光谱参数的定量关系。

2.3.1　湿渍害胁迫对油菜叶片光谱的影响及识别指标研究

1）试验地点与材料

试验于湖北省荆州农业气象试验站的试验测坑中进行，油菜试验品种为华油杂 668 号、中双 9 号两个江汉平原主栽品种,持续受渍试验生育阶段为蕾薹期和花期,油菜生长周期为 2015 年 9 月～2016 年 5 月,测坑中试验的油菜与大田同期播种。其中单个测坑面积为 4m²,每个测坑划分成两个相同规格的独立小区,分别种植两个品种的油菜,每个品种种植 20 株,从中选取 3 株长势较好、叶片大小相近的油菜进行观测,测坑深度为 1.5m,土层厚度为 1.2m,供试土壤为中壤土,其中每个测坑均配有供水及平水装置,可自动调控水位。

　　2)试验设计

　　分别在油菜蕾薹期(2016 年 2 月 16 日～3 月 7 日)、花期(2016 年 3 月 7～29 日)进行持续受渍试验,参与试验的测坑共有 15 个,其中 8 个测坑用作蕾薹期持续充分受渍(地下水近地表)试验,另外 6 个测坑用作花期持续充分受渍试验,最后 1 个测坑整个生育期不受渍作为对照。作为蕾薹期试验的 8 个测坑,设定持续受渍 7d、10d、14d、21d 4 种处理进行试验,花期的 7 个测坑设定持续受渍 7d、14d、21d 3 种处理进行试验,每个品种的处理设 6 个样本,在持续受渍到对应处理的天数后则停止供水。其受渍试验测坑如图 2.13 所示。

　　(a)苗期　　　　　　　　　　　(b)蕾薹期　　　　　　　　　　　(c)花期

图 2.13　湿渍害胁迫对油菜叶片光谱特征影响田间试验中处于苗期、蕾薹期、花期的试验样本

　　3)光谱反射率的测定

　　利用 ASD FieldSpec4 便携式地物波谱仪测定油菜叶片光谱反射率,观测时间一般在 10:30～14:30 进行。每株油菜选取中下部生长良好的叶片做上标记作为该生育期的观测样本。在光谱测定过程中,每个品种每个测坑观测 3 个样本,每个样本采集 3 条光谱曲线,最后选取每个品种单个测坑所有光谱反射率的平均值作为该品种单个测坑的光谱反射率。在每种处理停止供水后则不再进行该处理的光谱测定。利用测量的光谱数据分别计算归一化植被指数(NDVI)、归一化水指数(NDWI)、比值植被指数(RVI)、光化学指数(PRI)、简单比值色素指数(SRPI)、土壤调节指数(SAVI)、结构加强色素指数(SIPI)等植被指数(表 2.13)。

表 2.13　高光谱植被指数计算公式

植被指数	计算公式	参考文献
归一化植被指数(NDVI)	$\dfrac{R_{NIR}-R_{RED}}{R_{NIR}+R_{RED}}$	Rouse 等(1974)
归一化水指数(NDWI)	$\dfrac{R_{NIR}-R_{MIR}}{R_{NIR}+R_{MIR}}$	Gao(1996)
比值植被指数(RVI)	$\dfrac{R_{NIR}}{R_{RED}}$	Pearson 和 Miller(1972)
光化学指数(PRI)	$\dfrac{R_{550}-R_{530}}{R_{550}+R_{530}}$	Gamon 等(1992)
简单比值色素指数(SRPI)	$\dfrac{R_{430}}{R_{680}}$	Peñuelas 等(1993)
土壤调节指数(SAVI)	$(1+L)\times\dfrac{R_{NIR}-R_{RED}}{R_{NIR}+R_{RED}+L},L=0.5$	Huete(1988)

植被指数	计算公式	参考文献
结构加强色素指数（SIPI）	$\dfrac{R_{800} - R_{445}}{R_{800} + R_{680}}$	Peñuelas 等（1995）
新定义的湿渍害识别指数	$\dfrac{R_{NIR} + R_{RED}}{R_{MIR1} \times R_{MIR2}}$	—

注：R_{RED}、R_{NIR}、R_{MIR}、R_{MIR1}、R_{MIR2} 分别表示 645～680nm、765～930nm、1550～1850nm、1412～1483nm、1904～2060nm 光谱区域的平均反射率；R_{430}、R_{445}、R_{530}、R_{550}、R_{680}、R_{800} 分别表示波长为 430nm、445nm、530nm、550nm、680nm 及 800nm 处的光谱反射率值。

2.3.1.1　不同生育阶段湿渍害胁迫对油菜叶片光谱的影响

图 2.14 为华油杂 668 号在花期持续受渍（ZI）21d 的光谱曲线变化特征，从图中可以看出，随着受渍天数的增加，叶片不同光谱区域对湿渍害胁迫的响应不同。在红光区域（645～680nm）叶绿素对红光吸收逐渐减弱，反射增强；在近红外区域（765～930nm）随着受渍天数的增加，叶细胞反射减弱；在中红外的两个水汽吸收带区域（1412～1483nm 和 1904～2060nm）出现吸收减弱，反射增强的变化趋势。

图 2.15（a）～图 2.15（d）分别为华油杂 668 号蕾薹期、中双 9 号蕾薹期、华油杂 668 号花期及中双 9 号花期持续受渍 21d 的光谱曲线和对照（CK）组光谱曲线，从图中可以看出，在 645～680nm 的红光区域受渍叶片光谱反射率比对照叶片光谱反射率有所增大，在 765～930nm 近红外区域的差异表现出显著减小，在 1412～1483nm 及 1904～2060nm 中红外区域的光谱反射率差异增大。从两个品种受渍 21d 的光谱曲线整体的变化情况来看，油菜在花期持续受渍的情况下对照与受渍的光谱变化差异比蕾薹期更明显。

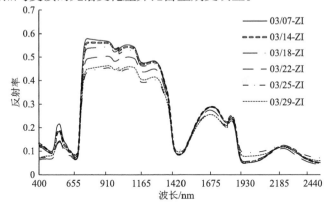

图 2.14　持续受渍 21d 油菜叶片光谱曲线

图例表示对应时期（月/日）受渍油菜叶片光谱

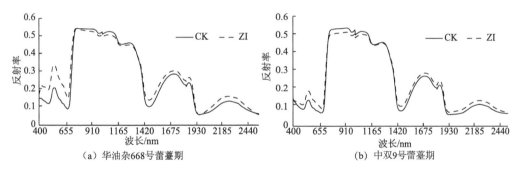

（a）华油杂668号蕾薹期　　　　　　　　　　　（b）中双9号蕾薹期

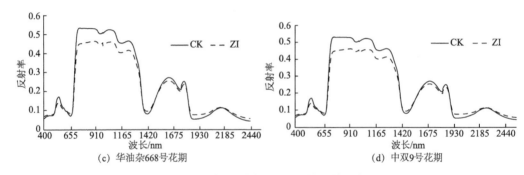

图 2.15　持续受渍 21d 的植被光谱曲线

2.3.1.2　基于油菜叶片光谱特征的湿渍害识别指数构建

由于不同指数应用光谱机理不同，对湿渍害敏感程度的识别也各不相同。根据 2.3.1.1 节湿渍害胁迫下叶片光谱变化特征，利用 645~680nm 的红光区域、765~930nm 的近红外反射峰、1412~1483nm 及 1904~2060nm 的中红外两个水汽吸收带的光谱反射率构建了新定义的湿渍害识别指数 $(R_{NIR} + R_{RED}) / (R_{MIR1} \times R_{MIR2})$。为了比较本书新构建的光谱指数模型与常见的植被指数在油菜持续受渍下的差异，选取 NDVI、NDWI、RVI、PRI、SRPI、SAVI、SIPI 常见的 7 个植被指数。植被指数计算公式中的红波段、近红外波段及中红外波段均分别采用 645~680nm、765~930nm、1412~1483nm 及 1904~2060nm 光谱区域的平均反射率值。

图 2.16 为华油杂 668 号蕾薹期对照（CK）与持续受渍（ZI）下的不同植被指数的比较。从图 2.16 中可以看出华油杂 668 号在蕾薹期持续受渍 18d（3 月 4 日）后开始表现出湿渍害的发生，对照与受渍的光谱曲线表现出一定差异。其中 RVI、PRI 及 $(R_{NIR} + R_{RED}) / (R_{MIR1} \times R_{MIR2})$ 表现出了较好的区分能力。从中双 9 号蕾薹期对照与持续受渍下的不同植被指数变化（图略）比较也可以看出，持续受渍 7d（2 月 24 日）之后对照与受渍的曲线即出现明显的差异，RVI、SRPI 及 $(R_{NIR} + R_{RED}) / (R_{MIR1} \times R_{MIR2})$ 具有较好的区分能力，且 $(R_{NIR} + R_{RED}) / (R_{MIR1} \times R_{MIR2})$ 比其他指数具有更好分离对照与受渍油菜的能力。

图 2.17 为华油杂 668 号花期对照与持续受渍下的不同植被指数。从图 2.17 中可以看出华油杂 668 号花期在持续受渍 14d（3 月 22 日）之后，开始表现出湿渍害的发生，并且随着受渍时间越长，对照与受渍油菜的光谱曲线变化差异越明显，其中，NDVI、NDWI、$(R_{NIR} + R_{RED}) / (R_{MIR1} \times R_{MIR2})$ 具有较好的湿渍害识别能力。中双 9 号花期对照与持续受渍下的不同植被指数变化（图略）比较发现，在持续受渍 10d（3 月 18 日）后，指数曲线差异明显，表现为湿渍害的显著发生，NDVI、SIPI 以及 $(R_{NIR} + R_{RED}) / (R_{MIR1} \times R_{MIR2})$ 在发生湿渍害后均表现出了一定的差异性，但 $(R_{NIR} + R_{RED}) / (R_{MIR1} \times R_{MIR2})$ 差异性比其他指数更加显著，因此 $(R_{NIR} + R_{RED}) / (R_{MIR1} \times R_{MIR2})$ 对于受渍的油菜具有更好的识别能力。

从不同品种花期和蕾薹期指数变化图可以看出，$(R_{NIR} + R_{RED}) / (R_{MIR1} \times R_{MIR2})$ 对受渍油菜具有较好的湿渍害识别能力，并且比其他指数具有更好的稳定性。对于不同生育期的油菜在持续受渍的过程中，油菜花期受渍的指数曲线变化程度比蕾薹期更加明显，说明蕾薹期对湿渍害的抗性更强。通过不同品种油菜的持续受渍分析可以看出，华油杂 668 号持续受渍后表

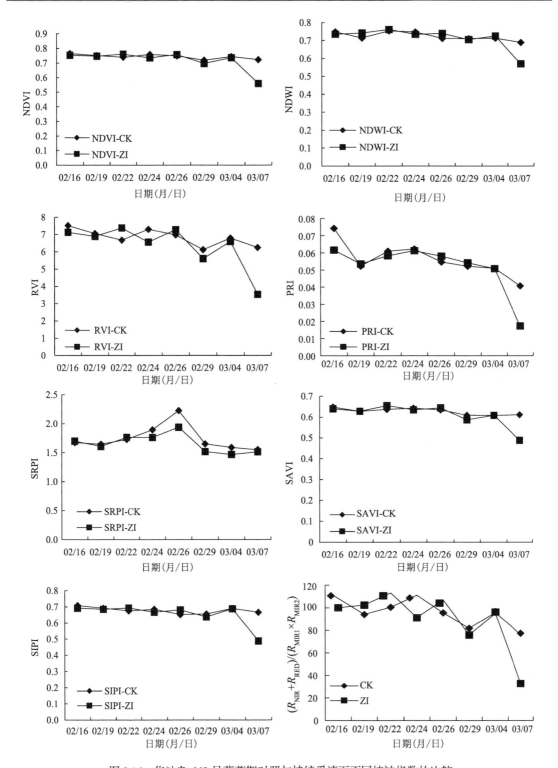

图 2.16　华油杂 668 号蕾薹期对照与持续受渍下不同植被指数的比较

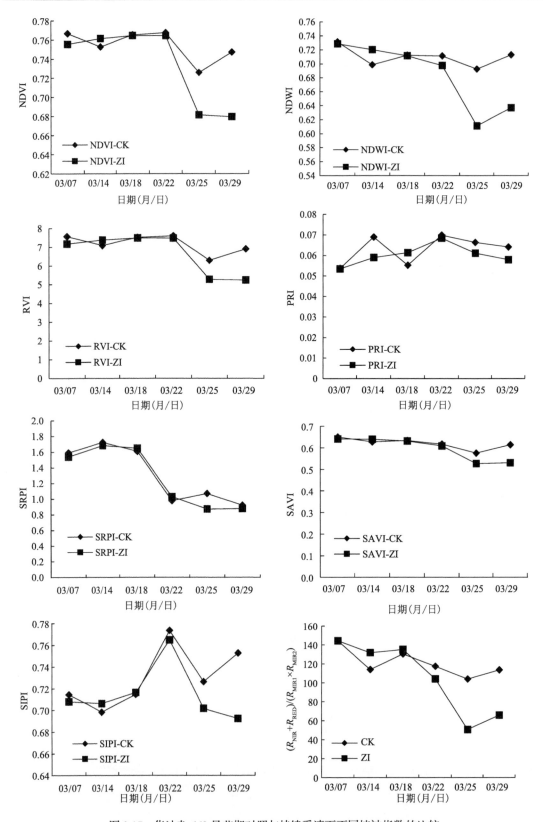

图 2.17　华油杂 668 号花期对照与持续受渍下不同植被指数的比较

现出发生湿渍害的天数比中双 9 号要长，因此华油杂 668 号具有更强的抗渍能力。

2.3.1.3 油菜湿渍害识别指数识别能力的定量分析

为了定量地分析本书构建的湿渍害识别指数对受渍油菜的识别能力，作者计算了对照与受渍油菜不同植被指数之间的距平绝对值并用距平绝对均值来判断分析。计算结果见表 2.14。

表 2.14 对照与受渍油菜不同植被指数距平绝对值及距平绝对均值的比较

生育期	品种及其距平绝对均值	日期（月/日）	植被指数距平绝对值							
			NDVI	NDWI	RVI	PRI	SRPI	SAVI	SIPI	$\dfrac{R_{NIR}+R_{RED}}{R_{MIR1}\times R_{MIR2}}$
蕾薹期	华油杂 668 号	03/07	22.80	17.24	43.40	57.39	2.41	20.00	26.79	59.02
	距平绝对均值	—	22.80	17.24	43.40	57.39	2.41	20.00	26.79	59.02
	中双 9 号	02/26	6.37	2.47	13.14	3.73	8.00	6.07	6.28	24.23
		02/29	9.05	6.05	16.14	0.44	17.43	9.48	9.47	44.18
		03/04	10.55	11.41	21.53	12.43	16.51	10.66	10.50	55.66
		03/07	23.25	15.52	24.37	21.68	64.04	18.92	47.95	70.13
	距平绝对均值		12.31	8.86	18.80	9.57	26.50	11.28	18.55	48.55
花期	华油杂 668 号	03/25	6.09	11.76	16.07	7.95	18.55	8.45	3.38	51.23
		03/29	9.03	10.63	24.11	9.66	4.57	13.51	8.02	42.19
	距平绝对均值		7.56	11.20	20.09	8.81	11.56	10.98	5.70	46.71
	中双 9 号	03/22	4.69	7.81	15.41	5.80	8.42	7.34	3.55	50.29
		03/25	11.41	14.86	31.15	12.73	16.78	14.24	8.72	69.42
		03/29	7.21	10.93	21.90	3.96	8.00	11.87	5.91	59.11
	距平绝对均值		7.77	11.20	22.82	7.50	11.07	11.10	6.06	59.61

注：距平绝对值 $=\left|(\text{受渍植被指数}-\text{对照植被指数})\times 100 / \text{对照植被指数}\right|$。

在蕾薹期，华油杂 668 号和中双 9 号发生湿渍害的时段分别为 3 月 7 日和 2 月 26 日～3 月 7 日；在花期，华油杂 668 号和中双 9 号选取的发生湿渍害的时段分别为 3 月 25～29 日和 3 月 22～29 日。从表 2.14 中可以看出，在蕾薹期和花期指数 $(R_{NIR}+R_{RED})/(R_{MIR1}\times R_{MIR2})$ 的距平绝对值和距平绝对均值都要远大于其他 7 个常见的植被指数，因此，指数 $(R_{NIR}+R_{RED})/(R_{MIR1}\times R_{MIR2})$ 在蕾薹期和花期识别受渍油菜的能力上要显著优于其他植被指数，并且具有较强的稳定性和敏感性。

2.3.2 湿渍害胁迫对油菜冠层光谱的影响及识别指标

1）试验材料

供试品种为华油杂 668 号（属半冬性甘蓝型油菜杂交品种）、中双 9 号（属半冬性甘蓝型常规油菜杂交品种），2014 年 10 月 20 日直播，采用撒播方式播种。2015 年 5 月 15 日成熟收获。施肥量为 N：150kg/hm²，P_2O_5：57.8kg/hm²，K_2O：86.6kg/hm²，其中氮肥、磷肥、钾肥中 70%作为基肥，30%作为腊肥，施用肥料为复合肥（N、P_2O_5、K_2O 养分含量分别为 26%、10%、15%）。

2）试验地点

试验地点位于湖北省江汉平原腹地的荆州农业气象试验站（30°21′N，112°09′E，海拔 30m）。该地区属亚热带季风气候区，年平均气温 16.5℃，年积温 5208.7℃d，年均降水量 1089mm，年均日照时数 1745h。土壤为内陆河湖交替沉积形成的潴育型水稻土，质地为粉质中壤。试验地土壤碱解氮、速效磷、速效钾的含量分别为 58.32mg/kg、62.56mg/kg、97.52mg/kg，pH 为 8.03。

油菜生长季内逐日气温、降水、相对湿度、日照时数等气象要素数据均来自荆州市气象局。

　　3）试验设计

　　试验在荆州农业气象试验站高程差约 10cm 的 3 个田块中进行，3 个田块之间用砖砌水泥埂隔开，独立排灌水，每个田块（长 9m×宽 6m）划分成 6 个小区（图 2.18），种植两个品

图 2.18　湿渍害胁迫对油菜光谱影响试验田块

种（华油杂 668 号、中双 9 号），每个品种 3 个重复。试验于 2015 年 3 月 17 日油菜盛花期开始渍水处理，湿渍害胁迫时水面高出田面 2～3cm，设置 7d、14d、21d 3 个水平，持续天数达到设置天数后停止渍水处理，正常管理。2015 年 3 月 24 日（盛花期）、3 月 31 日（开花末期）、4 月 13 日（角果期）、4 月 21 日（角果期）测定各处理冠层反射光谱。花期密度为 21 万株/km²。油菜花期受渍不同天数后角果期长势对比如图 2.19～图 2.21（2015 年 4 月 15 日于荆州农业气象试验站）所示。

　　　（a）苗期　　　　　　　　　　（b）花期　　　　　　　　　　（c）角果期

图 2.19　湿渍害胁迫对油菜光谱影响试验田块中分别处于苗期、花期、角果期的油菜

图 2.20　不同受渍天数后油菜田间对比图　　　图 2.21　不同受渍天数后油菜根系对比图

　　4）冠层光谱测定

　　利用美国 ASD Hand-Held 2 便携式地物光谱仪测定冠层反射光谱，该仪器可在 325～1075nm 波长范围内进行连续测量，采样间隔为 1.4nm，光谱分辨率为 <3nm@700nm，视场角 25°，所有观测均选择在晴朗无风天气，每次测定时间为北京时间 11：00～14：00。测量时，光谱仪传感器探头垂直向下，距油菜冠层顶部垂直高度约 1m。每个处理小区内每个品种取 3 个测试点，每个测试点保存 10 条曲线，取其平均值作为一个样本结果，测量过程中及时进行标准白板校正（标准白板反射率为 1，这样测得的目标物体光谱是无量纲的相对反射率）。

　　为了筛选能反映湿渍害的光谱指标，对原始光谱进行导数变换，提取光谱位置和面积等特征参数。导数变换具体计算如下（Demetriades-Shah et al.，1990）：

$$D \lambda_i = \frac{d R(\lambda_i)}{d(\lambda_i)} \approx \frac{R(\lambda_{i+1}) - R(\lambda_{i-1})}{2\Delta\lambda} \tag{2.9}$$

式中，i 为光谱通道；λ_i 为各波段的波长；$\Delta\lambda$ 为波长 λ_{i+1} 到 λ_i 的间隔；$R(\lambda_i)$ 为波段 λ_i 的反射率；$D\lambda_i$ 为 λ_i 的一阶导数光谱。高光谱特征变量具体定义和参考文献见表 2.15。

表 2.15　高光谱特征变量

类型	变量	定义	参考文献
位置变量	D_b	蓝边幅值，490～530nm 一阶导数光谱中的最大值	李军玲等（2014）
	λ_b	蓝边位置，490～530nm 一阶导数光谱中的最大值对应的波长位置	
	D_y	黄边幅值，560～640nm 一阶导数光谱中的最大值	
	λ_y	黄边位置，560～640nm 一阶导数光谱中的最大值对应的波长位置	
	D_r	红边幅值，680～760nm 一阶导数光谱中的最大值	
	λ_r	红边位置，680～760nm 一阶导数光谱中的最大值对应的波长位置	
	R_g	绿峰反射率，510～560nm 最大的波段反射率	
	λ_g	绿峰位置，510～560nm 最大的波段反射率对应的波长位置	
	R_r	红谷反射率，650～690nm 最小的波段反射率	
	λ_v	红谷位置，650～690nm 最小的波段反射率对应的波长位置	
面积变量	SD_b	蓝边面积，490～530nm 一阶导数光谱所包围的面积	黄敬峰等（2006）
	SD_y	黄边面积，560～640nm 一阶导数光谱所包围的面积	
	SD_r	红边面积，680～760nm 一阶导数光谱所包围的面积	
	SD_g	绿峰面积，510～560nm 原始光谱曲线所包围的面积	
植被指数变量	VI1	R_g/R_r，绿峰反射率 R_g 与红谷反射率 R_r 的比值指数	李军玲等（2014）
	VI2	$(R_g-R_r)/(R_g+R_r)$，绿峰反射率 R_g 与红谷反射率 R_r 的归一化指数	
	VI3	SD_r/SD_b，红边面积 SD_r 与蓝边面积 SD_b 的比值指数	
	VI4	SD_r/SD_y，红边面积 SD_r 与黄边面积 SD_y 的比值指数	
	VI5	$(SD_r-SD_b)/(SD_r+SD_b)$，红边面积 SD_r 与蓝边面积 SD_b 的归一化指数	
	VI6	$(SD_r-SD_y)/(SD_r+SD_y)$，红边面积 SD_r 与黄边面积 SD_y 的归一化指数	
	NDVI	归一化植被指数，$(R_{NIR}-R_{RED})/(R_{NIR}+R_{RED})$	Rouse 等（1974）
	RVI	比值植被指数，R_{NIR}/R_{RED}	Pearson 和 Miller（1972）
	PRI	光化学指数，$(R_{550}-R_{530})/(R_{550}+R_{530})$	Gamon 等（1992）
	SRPI	简单比值色素指数，R_{430}/R_{680}	Peñuelas 等（1993）
	SAVI	土壤调节指数，$(1+L)\times(R_{NIR}-R_{RED})/(R_{NIR}+R_{RED}+L)$，$L=0.5$	Huete（1988）
	SIPI	结构加强色素指数，$(R_{800}-R_{445})/(R_{800}+R_{680})$	Peñuelas 等（1995）
新光谱特征变量	S_b	蓝边偏度系数，蓝光范围 490～530nm 一阶导数光谱的偏度系数	姚付启等（2009）
	K_b	蓝边峰度系数，蓝光范围 490～530nm 一阶导数光谱的峰度系数	
	S_g	绿峰偏度系数，波长 510～560nm 范围内波段反射率的偏度系数	
	K_g	绿峰峰度系数，波长 510～560nm 范围内波段反射率的峰度系数	
	S_y	黄边偏度系数，黄光范围 560～640nm 一阶导数光谱的偏度系数	
	K_y	黄边峰度系数，黄光范围 560～640nm 一阶导数光谱的峰度系数	
	S_r	红边偏度系数，红光范围 680～760nm 一阶导数光谱的偏度系数	
	K_r	红边峰度系数，红光范围 680～760nm 一阶导数光谱的峰度系数	

5）产量因素测定

收获时分处理小区考种，每小区取样 18 株，调查单株一次分枝数、有效角果数、总角果数、千粒重和油菜籽产量。

2.3.2.1　湿渍害胁迫对油菜冠层光谱反射率的影响

图 2.22 和图 2.23 分别为花期湿渍害胁迫对华油杂 668 号和中双 9 号油菜花期和角果期冠层光谱反射率的影响，油菜花期冠层光谱受土壤背景和叶面积指数的影响较小，从花期冠层光谱反射率曲线[图 2.22（a）～图 2.22（d）]可以看出，花期受渍胁迫后，随着受渍持续天数的增加，花期冠层光谱变化特征为可见光波段和近红外波段反射率下降，其原因是湿渍害导致油菜根系缺氧受损，部分花器官脱落。

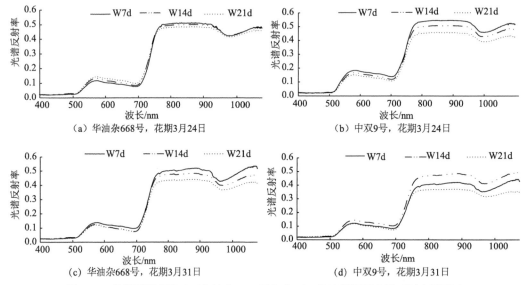

（a）华油杂668号，花期3月24日　　　　（b）中双9号，花期3月24日

（c）华油杂668号，花期3月31日　　　　（d）中双9号，花期3月31日

图 2.22　花期湿渍害胁迫对华油杂 668 号和中双 9 号油菜冠层光谱反射率的影响

W7d、W14d、W21d 分别表示受渍 7d、14d、21d 的处理

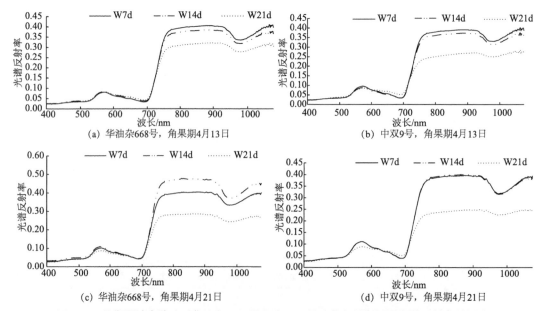

（a）华油杂668号，角果期4月13日　　　　（b）中双9号，角果期4月13日

（c）华油杂668号，角果期4月21日　　　　（d）中双9号，角果期4月21日

图 2.23　花期湿渍害胁迫对华油杂 668 号和中双 9 号油菜角果期冠层光谱反射率的影响

W7d、W14d、W21d 分别表示受渍 7d、14d、21d 的处理

到油菜角果期，冠层光谱主要受叶面积指数和角果的影响，从角果期冠层光谱反射率曲线[图 2.23（a）～图 2.23（d）]可以看出，在花期受渍胁迫后，随着受渍持续天数的增加，角果期冠层光谱变化特征为绿峰发射率下降、红谷反射率升高、近红外波段反射率下降，其原因是湿渍害导致油菜根系缺氧受损、下部叶片黄化，随着花期受渍胁迫天数的增加，角果期油菜叶面积指数下降越来越严重。

2.3.2.2　湿渍害胁迫下油菜冠层光谱特征参数变化

从图 2.24（a）、图 2.24（b）可以看出花期受渍胁迫后，角果期冠层光谱红谷位置为 675～676nm，红谷位置对受渍持续天数不敏感；随着花期受渍持续天数的增加，角果期冠层光谱红谷反射率升高[图 2.24（c）、图 2.24（d）]。

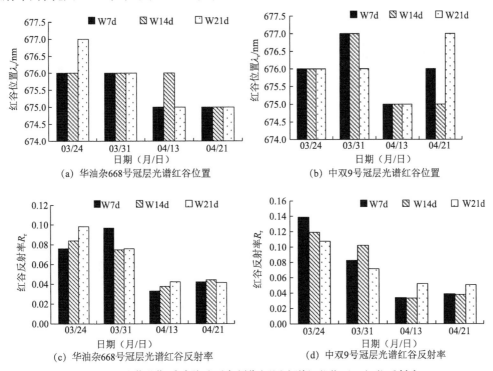

图 2.24　油菜花期受渍胁迫后角果期冠层光谱红谷位置、红谷反射率
W7d、W14d、W21d 分别表示受渍 7d、14d、21d 的处理

从图 2.25（a）、图 2.25（b）可以看出华油杂 668 号花期受渍胁迫后，角果期冠层光谱红边位置为 719nm，不同渍害处理没有表现出差异；中双 9 号花期受渍 7d、14d 后，角果期冠层光谱红边位置为 719nm，受渍 21d 冠层光谱红边位置才出现"蓝移"，为 699nm，表明油菜角果期冠层光谱红边位置参数对湿渍害识别不敏感。图 2.25（c）～图 2.25（f）可以看出角果期冠层光谱红边幅度、红边面积随着受渍天数的增加而降低。

2.3.2.3　油菜产量要素与冠层高光谱特征变量的相关性分析

表 2.16 可以看出，角果期油菜冠层光谱红边幅值（D_r）、红边面积（SD_r）、红谷反射率（R_r）、归一化植被指数（NDVI）、比值植被指数（RVI）、简单比值色素指数（SRPI）、土壤调节指数（SAVI）、结构加强色素指数（SIPI）与有效角果率、单株籽粒重、千粒重和籽粒单产均显著相关。其中，有效角果率与黄边幅值（D_y）、红边幅值（D_r）、红边面积（SD_r）、

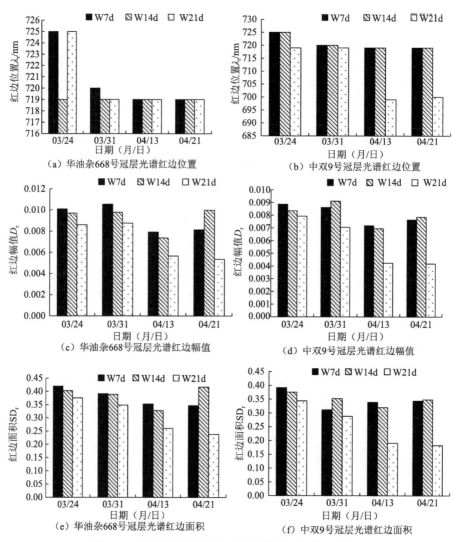

图 2.25　油菜花期受渍胁迫后角果期冠层光谱红边特征
W7d、W14d、W21d 分别表示受渍 7d、14d、21d 的处理

蓝边偏度系数（S_b）、绿峰峰度系数（K_g）、黄边峰度系数（K_y）、黄边偏度系数（S_y）、绿峰反射率与红谷反射率的归一化指数（VI2）、红边面积与蓝边面积的比值指数（VI3）、红边面积与蓝边面积的归一化指数（VI5）、归一化植被指数（NDVI）、比值植被指数（RVI）、简单比值色素指数（SRPI）、土壤调节指数（SAVI）、结构加强色素指数（SIPI）成正比，与红谷反射率（R_r）、蓝边峰度系数（K_b）、绿峰偏度系数（S_g）成反比。

表 2.16　油菜产量要素与角果期冠层高光谱特征变量相关系数

类型	变量	有效角果率	单株籽粒重	千粒重	籽粒单产
位置变量	D_b	0.602	0.61	0.948**	0.533
	D_y	0.823*	0.832*	0.986**	0.782
	λ_y	−0.791	−0.644	−0.659	−0.701
	D_r	0.987**	0.959**	0.837*	0.974**
	λ_r	0.798	0.654	0.668	0.709
	R_g	0.024	0.117	0.582	−0.018

续表

类型	变量	有效角果率	单株籽粒重	千粒重	籽粒单产
位置变量	λ_g	−0.798	−0.654	−0.668	−0.709
	R_r	−0.924**	−0.861*	−0.905*	−0.868*
	λ_v	0.205	0.376	−0.051	0.353
面积变量	SD_b	0.351	0.402	0.830*	0.291
	SD_y	0.793	0.774	0.987**	0.728
	SD_r	0.973**	0.937**	0.885*	0.943**
	SD_g	−0.098	0.013	0.458	−0.127
新光谱特征变量	K_b	−0.914*	−0.806	−0.762	−0.851*
	S_b	0.933**	0.825*	0.674	0.889*
	K_g	0.862*	0.918**	0.73	0.901*
	S_g	−0.930**	−0.900*	−0.734	−0.925*
	K_y	0.928**	0.894*	0.668	0.930**
	S_y	0.862*	0.846*	0.454	0.903*
	K_r	−0.23	−0.217	−0.733	−0.126
	S_r	−0.123	0.004	−0.39	0.011
植被指数变量	VI1	0.776	0.763	0.986**	0.714
	VI2	0.823*	0.796	0.979**	0.761
	VI3	0.863*	0.781	0.425	0.869*
	VI4	−0.164	−0.187	−0.703	−0.08
	VI5	0.895*	0.795	0.545	0.873*
	VI6	−0.029	−0.027	−0.592	0.074
	NDVI	0.959**	0.892*	0.854*	0.914*
	RVI	0.985**	0.942**	0.867*	0.958**
	PRI	0.036	−0.032	0.517	−0.091
	SRPI	0.935**	0.998**	0.816*	0.977**
	SIPI	0.945**	0.895*	0.908*	0.900*
	SAVI	0.964**	0.921**	0.876*	0.931**

*表示在 0.05 水平（双侧）上显著相关。

**表示在 0.01 水平（双侧）上显著相关。

2.3.2.4　湿渍害胁迫下油菜产量要素的高光谱估算模型

油菜花期持续受渍胁迫下（受渍天数 7~21d），油菜有效角果率、籽粒单产与角果期冠层光谱指数的关系见表 2.17。其中，花期持续受渍胁迫下有效角果率选取油菜角果期冠层比值植被指数（RVI）、结构加强色素指数（SIPI）估算模型拟合度较优；籽粒单产选取简单比值色素指数（SRPI）、比值植被指数（RVI）估算模型拟合度较优。

表 2.17　花期持续受渍胁迫下油菜有效角果率、籽粒单产与角果期冠层光谱指数的关系

要素	生育期	回归关系式	F 值	P	R^2	均方根误差（RMSE）
有效角果率/%	角果期	$R_1 = -13.416 + 9.49 \times RVI$	129.00**	0.000	0.970	3.89
		$R_1 = -136.21 + 259.79 \times NDVI$	46.266**	0.002	0.920	6.33
		$R_1 = -154.64 + 264.94 \times SRPI$	27.750**	0.006	0.874	7.97
		$R_1 = -246.26 + 379.87 \times SIPI$	33.674**	0.004	0.894	7.31
		$R_1 = -0.615 + 2.430 \times SAVI$	52.939**	0.002	0.930	5.95
		$R_1 = -0.10 + 1.856 \times VI2$	8.425*	0.044	0.678	12.74
		$R_1 = -0.289 + 0.109 \times VI3$	11.699*	0.027	0.745	11.33
		$R_1 = -2.693 + 4.250 \times VI5$	16.081*	0.016	0.801	10.02

续表

要素	生育期	回归关系式	F 值	P	R^2	均方根误差（RMSE）
籽粒单产 /（kg/hm²）	角果期	$R_2 = -1114.165 + 351.268 \times RVI$	44.323**	0.003	0.917	245.8
		$R_2 = -5507.43 + 9415.62 \times NDVI$	20.183*	0.011	0.835	347.5
		$R_2 = -6939.41 + 10541.71 \times SRPI$	85.216**	0.001	0.955	180.9
		$R_2 = -9491.0 + 13761.35 \times SIPI$	17.027*	0.015	0.810	372.6
		$R_2 = -2862.04 + 8930.04 \times SAVI$	26.035**	0.007	0.867	311.77
		$R_2 = -1803.9 + 418.08 \times VI3$	12.303*	0.025	0.755	423.2
		$R_2 = -10621.92 + 15778.55 \times VI5$	12.794*	0.023	0.762	416.9

*表示在 0.05 水平（双侧）上显著相关。

**表示在 0.01 水平（双侧）上显著相关。

2.4 小 结

本章介绍了开展湿渍害对油菜生长发育、产量影响及湿渍害胁迫下油菜叶片和冠层光谱特征研究的田间试验方法，并以田间试验数据为基础，分析了湿渍害对油菜生长发育、产量因素的影响以及湿渍害胁迫下油菜叶片和冠层光谱特征，构建了基于土壤水分的油菜湿渍害指标、叶片光谱特征指数的湿渍害识别指标、油菜冠层光谱特征指数的湿渍害识别指标，对已有基于气象要素的油菜湿渍害指标进行了改进，综合参考文献中已有油菜湿渍害田间诊断指标，构建了油菜湿渍害田间诊断（调查）-叶片尺度-冠层尺度-田块尺度-县域尺度的油菜湿渍害监测指标体系。

2.4.1 湿渍害对油菜生长发育及产量的影响

（1）油菜苗期淹水和渍水处理可导致黄叶面积增加，且随着处理时间的增加，黄叶叶面积也呈不断增加的趋势，其中处理 10d 后开始出现黄叶，处理超过 15d 后植株叶片开始脱落，处理 20d 后淹水处理和渍水处理的黄叶叶面积开始下降；相关叶面积大小顺序为开花期淹水处理 5d 叶片叶面积<渍水处理 5d 叶片叶面积<对照叶片叶面积，绿叶部分受湿渍害胁迫后的表现与叶片叶面积表现较为一致，且在渍水和淹水处理 5d 后开始持续下降。

（2）油菜苗期、花期淹水处理、渍水处理会导致地上部分茎干重以及叶干重减少，且淹水处理比渍水处理影响更大。其中花期淹水处理 5d 地上部分干重开始下降，渍水处理 10d 地上部分干重开始下降；茎干重在渍水、淹水处理 10d 后开始下降；渍水处理的角果增长低于正常油菜植株。

（3）湿渍害对油菜产量的影响因生育期存在差异，蕾薹期湿渍害主要影响一次分枝数，开花期、角果期湿渍害主要影响有效角果率、千粒重，不同生育期湿渍害对最终产量影响的大小顺序为花期>角果期>蕾薹期。

（4）各生育期湿渍害影响程度随渍水天数增加而增加且不同生育期之间存在差异，蕾薹期渍水 4d 以上时产量损失率大于 10%，渍水 9d 以上时产量损失率大于 20%，渍水 14d 以上时产量损失率大于 30%；花期渍水 2d 以上时产量损失率大于 10%，渍水 5d 以上时产量损失率大于 20%，渍水 8d 以上时产量损失率大于 30%；角果期渍水 2d 以上时产量损失率大于 10%，渍水 6d 以上时产量损失率大于 20%，渍水 11d 以上时产量损失率大于 30%。

2.4.2　湿渍害对油菜叶片及冠层光谱的影响

（1）油菜受渍后，叶片光谱反射率在 645～680nm 红光区域、765～930nm 近红外区域以及 1412～1483nm 及 1904～2060nm 中红外的两个水汽吸收带表现出一定的变化，并且油菜在花期光谱变化差异比蕾薹期更明显。

（2）在花期受渍胁迫后，随着受渍持续天数的增加，角果期冠层光谱变化特征为绿峰反射率下降、红谷反射率升高、近红外波段反射率下降，红边位置对湿渍害识别不敏感，红边幅值、红边面积随着受渍天数的增加而降低。

2.4.3　油菜湿渍害监测预警指标体系的构建

（1）利用田间试验资料，建立受渍天数与产量回归方程，以减产小于或等于 10% 作为轻度湿渍害、大于 10% 并小于或等于 20% 为中度湿渍害、大于 20% 并小于或等于 30% 为较重湿渍害、减产大于 30% 为严重湿渍害，确定了基于渍水（土壤相对湿度 ≥100%）天数的油菜蕾薹期、花期、角果期湿渍害指标，可用于田块尺度油菜湿渍害监测预警。

（2）根据受渍油菜叶片光谱特征，构建了湿渍害识别指数 $(R_{NIR} + R_{RED})/(R_{MIR1} \times R_{MIR2})$，比 NDVI、NDWI、RVI、PRI、SRPI、SAVI、SIPI 7 个常见的植被指数具有更好的分离对照与受渍能力，利用该指数在蕾薹期和花期进行叶片尺度的湿渍害识别。

（3）油菜花期持续受渍胁迫下可选取角果期冠层比值植被指数（RVI）、结构加强色素指数（SIPI）估算有效角果率，选取简单比值色素指数（SRPI）、比值植被指数（RVI）估算籽粒单产，从而开展油菜花期湿渍害的评估。

（4）根据湿渍害主要致灾因子，在相对湿润指数的基础上，将一定时段内逐日有效降水量进行加权处理构建湿渍害指标 WMI，根据 WMI 与土壤相对湿度的关系，确定湿渍害等级划分标准。WMI 计算只需要常规气象观测资料，可用于县域尺度的湿渍害监测预警。

参 考 文 献

方正武, 朱建强, 杨威. 2012. 灌浆期地下水位对小麦产量及构成因素的影响. 灌溉排水学报, 31(3): 72-74.

高雪, 唐凯健, 王利华, 等. 2009. 我国油菜菌核病综合治理研究进展. 中国植保导刊, 29(6): 15-18.

宫德吉, 陈素华. 1999. 农业气象灾害损失评估方法及其在产量预报中的应用. 应用气象学报, 10(1): 66-71.

何激光. 2011. 渍害对油菜生理特性及农艺性状的影响. 湖南农业大学硕士学位论文.

黄敬峰, 王渊, 王福民, 等. 2006. 油菜红边特征及其叶面积指数的高光谱估算模型. 农业工程学报, 22(8): 22-26.

黄敬峰, 王福民, 王秀珍. 2010. 水稻高光谱遥感实验研究. 杭州: 浙江大学出版社.

黄毓华, 武金岗, 高苹. 2000. 淮河以南春季三麦阴湿害的判别方法. 中国农业气象, 21(1): 23-26.

李军玲, 余卫东, 张弘, 等. 2014. 冬小麦越冬中期冻害高光谱敏感指数研究. 中国农业气象, 35(6): 708-716.

李丽丽. 1994. 世界油菜病害研究概述. 中国油料作物学报, (1): 79-81.

陆魁东, 彭莉莉, 黄晚华. 2013. 气候变化背景下湖南油菜气象灾害风险评估. 中国农业气象, 34(2): 191-196.

秦鹏程, 刘敏, 刘志雄, 等. 2014. 湖北省潜在蒸散估算模型对比. 干旱气象, 32(3): 334-339.

秦鹏程, 刘志雄, 万素琴, 等. 2016. 基于决策树和随机森林模型的湖北油菜产量限制因子分析. 中国农业气象, 37(6): 691-699.

秦鹏程, 刘志雄, 万素琴, 等. 2018. 基于权重湿润指数的作物湿渍害监测与检验. 长江流域资源与环境, 27(2): 328-334.

宋丰萍. 2008. 渍水对油菜生物学性状及产量品质的影响. 华中农业大学硕士学位论文.

宋丰萍, 胡立勇, 周广生, 等. 2010. 渍水时间对油菜生长及产量的影响. 作物学报, 36(1): 170-176.

谭筱玉, 程勇, 郑普英, 等. 2011. 油菜湿害及耐湿性机理研究进展. 中国油料作物学报, 33(3): 306-310.

吴洪颜, 曹璐, 李娟, 等. 2016. 长江中下游冬小麦春季湿渍害灾损风险评估. 长江流域资源与环境, 25(8): 1279-1285.

姚付启, 张振华, 杨润亚, 等. 2009. 基于红边参数的植被叶绿素含量高光谱估算模型. 农业工程学报, 25(z2): 123-129.

张莉, 吴婧莲, 吴涛, 等. 2015. 荆州市近年油菜菌核病发生原因及防治对策. 湖北植保, (4): 38-41.

张树杰, 廖星, 胡小加, 等. 2013. 渍水对油菜苗期生长及生理特性的影响. 生态学报, 33(23): 7382-7389.

郑腾飞, 于鑫, 包云轩. 2014. 多角度高光谱对光化学反射植被指数估算光能利用率的影响探究. 热带气象学报, 30(3): 577-584.

中国气象局. 2009. 冬小麦、油菜涝渍等级（QX/T 107—2009）. 北京: 气象出版社.

周广生, 朱旭彤. 2002. 湿害后小麦生理变化与品种耐湿性的关系. 中国农业科学, 35(7): 777-783.

朱建强. 2011-04-27. 一种新型农田涝渍防治装置及其应用技术. CN102031768A.

朱建强, 程伦国, 吴立仁, 等. 2005. 油菜持续受渍试验研究. 农业工程学报, 21(z1): 63-67.

朱金良, 陈跃, 钟雪明, 等. 2012. 油菜菌核病发生流行与气象因素关系及预测模型研究. 中国农学通报, 28(25): 234-238.

Demetriades-Shah T H, Steven M D, Clark J A. 1990. High Resolution Derivative Spectra in Remote Sensing. Remote Sensing of Environment, 33(1): 55-64.

Gamon J A, Peñuelas J, Field C B. 1992. A narrow-waveband spectral index that tracks diurnal changes in photosynthetic efficiency. Remote Sensing of Environment, 41(1): 35-44.

Gao B C. 1996. NDWI—A normalized difference water index for remote sensing of vegetation liquid water from space. Remote Sensing of Environment, 58: 257-266.

Huete A R. 1988. A soil-adjusted vegetation index (SAVI). Remote Sensing of Environment, 25(3): 295-309.

Lu E. 2009. Determining the start, duration, and strength of flood and drought with daily precipitation: Rationale. Geophysical Research Letters, 36(12): 1179-1179.

Pearson R L, Miller L D. 1972. Remote Mapping of Standing Crop Biomass for Estimation of the Productivity of the Shortgrass Prairie. Michigan: The Eighth International Symposium on Remote Sensing of Environment.

Peñuelas J, Filella I, Biel C, et al. 1993. The reflectance at the 950–970 nm region as an indicator of plant water status. International Journal of Remote Sensing, 14(10): 1887-1905.

Peñuelas J, Baret F, Filella I. 1995. Semi-Empirical Indices to Assess Carotenoids/Chlorophyll-a Ratio from Leaf Spectral Reflectance. Photosynthetica, 31: 221-230.

Rouse J W, Haas R H, Schell J A, et al. 1974. Monitoring Vegetation Systems in the Great Plains with Erts. Nasa Special Publication, 351: 309-317.

第3章　地块尺度冬小麦湿渍害遥感监测方法研究

为了研究地块尺度冬小麦湿渍害遥感监测与损失评估方法，2014～2015年冬小麦生长季，作者在浙江省德清县布置冬小麦湿渍害星地同步观测试验，分别于冬小麦的分蘖期、拔节孕穗期、开花灌浆期进行20d、20d和10d的淹水和渍水处理，并设置对照；同时定购高空间分辨率卫星影像数据，开展地面同步观测试验，获取冬小麦叶面积指数、生物量和产量数据，以期建立地块尺度冬小麦湿渍害胁迫条件下定量遥感监测与损失评估模型，探讨其可行性，总体技术路线如图3.1所示。

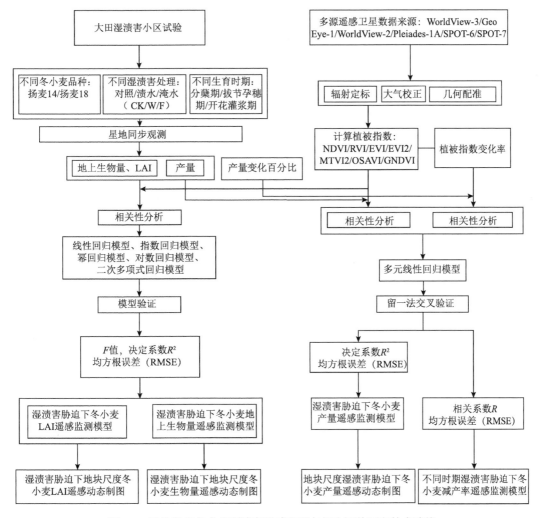

图3.1　地块尺度冬小麦湿渍害遥感监测与损失评估研究技术路线

计算植被指数具体见表3.3

3.1　地块尺度冬小麦湿渍害遥感监测星地同步观测试验与数据处理

研究区位于湖州市德清县下舍村，属于长江中下游冬播春性麦区，在冬小麦生育期间降水量为 340～960mm；最热月（7 月）平均气温为 28.5℃，最冷月（1 月）平均气温为 3.5℃。在冬小麦生长发育中雨水过多，造成麦田积水，土壤空气不足，根系生长受到抑制，影响营养的吸收与运转；另外，春季气温回升，湿度大，经常导致冬小麦赤霉病等次生灾害的爆发，严重影响冬小麦生长发育及产量形成。

3.1.1　冬小麦湿渍害试验设计与星地同步观测

试验于 2014 年 11 月～2015 年 6 月开展，选取前茬为水稻、肥力均匀的田块进行大田试验。试验品种为扬麦 14（YM14）和扬麦 18（YM18），所有小区同时在 2014 年 11 月 5 日播种，播种方式为撒播，播种量为 150kg/hm²。在冬小麦的关键生育时期共进行三次湿渍害胁迫处理，分别为分蘖期（2015 年 1 月 7～26 日）、拔节孕穗期（2015 年 3 月 17 日～4 月 5 日）和开花灌浆期（2015 年 4 月 21～30 日）。处理方式分为淹水处理和渍水处理，淹水处理即处理时灌水水面达到地面 3cm 以上，渍水处理即保证田间相对土壤含水量为田间最大持水量的90%～100%，但田块表面无明水。试验田呈梯形，长约 170m，东面宽约 105m，西面宽约 91m，分为 18 个小区，大田试验设计如图 3.2 所示（图中对冬小麦两个品种未作区分）。

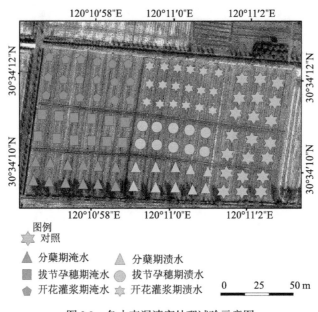

图 3.2　冬小麦湿渍害处理试验示意图
冬小麦湿渍害试验设计底图为 2014 年 12 月 31 日的 WorldView-3 全色图像（0.31m）

星地同步观测日期的确定需综合考虑天气及卫星遥感数据获取时间，在有可用遥感影像的时间，野外观测的日期尽量保证与遥感影像的获取日期一致。根据试验小区的划分，共进行 9 次大田采样，观测日期见表 3.1。2015 年 1 月没有可用的遥感影像，所以 2015 年 1 月 17 日的观测数据不参与后续的计算分析。

表 3.1　冬小麦湿渍害星地同步观测试验的地面观测日期、样本量和对应的冬小麦生育期以及购买的卫星型号及其过境时间与空间分辨率

地面观测日期及样本量			生育期	卫星型号及其过境时间与空间分辨率		
观测日期（年/月/日）	LAI（CK/W/F）	样本量（CK/W/F）		卫星型号及过境时间（年/月/日）	全色/m	多光谱/m
2014/11/05	—	—	播种			
2014/12/08	—	10（10/0/0）	苗期	Pleiades-1A（2014/12/04）	0.5	2
2014/12/29	10（10/0/0）	10（10/0/0）	分蘖期	WorldView-3（2014/12/31）	0.31	1.24
2015/01/17	18（6/6/6）	18（6/6/6）	分蘖期			
2015/02/05	18（6/6/6）	18（6/6/6）	分蘖期	SPOT-6（2015/02/12）	1.5	6
2015/03/12	18（6/6/6）	18（6/6/6）	拔节期	WorldView-2（2015/03/10）	0.46	1.8
2015/03/28	28（6/12/12）	30（6/12/12）	孕穗期	SPOT-6（2015/03/24）	1.5	6
2015/04/16	30（6/12/12）	30（6/12/12）	抽穗期	SPOT-7（2015/04/13）	1.5	6
2015/04/23	30（6/12/12）	30（6/12/12）	开花期	GeoEye-1（2015/04/21）	0.41	1.65
2015/05/06	42（6/18/18）	42（6/18/18）	灌浆期	WorldView-2（2015/05/01）	0.46	1.8
2015/05/16	—	—	收获			

　　每个小区至少取 3 个样方，采样的同时利用手持 GPS[①]记录样点坐标。在每个采样点利用样方尺选取 0.25m×0.25m 区域，并将区域内的冬小麦全部取出，立即装入塑料袋内，迅速带回室内进行茎叶分离。将黄叶、绿叶、茎秆以及麦穗分别称重后，利用 LI-3050C 叶面积仪扫描测量每片黄叶和绿叶的叶面积，获得每个样点的绿叶面积、黄叶面积进而求得总叶片面积，再换算得到每个样方的 LAI。将绿叶、黄叶、茎秆和麦穗放入带有不同编号的信封中，封口后放入烘箱进行烘干。烘干时首先设置温度为 105℃，杀青 30min，然后将温度调回 75℃，烘干 48h，称重记录，最后得到地上干生物量数据，即地上部分干重。

3.1.2　高空间分辨率卫星数据预处理

　　本节研究的主要目标在于地块尺度的冬小麦湿渍害卫星遥感监测与损失评估，所以获取足够高的空间分辨率遥感影像是十分必要的。因此，采用编程计划购买高空间分辨率卫星影像数据，原合同计划在冬小麦生长季至少每月获取一景高空间分辨率影像并进行同步大田观测，但是受制于研究区的天气条件和卫星轨道等因素影响，最后只获取了 5 景高空间分辨率卫星影像。为了增加高空间分辨率卫星影像数量，提高动态监测的时间分辨率，根据地面观测数据，后期又补充购买了 2015 年 2 月 12 日的 SPOT-6、2015 年 3 月 24 日的 SPOT-6 和 2015 年 4 月 16 日的 SPOT-7 卫星数据。最终作者获取到的遥感卫星数据包括 WorldView-2、WorldView-3、GeoEye-1、SPOT-6、SPOT-7 和 Pleiades-1A 等 8 景影像数据。购买的卫星遥感数据接收日期、全色和多光谱空间分辨率以及大田观测等相关信息详见表 3.1。

　　由于地物波谱特征的复杂性、传感器本身的光电系统特征、大气对遥感信号的衰减与吸

---

① 全球定位系统（global positioning system，GPS）。

收等因素影响，在遥感数据获取地面真实信息的过程中不可避免地存在系统误差或随机误差，因此在实际遥感的应用中，尤其是定量遥感的应用中，必须对遥感影像进行辐射校正和几何校正等预处理，其目的是尽可能地消除图像获取过程中传感器、大气、地形等因素所产生的影响，进而获取能反映地表真实信息的遥感影像。

辐射校正包括辐射定标和大气校正。辐射定标过程是将传感器记录的数字信号转换为具有物理意义的绝对辐射亮度的过程。实际应用中所做的辐射定标是利用影像头文件中自带的定标系数将数字信号转换为辐射亮度值，本节使用的卫星遥感数据定标公式及其参数值见表 3.2。

表 3.2　本节使用的卫星遥感数据定标公式及其参数值

卫星	定标公式	波段	G	off	absF	EBW
Pleiades-1A	$L = \dfrac{DN}{G} + off$	波段 1（蓝光）	9.11	0	—	—
		波段 2（绿光）	9.26	0	—	—
		波段 3（红光）	10.32	0	—	—
		波段 4（近红外）	15.59	0	—	—
SPOT-6	$L = \dfrac{DN}{G} + off$	波段 1（蓝光）	8.01	0	—	—
		波段 2（绿光）	9.35	0	—	—
		波段 3（红光）	10.34	0	—	—
		波段 4（近红外）	13.88	0	—	—
SPOT-7	$L = \dfrac{DN}{G} + off$	波段 1（蓝光）	9.49	0	—	—
		波段 2（绿光）	10.48	0	—	—
		波段 3（红光）	11.3	0	—	—
		波段 4（近红外）	16.93	0	—	—
WorldView-3	$L = \dfrac{absF \cdot q}{EBW}$	波段 1（蓝光）	—	—	0.0102949	0.0540
		波段 2（绿光）	—	—	0.0077910	0.0618
		波段 3（红光）	—	—	0.00680905	0.0585
		波段 4（近红外）	—	—	0.00786512	0.1004
WorldView-2	$L = \dfrac{absF \cdot q}{EBW}$	波段 1（蓝光）	—	—	0.01783568	0.0543
		波段 2（绿光）	—	—	0.01364197	0.0630
		波段 3（红光）	—	—	0.01851735	0.0574
		波段 4（近红外）	—	—	0.02050828	0.0989
GeoEye-1	$L = \dfrac{absF \cdot q}{EBW}$	波段 1（蓝光）	—	—	0.00891900	0.0600
		波段 2（绿光）	—	—	0.01207150	0.0700
		波段 3（红光）	—	—	0.00566790	0.0350
		波段 4（近红外）	—	—	0.01343020	0.1400

注：L 为辐亮度，单位为 W/(m²·sr·μm)；DN 为传感器记录的数字信号；G 和 off 为增益和偏移；EBW 为有效波段宽度（effective band width），单位为 μm；absF 为绝对辐射定标因子，单位为 W/(m²·sr·count)；q 为购买影像产品的像素值，单位为 count。

大气校正使用 ENVI[①]中集成的 FLAASH 模块完成，它内部耦合了 MODTRAN 5 模型

---

① 一个完整的遥感图像处理平台。

（Berk et al.，1998）。实际操作中，只需提供辐射定标后的辐亮度数据，ENVI 会自动获取影像的获取时间和中心点位置。输入传感器类型后，自动填充传感器轨道高度，设置研究区海拔为 6m，大气校正后的输出文件为地表真实反射率数据。

　　遥感影像包括 6 种传感器的卫星数据，而且影像空间分辨率存在差异。为了减小影像之间的地理偏差，选择多光谱影像空间分辨率最高的 WorldView-3 影像作为基准影像，对其他 7 景影像进行配准。在 ENVI 中选择图像对图像（image to image）模式进行配准。在图像配准过程中，选取道路交叉路口、建筑物边界和农田边界等 40 个具有明显标志的像元作为地面控制点，图像几何校正选择二次多项式，灰度值重采样采用最邻近法，以保持各个小区的差异，校准的影像误差不超过 0.5 个像元。最后输出校正后的图像，可用于提取 GPS 样点对应的各波段反射率，并计算植被指数。

3.1.3　常用的植被指数

　　已有研究表明卫星遥感获取的信息与植被生理生化指标具有较好的相关关系（Baret et al.，1987；Gilabert et al.，1996；Siegmann and Jarmer，2015）。为了降低土壤、大气、叶片光学特性等外部因素对结果的影响，将遥感数据的不同波段转换组合成植被指数（vegetation index，VI），然后与植被长势参数（LAI、生物量等）建立回归模型并对关注的参数进行估算。应用最广泛的植被指数是 NDVI（Rouse et al.，1974），但 NDVI 在 LAI 值高的时候容易出现饱和效应（Wang et al.，2005），为了解决这个问题，一些研究者又构建了新的植被指数，如优化土壤调节植被指数（OSAVI），改进型土壤调整植被指数（MSAVI）等，这些植被指数结合了土壤线信息，减少了土壤背景的影响。考虑到使用的遥感影像包含蓝、绿、红和近红外共 4 个光谱波段，通过查阅相关文献，作者选取了 7 个应用广泛的植被指数（表 3.3），包括归一化植被指数（NDVI）、比值植被指数（RVI）、优化土壤调节植被指数（OSAVI）、绿色归一化植被指数（GNDVI）、增强型植被指数（EVI）、调节型二次三角植被指数（MTVI2）、双波段增强型植被指数（EVI2）。

表 3.3　本节研究选用的植被指数

缩写	中文全称	公式	参考文献
NDVI	归一化植被指数	$NDVI = \dfrac{\rho_{NIR} - \rho_{RED}}{\rho_{NIR} + \rho_{RED}}$	Rouse 等（1974）
RVI	比值植被指数	$RVI = \dfrac{\rho_{NIR}}{\rho_{RED}}$	Tucker（1979）
OSAVI	优化土壤调节植被指数	$OSAVI = \dfrac{(1+L)(\rho_{NIR} - \rho_{RED})}{\rho_{NIR} + \rho_{RED} + L}, (L = 0.16)$	Rondeaux 等（1996）
GNDVI	绿色归一化植被指数	$GNDVI = \dfrac{\rho_{NIR} - \rho_{GREEN}}{\rho_{NIR} + \rho_{GREEN}}$	Gitelson 等（1996）
EVI	增强型植被指数	$EVI = \dfrac{2.5(\rho_{NIR} - \rho_{RED})}{\rho_{NIR} + 6\rho_{RED} - 7.5\rho_{BLUE} + 1}$	Huete 等（1997）
MTVI2	调节型二次三角植被指数	$MTVI2 = \dfrac{1.5\left[1.2(\rho_{NIR} - \rho_{GREEN}) - 2.5(\rho_{RED} - \rho_{GREEN})\right]}{\sqrt{(2\rho_{NIR} + 1)^2 - (6\rho_{NIR} - 5\sqrt{\rho_{RED}}) - 0.5}}$	Haboudane 等（2004）
EVI2	双波段增强型植被指数	$EVI2 = \dfrac{2.5(\rho_{NIR} - \rho_{RED})}{\rho_{NIR} + 2.4\rho_{RED} + 1}$	Jiang 等（2008）

　　注：ρ_{NIR}、ρ_{RED}、ρ_{GREEN}、ρ_{BLUE} 分别为近红外波段、红光波段、绿光波段、蓝光波段反射率。

　　归一化植被指数（NDVI）是最常用的植被指数之一，可用于监测植被的生长状态和植被覆盖度，与生物量、叶面积、植被覆盖度、氮素水平、叶绿素含量等作物参数密切相关（Hansen and Schjoerring，2003）。然而 NDVI 用非线性的方式拉伸了近红外和红光波段反射率的对比，与 RVI 相比，其在高植被区的灵敏度较低。

　　与 NDVI 相反，比值植被指数（RVI）在高植被覆盖度的时候表现较好，不容易饱和，但对低覆盖度的敏感性显著降低。RVI 是近红外和红光波段反射率的比值（Tucker，1979），与叶面积指数、叶片生物量、叶绿素等参数紧密相关，可用于估算植株生物量（任安才，2008）。

　　优化土壤调节植被指数（OSAVI）是 Rondeaux 等（1996）在土壤调节指数（SAVI）的基础上建立起来的，它可以有效地减小土壤背景值对植被指数的干扰。Rondeaux 等（1996）模拟了优化土壤调节植被指数在不同土壤类型、不同水分条件下的表现，研究表明设定 L 为0.16，可以较好地减弱土壤的背景差异，消除土壤的噪声影响。

　　绿色归一化植被指数（GNDVI）是 Gitelson 等（1996）提出，由绿光波段替换 NDVI 中的红光波段得到的，对绿色作物的冠层生物量评估有很大作用。此外，GNDVI 是评估作物生物量以及产量的有效指标（Shanahan et al.，2001）。

　　调节型二次三角植被指数（MTVI2）是充分考虑土壤或环境背景等影响因子所构建的植被指数，并可用于估算植被地上干生物量和叶面积指数（张正杨等，2012）。

　　增强型植被指数（EVI）引进了蓝光波段，在一定程度上增强了植被信息信号，减缓了在植被茂密区域植被指数出现饱和的问题，同时降低了大气、气溶胶及土壤背景的影响（Huete et al.，1997），是目前公认比较好的植被指数。

　　考虑到甚高分辨率辐射仪（advanced very high resolution radiometer，AVHRR）的卫星数据时间序列比较长，但是又缺乏蓝光波段，因此 Jiang 等（2008）提出了双波段增强型植被指数（EVI2），目的是只用近红外波段和红光波段计算 EVI2，达到与 EVI 相似的结果，降低土壤或者大气对其造成的影响。

3.1.4　数据分析方法

　　式（3.1）为反映两个变量之间相关关系密切程度的相关系数（Pearson correlation coefficient，R），是两个变量之间相关性的度量，取值范围在 –1～1。如果两个变量呈正相关，那么相关系数大于 0，相关性越密切，相关系数越接近 1；如果两个变量呈负相关，那么相关系数小于 0，并且两者相关性越大，相关系数的绝对值越大。

$$R = \frac{\sum_{i=1}^{n}(x_i - \bar{x})(y_i - \bar{y})}{\sqrt{\sum_{i=1}^{n}(x_i - \bar{x})^2}\sqrt{\sum_{i=1}^{n}(y_i - \bar{y})^2}} \tag{3.1}$$

式中，x_i 为自变量的第 i 个观测；y_i 为因变量；$\bar{x}$ 为自变量的平均值；$\bar{y}$ 为因变量的平均值。通过相关系数可以分析湿渍害胁迫条件下冬小麦地上干生物量、叶面积指数、产量与各植被指数相关性，定性评价利用高空间分辨率卫星数据进行地块尺度冬小麦湿渍害胁迫的能力。

　　在相关性分析的基础上，选用了一元一次函数、对数函数、幂函数、指数函数和二次多项式函数建立回归模型（表 3.4）。其中 x 表示自变量，在本节中代表的是植被指数；y 代表因变量，在本节中代表的是冬小麦地上干生物量或 LAI。综合比较 5 种模型拟合时的决定系数 [R^2，式（3.2）]、F 值以及验证时的 R^2 和均方根误差[RMSE，式（3.3）]选出最佳的模型。

表 3.4　5 种线性和非线性回归模型的表示形式

模型	方程
线性回归	$y = a + bx$
幂回归	$y = ax^b$
二次多项式回归	$y = a + bx + cx^2$
指数回归	$y = a\exp^{(bx)}$
对数回归	$y = a + b\ln(x)$

注：a、b、c 表示回归模型中的拟合系数。

$$R^2 = \sum_{i=1}^{n} \frac{(\hat{y} - \overline{y})^2}{(y_i - \overline{y})^2} \tag{3.2}$$

$$\text{RMSE} = \sqrt{\sum_{i=1}^{n} \frac{(y_i - \hat{y}_i)^2}{n}} \tag{3.3}$$

式中，$\hat{y}$ 表示因变量的拟合值，$\overline{y}$ 表示观测样本的平均值。

3.2　湿渍害胁迫下地块尺度冬小麦叶面积指数遥感监测方法研究

利用遥感观测来估算地面 LAI 的研究主要集中于两种方法，一种是基于物理辐射传输模型，典型的辐射传输模型有 SAIL（Suits，1972），以及与 PROSPECT（Jacquemoud and Baret，1990）耦合后的 PROSAIL 模型（Jacquemoud，1993）等。辐射传输模型的优点是充分考虑了光在冠层内的多次散射，缺点是输入参数多，存在病态反演问题（Atzberger，2004）等。另一种是直接利用地面实测的 LAI 值与同时段内获取的遥感影像波段信息计算植被指数，建立线性或者非线性回归估算模型，这种方法虽然具有一定的地域局限性，但是由于其简单、直接，仍然得到了广泛的应用（陈拉等，2008；刘占宇等，2008；夏天等，2012；谭昌伟等，2015）。因此，本节首先计算冬小麦 LAI 与植被指数的相关系数；其次采用线性回归、指数回归、幂回归、二次多项式回归和对数回归等方法建立湿渍害胁迫下叶面积指数遥感估算模型；然后比较各种模型的显著性水平，综合考虑模型拟合 R^2、显著性检验 F 值，确定最优的模型；最后利用挑选出的最优模型进行湿渍害胁迫下地块尺度叶面积指数动态制图。

3.2.1　湿渍害胁迫下冬小麦叶面积指数与不同植被指数的相关性分析

冬小麦经历出苗期（苗期）、三叶期、分蘖期、越冬期、拔节期、孕穗期、抽穗期、开花期（花期）、灌浆期和成熟期等生育时期；从器官的功能和形成特点来看，冬小麦的一生还可划分为营养生长和生殖生长两个阶段。在不同生长发育阶段，植被的覆盖度不尽相同，导致冬小麦冠层光谱也表现不同。在冬小麦抽穗之前，冠层光谱主要由叶片和茎秆决定；在冬小麦抽穗之后，遥感卫星获取的地表反射率信号中不仅包括叶片和茎秆，也包括麦穗的反射特性，并且麦穗对冠层光谱起决定作用（刘良云等，2005）。试验田在 2015 年 4 月 16 日

进行星地同步观测时已经处于抽穗期，因此对冬小麦叶面积指数遥感估算模型只选择 2014 年
12 月 8 日～2015 年 3 月 28 日的观测数据进行分析，其中 2014 年 12 月 8 日没有进行地面 LAI
观测，2015 年 1 月 17 日没有对应的遥感影像，所以本次研究使用 2014 年 12 月 29 日、2015
年 2 月 5 日、2015 年 3 月 12 日、2015 年 3 月 28 日冬小麦抽穗前 4 次大田观测数据共计 74
个样本以及对应日期的遥感卫星影像进行 LAI 的反演研究（表 3.1）。

　　表 3.5 展示了研究区叶面积指数与各植被指数的相关系数，可以看出，大部分相关系数都
在 0.80 以上，且都达到极显著相关水平（α=0.01）。其中，EVI2 与叶面积指数的相关性最好
（相关系数=0.88）；其次为 RVI、NDVI 和 MTVI2，其相关系数都达到 0.84；EVI 和 OSAVI
与 LAI 的相关系数都是 0.83；GNDVI 最小，仅为 0.77。在进行植被指数与冬小麦 LAI 相关性
分析的同时观察到各植被指数之间也具有较大的相关性，表明植被指数之间存在信息冗余。
Li 等（2016）利用 HJ-1CCD 影像反演冬小麦多个生育时期的 LAI，结果发现不论选择相关性
较高的 4 个自变量还是全部的 10 个自变量进行最小二乘法分析，估算 LAI 的精度都没有显著
提高。这也表明当植被指数之间有显著相关性时，利用两个或者多个植被指数进行 LAI 的反
演并不一定可以提高反演精度，反而可能会增加模型的复杂程度和自变量解释的难度，所以
以下只选用一元线性或非线性回归建立湿渍害胁迫下冬小麦叶面积指数遥感估算模型。

表 3.5　湿渍害胁迫下冬小麦叶面积指数与不同植被指数的相关系数

植被指数	NDVI	GNDVI	MTVI2	OSAVI	EVI	EVI2	RVI
相关系数	0.84**	0.77**	0.84**	0.83**	0.83**	0.88**	0.84**

**表示 LAI 与植被指数在 0.01 水平上显著相关。

3.2.2　湿渍害胁迫下地块尺度冬小麦叶面积指数遥感监测模型研究

　　为了建立最优的估算模型，将数据随机分成两个子集，其中的 49 个样本作为建模数据集，
剩余的 25 个样本作为验证数据集。建模集和验证集的统计量信息见表 3.6。

表 3.6　湿渍害胁迫下测定的冬小麦叶面积指数建模数据集和验证数据集统计量概况

名称	数据集	样本量	最小值	最大值	极差	平均值	标准差	变异系数
LAI	建模集	49	0.10	4.21	4.11	1.05	1.04	0.99
	验证集	25	0.13	4.64	4.52	1.25	1.23	0.99

　　利用不同回归模型建立的湿渍害胁迫下地块尺度冬小麦叶面积指数卫星遥感估算模型见
表 3.7。对于 NDVI、OSAVI 来说，指数回归模型的拟合精度要大于其他 4 种回归模型，其中
NDVI 对应的指数回归模型拟合精度最高，R^2 和 F 值分别为 0.804 和 192.395；而对于 RVI、
EVI2、EVI、MTVI2 来说，幂回归才是最优的估算模型。RVI 对应的幂回归模型估算精度仅
次于 NDVI，R^2 和 F 值分别为 0.799 和 187.058，GNDVI 对应的指数回归模型估算精度较低，
R^2 为 0.605。

表 3.7　冬小麦叶面积指数与不同植被指数线性和非线性回归模型拟合系数和精度

植被指数	模型	a	b	c	R^2	F 值
NDVI	线性回归	−1.102	5.511	—	0.649	86.716
	指数回归	0.075	5.665	—	0.804	192.395

续表

植被指数	模型	a	b	c	R^2	F 值
NDVI	幂回归	5.230	1.996	—	0.761	149.942
	对数回归	2.938	1.849	—	0.557	59.085
	二次多项式回归	0.722	−4.953	12.929	0.712	56.823
RVI	线性回归	−1.142	0.870	—	0.703	111.392
	指数回归	0.083	0.833	—	0.756	145.603
	幂回归	0.097	2.284	—	0.799	187.058
	对数回归	−0.884	2.270	—	0.673	96.772
	二次多项式回归	−1.018	0.773	0.017	0.703	54.569
EVI2	线性回归	−1.064	9.709	—	0.697	108.270
	指数回归	0.089	9.333	—	0.756	145.443
	幂回归	18.996	2.075	—	0.765	152.653
	对数回归	4.331	2.045	—	0.633	81.184
	二次多项式回归	−0.519	4.620	10.199	0.703	54.492
EVI	线性回归	−1.304	8.463	—	0.675	97.533
	指数回归	0.070	8.187	—	0.741	134.237
	幂回归	15.027	2.305	—	0.743	135.631
	对数回归	4.099	2.272	—	0.615	74.997
	二次多项式回归	−0.658	3.788	7.492	0.681	49.057
MTVI2	线性回归	−0.924	14.031	—	0.694	106.406
	指数回归	0.101	13.578	—	0.762	150.331
	幂回归	34.034	1.904	—	0.764	152.552
	对数回归	4.854	1.852	—	0.617	75.556
	二次多项式回归	−0.479	7.497	20.153	0.699	53.501
GNDVI	线性回归	−1.169	6.217	—	0.604	71.604
	指数回归	0.087	5.749	—	0.605	72.105
	幂回归	6.288	2.036	—	0.565	61.065
	对数回归	3.412	2.162	—	0.544	56.019
	二次多项式回归	1.433	−8.682	18.873	0.658	44.251
OSAVI	线性回归	−1.177	7.368	—	0.681	100.272
	指数回归	0.074	7.336	—	0.792	178.581
	幂回归	10.058	2.118	—	0.771	158.485
	对数回归	3.620	2.021	—	0.599	70.141
	二次多项式回归	0.144	−1.920	14.215	0.712	56.783

注：a、b、c 表示回归模型中的拟合系数，见表 3.4。

　　图 3.3 为湿渍害胁迫下冬小麦抽穗前 LAI 与不同植被指数进行最优回归模型拟合的散点图，可以看出指数模型可以很好地模拟冬小麦抽穗前 LAI 的动态变化。以 NDVI 与 LAI 散点图为例，冬小麦从播种、出苗至分蘖这一段时间，由于冬季气温较低，生长发育缓慢，NDVI

小于 0.3，与之对应的 LAI 也较低（小于 0.5）。次年 3 月开始，气温逐渐升高，冬小麦开始返青、拔节直至抽穗，冬小麦经历了一个快速生长时期，LAI 快速增大，与此同时对应的 NDVI 值也快速增大，这进一步说明 NDVI 可以很好地表征冬小麦抽穗前 LAI 的变化情况。

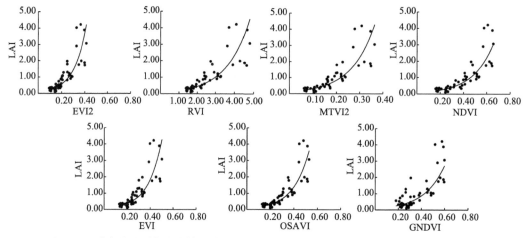

图 3.3　湿渍害胁迫下冬小麦抽穗前 LAI 与不同植被指数进行最优回归模型拟合的散点图

通过比较不同植被指数、不同估算方法在建模集与验证集上的估算能力，最终确定的湿渍害胁迫下冬小麦叶面积指数的最优估算模型为以 NDVI 为自变量的指数回归模型：

$$LAI = 0.075e^{5.665NDVI} \tag{3.4}$$

图 3.4 表示了基于 NDVI 的指数回归模型估算 LAI 与大田实测 LAI 的散点图，验证样本的 R^2 和 RMSE 分别为 0.74 和 0.64，当 LAI 小于 3 的时候，图中的点均匀地分布在 1∶1 线的两侧，但 LAI 大于 3 的时候，模型估算值与实测值比，有些低估。

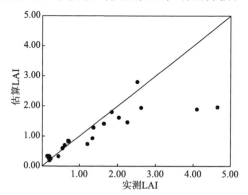

图 3.4　基于 NDVI 的指数回归模型估算 LAI 与大田实测 LAI 的散点图

黑色实线表示 1∶1 线

3.2.3　湿渍害胁迫下地块尺度冬小麦叶面积指数遥感动态制图

利用 NDVI-LAI 指数回归模型对冬小麦抽穗前 LAI 的变化进行估算并制图，获得研究区基于高空间分辨率卫星遥感数据的湿渍害胁迫下地块尺度冬小麦叶面积指数时空变化图，如图 3.5 所示。

结果表明利用 2014 年 12 月 31 日的 WorldView-3 遥感影像数据反演得到的冬小麦 LAI，

由于处于分蘖期湿渍害处理之前[图 3.5（a）]，各小区内大部分像元 LAI 值处于 0.01～0.30。分蘖期进行淹水和渍水处理的时间是 2015 年 1 月 7～26 日，处理结束之后，从获取的第一景遥感影像数据（2015 年 2 月 12 日，SPOT-6）反演得到的冬小麦 LAI 可以看出，分蘖期淹水和渍水小区叶面积指数明显比对照小区偏低[图 3.5（b）]，淹水和渍水小区的 LAI 值小于 0.3，而对照小区 LAI 值多分布在 0.31～0.60；在分蘖期处理结束之后且拔节孕穗期处理开始之前获取一景 WorldView-2 影像（2015 年 3 月 10 日），利用该期影像数据反演的 LAI 空间分布可以看出，淹水和渍水处理小区的 LAI 值仍然比对照小区的小[图 3.5（c）]。拔节孕穗期处理于 2015 年 3 月 17 日～4 月 5 日，在 2015 年 3 月 24 日 SPOT-6 影像数据反演的 LAI 变化图中，分蘖期渍水和淹水处理的小区仍然比对照小区偏低，而拔节孕穗期进行湿渍害处理的小区中，只有淹水处理小区 LAI 比周围小区 LAI 值小[图 3.5（d）]。可见，基于高空间分辨率的卫星影像数据反演的叶面积指数，可以反映湿渍害对冬小麦的影响，从而为采取相应措施，进行精确管理，减少损失提供依据。

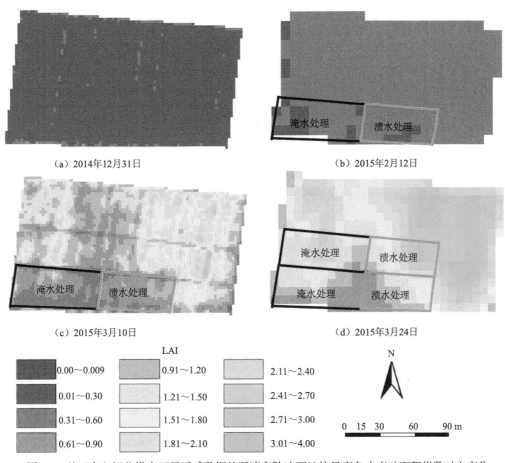

（a）2014年12月31日　　　　　　　　　　　（b）2015年2月12日

（c）2015年3月10日　　　　　　　　　　　（d）2015年3月24日

LAI

0.00～0.009	0.91～1.20	2.11～2.40
0.01～0.30	1.21～1.50	2.41～2.70
0.31～0.60	1.51～1.80	2.71～3.00
0.61～0.90	1.81～2.10	3.01～4.00

0　15　30　　　60　　　　　90 m

图 3.5　基于高空间分辨率卫星遥感数据的湿渍害胁迫下地块尺度冬小麦叶面积指数时空变化

图中未经处理部分即对照小区

3.3　湿渍害胁迫下地块尺度冬小麦地上干生物量遥感监测方法研究

生物量是反映作物长势的关键参数，准确获取植被生物量信息对作物产量估算、作物田间管理与调控和作物长势监测等具有重要的意义（蒙继华等，2011；王备战等，2012；Zheng et al.，2004）。遥感技术由于其经济高效的优势已经在生物量估测上得到大范围的应用（王备战等，2012；刘占宇等，2006；Yang et al.，2015）。低空间分辨率的遥感数据源，如中等分辨率成像光谱仪（moderate resolution imaging spectro-radiometer，MODIS），以及美国国家海洋和大气管理局发射的 NOAA 卫星所携带的甚高分辨率辐射仪（advanced very high resolution radiometer，AVHRR）已经被证明可以用来产量估测（Bognar et al.，2017；Holzman and Rivas，2016；Schut et al.，2009）、年际间植被长势监测（Tian et al.，2016；Wang et al.，2017）、物候期监测（Luo and Yu，2017；Magney et al.，2016）、长时间序列的叶面积指数观测（Peng et al.，2013）以及冻害监测（Feng et al.，2009）等。

中等空间分辨率的卫星数据（包括微波数据）可以更准确地获取区域尺度上的农作物信息从而引起了越来越多的关注，如 Ahmadian 等（2016）通过 Landsat 8 OLI 数据提取土壤线参数，利用三种提取方法得到的参数构建植被指数，并比较三种提取方法对估算冬小麦、大麦和油菜的生物量的影响。Tan 等（2011）基于 Landsat TM 数据选择合适的遥感变量监测冬小麦开花灌浆期生物量、SPAD 以及 LAI，结果表明在冬小麦开花灌浆期选用近红外波段反射率、NDVI 和作物氮反射指数分别反演生物量、SPAD 和 LAI 是可行的。另外也有研究者报道了基于环境系列卫星数据（HJ-1 A/B CCD）反演水稻地上生物量的研究，发现累积植被指数可以很好地反演水稻生物量（Wang et al.，2016），然而应用高空间分辨率数据进行空间生物量制图的研究却很少。地块尺度冬小麦长势及产量的时空变化，是冬小麦田间管理的重要依据，也有助于精准施肥、精准喷药，实现冬小麦稳产、高产的生产目标。

本节利用 WorldView-2、WorldView-3、SPOT-6、SPOT-7、GeoEye-1、Pleiades-1A 等高空间分辨率卫星影像，计算各种植被指数；分析冬小麦地上干生物量与不同植被指数的相关性，构建 5 种线性和非线性回归估算模型，根据回归模型验证的 R^2 和 RMSE 选择精度最高的估算模型进行地块尺度的冬小麦地上干生物量制图，并就湿渍害对冬小麦地上干生物量的影响进行定量评估。

3.3.1　湿渍害胁迫下冬小麦地上干生物量与植被指数的相关性分析

在 2014～2015 年冬小麦生长季共有 8 景高空间分辨率遥感影像及其对应的大田采样数据，获取可用地上干生物量样点数据 181 个，将每个处理小区的样点取平均值进行后续分析。计算湿渍害胁迫下冬小麦地上干生物量与 NDVI、RVI、EVI、OSAVI、MTVI2、EVI2、GNDVI 等植被指数的相关系数，结果见表 3.8。地上干生物量与 7 个植被指数的相关系数都通过了极显著性检验（$\alpha=0.01$），相关系数变化范围为 0.47～0.90。其中，EVI 与地上干生物量相关性最大，相关系数为 0.90；其次是 MTVI2，相关系数为 0.86；GNDVI 与地上干生物量的相关性最小，相关系数为 0.47。此次研究结果与前人的研究结果相似，如基于 MODIS-EVI 数据产品可以很好地描述植被在时间和空间上的变化情况（Huete et al.，2002），并被广泛应用到土地利用分类（Bagan et al.，2005）和农作物种植面积提取（Wardlow et al.，2007）等研究中。EVI 与地上干生物量的相关性表现较好的原因可能是 EVI 不仅充分考虑了植被冠层结构对电磁波的影响，还利用蓝波段来纠正红波段所受气溶胶影响（Kaufman and Tanre，1992），所以其对密集植被冠层（生物量大的植被冠层）敏感性更强。与此同时 NDVI 与生物量的相关系数只有 0.75，低于 EVI、MTVI2、OSAVI 和 EVI2，可能是因为 NDVI 对植被变化敏感的同时受植被背景影响严重，土壤背景（土壤有机质、土壤湿度、土壤粗糙度等），残留的上茬作物落叶、秸秆（水稻秸秆）以及雨雪等都可以对 NDVI 产生影响；而且在高植被覆盖区（生物量大的地区）会出现饱和（Wang et al., 2005）。本次研究的播种方式为撒播，即直接将种子撒播于田块中，残留的水稻秸秆可以保持土壤湿度和温度，促使冬小麦快速出苗，这在一定程度上也影响了 NDVI 与生物量的相关性。

表 3.8　湿渍害胁迫下冬小麦地上干生物量与不同植被指数的相关系数

植被指数	NDVI	GNDVI	MTVI2	OSAVI	EVI	EVI2	RVI
相关系数	0.75**	0.47**	0.86**	0.80**	0.90**	0.83**	0.69**

**表示 LAI 与植被指数在 0.01 水平上显著相关。

3.3.2　湿渍害胁迫下冬小麦地上干生物量遥感估算模型构建与验证

在试验期间，星地同步观测时每个小区取 3 个或 5 个样方，共获得 181 个冬小麦地上生物量和对应的卫星植被指数数据，将单位转换为 kg/m^2，剔除无效数据，再求每个小区的平均地上干生物量，共获得 60 个冬小麦地上干生物量和对应的植被指数观测数据用于建模与验证。采用随机抽样的方法随机选取全部样本 2/3 的数据（样本量=40）作为建模数据集，并将剩余的数据（样本量=20）作为验证数据集。建模数据集和验证数据集的数据统计量特征在表 3.9 中给出。在回归模型构建的过程中，首先利用建模数据集中的数据分别建立植被指数与地上干生物量的回归模型（线性回归模型、指数回归模型、幂回归模型、对数回归模型、二次多项式回归模型）。然后利用验证数据集对所建立的估算模型进行精度验证，比较分析验证指标 R^2 和 RMSE 的大小，进而确定最佳的地上干生物量估算模型。

表 3.9　湿渍害胁迫下测定的冬小麦地上干生物量建模数据集和验证数据集统计量概况

名称	数据集	样本量	最小值	最大值	极差	平均值	标准差	变异系数
地上干生物量	建模集	40	0.043	0.780	0.737	0.301	0.171	0.57
	验证集	20	0.019	0.774	0.755	0.280	0.217	0.78

表 3.10 给出了地上干生物量与 7 种植被指数构建的线性和非线性回归方程的拟合精度，其结果表明对于所有植被指数来说，幂回归模型的拟合效果最优。比较不同植被指数的拟合结果可以看出，以 EVI 和 MTVI2 为自变量的幂回归模型拟合精度最高，R^2 分别达到 0.860 和 0.857，F 值分别为 233.083 和 232.543。GNDVI 与地上干生物量回归方程拟合精度较差，决定系数小于 0.4，F 值小于 24。

表 3.10　湿渍害胁迫下冬小麦地上干生物量与植被指数的线性和非线性拟合模型参数

植被指数	模型	a	b	c	R^2	F 值
NDVI	线性回归	−0.217	0.991	—	0.483	35.522
	指数回归	0.015	5.334	—	0.741	108.638
	幂回归	1.124	2.247	—	0.751	114.461
	对数回归	0.576	0.403	—	0.457	31.926
	二次多项式回归	−0.235	1.072	−0.088	0.483	17.300
RVI	线性回归	−0.065	0.107	—	0.407	26.120
	指数回归	0.037	0.546	—	0.563	49.041

植被指数	模型	a	b	c	R^2	F值
RVI	幂回归	0.024	1.946	—	0.697	87.620
	对数回归	−0.135	0.367	—	0.470	33.711
	二次多项式回归	−0.475	0.354	−0.034	0.505	18.882
EVI2	线性回归	−0.150	1.369	—	0.633	65.649
	指数回归	0.028	6.599	—	0.778	133.335
	幂回归	2.261	1.913	—	0.843	203.552
	对数回归	0.743	0.379	—	0.626	63.660
	二次多项式回归	−0.296	2.416	−1.681	0.646	33.740
EVI	线性回归	−0.157	1.061	—	0.756	118.011
	指数回归	0.032	4.712	—	0.789	142.361
	幂回归	1.327	1.888	—	0.860	233.083
	对数回归	0.662	0.402	—	0.736	105.926
	二次多项式回归	−0.211	1.344	−0.334	0.758	57.859
MTVI2	线性回归	−0.113	1.414	—	0.683	81.970
	指数回归	0.035	6.623	—	0.797	143.820
	幂回归	2.044	1.636	—	0.857	232.543
	对数回归	0.727	0.328	—	0.664	75.078
	二次多项式回归	−0.185	2.009	−1.071	0.692	41.588
GNDVI	线性回归	0.045	0.582	—	0.160	7.246
	指数回归	0.049	3.637	—	0.331	18.791
	幂回归	0.932	1.564	—	0.385	23.747
	对数回归	0.520	0.255	—	0.193	9.108
	二次多项式回归	−0.461	3.147	−3.009	0.220	5.204
OSAVI	线性回归	−0.214	1.214	—	0.579	52.342
	指数回归	0.018	6.159	—	0.789	141.743
	幂回归	1.750	2.201	—	0.819	171.410
	对数回归	0.675	0.417	—	0.555	47.346
	二次多项式回归	−0.274	1.554	−0.440	0.581	25.618

注：a、b、c表示回归模型中的拟合系数，见表3.4。

为了更直观地观察湿渍害胁迫下冬小麦地上干生物量与不同植被指数的关系，根据上述研究结果，绘制湿渍害胁迫下冬小麦地上干生物量随植被指数的变化散点图并添加幂回归拟合曲线。如图3.6所示，在冬小麦生长前期植被指数和地上干生物量的值较低，而且由于气温较低，在此阶段地上干生物量和植被指数变化缓慢；当EVI大约为0.65时，随着生物量的增大，EVI几乎不再变化，回归曲线出现饱和趋势。这是因为抽穗后冬小麦进入开花期，由于冬小麦的麦穗、茎秆和叶片都保持为绿色，仍然可以进行光合作用，所以植被指数对抽穗期来说变化不大，但生物量持续增加。本次研究中进行的最后一次遥感观测为2015年5月1日，此时冬小麦处于开花期末将开始灌浆，叶片和茎秆以及麦穗都保持绿色，都可进行光合作用，所以地上干生物量仍然增长较快。幂函数形式可以较好地表示冬小麦从苗期至开花期的植被指数与地上干生物量的动态变化。

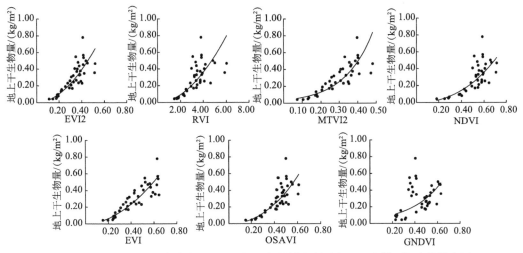

图 3.6　湿渍害胁迫下冬小麦地上干生物量与植被指数进行幂回归模型拟合的散点图

为了取得最优的冬小麦地上干生物量估算精度，作者将拟合的估算模型应用到验证数据集上，获取估算的冬小麦地上干生物量，然后在估算地上干生物量和验证数据集的实测地上干生物量之间建立一元线性回归模型，并利用决定系数 R^2、均方根误差 RMSE 来评价估算模型精度。最终结果表明，基于 EVI 的幂函数是最优的估算模型，模型公式为

$$Biomass = 1.327EVI^{1.888} \tag{3.5}$$

式中，Biomass 表示地上干生物量。

估算和实测的地上干生物量之间相关性显著，建立的一元线性回归模型的决定系数为 0.89，均方根误差为 $0.079kg/m^2$，验证散点分布在 1∶1 线左右。总而言之，选用的估算模型比较合理，总体精度较高，可以用来进行地上干生物量空间制图（图 3.7）。

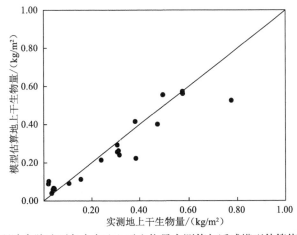

图 3.7　湿渍害胁迫下冬小麦地上干生物量实测值与遥感模型估算值的散点图

黑色实线表示 1∶1 线

3.3.3　湿渍害胁迫下冬小麦地上干生物量地块尺度遥感动态制图

图 3.8 展示了基于高空间分辨率卫星遥感数据的湿渍害胁迫下地块尺度冬小麦地上干生物量的时空变化。为了评估反演生物量的准确性,将反演的生物量影像与卫星影像拍摄时间同时获取的大田试验照片(图 3.9)进行对比分析。可以看出在第一次处理之前[图 3.8(a)]湿渍害处理小区与对照小区内的生物量基本没有差异。2014 年 12 月 31 日[图 3.8(b)]的反演生物量比 12 月 4 日[图 3.8(a)]的生物量略低,这可能是 2014 年 12 月降水偏少(图 3.10),导致研究区内发生了干旱,下部叶片变黄脱落,从而造成了生物量略有下降。在分蘖期处理结束后的第一景影像上[图 3.8(c)]淹水和渍水处理后的小区内某些像元的地上干生物量值开始低于周围对照小区,生物量的值大部分小于 0.05kg/m²。在拔节期[图 3.8(d)],此时距离分蘖期处理结束已经 43 天,分蘖期处理小区地上干生物量明显低于其他对照小区。拔节孕穗期处理时间为 2014 年 3 月 17 日~2015 年 4 月 5 日,在处理当中[图 3.8(e)]淹水处理的小区首先表现出受害症状,生物量下降。Arisnabarreta 等(2008)的研究结果也表明,在拔节孕穗期对冬小麦和大麦进行湿渍害处理都会导致生物量下降,遥感反演结果也证实了上述结论。等到拔节孕穗期处理结束后[图 3.8(f)],冬小麦的淹水处理与对照小区差异比较明显。最后一次湿渍害处理的时间为 2015 年 4 月 21 日~5 月 1 日,在这一时期冬小麦齐穗后开始开花。在开花灌浆期处理之前,分蘖期和拔节孕穗期的淹水处理和渍水处理与前一景影像相比有一定程度的恢复。开花灌浆期处理结束,遥感反演结果中,淹水小区开始与对照有差异,即地上干生物量小于对照小区。一般来说,湿渍害处理可以减少叶片色素含量,降低光合作用速率(宋丰萍,2008),所以生物量也将随之减少。随着没有光合作用能力的黄叶的增加,导致碳水化合物的积累减少,冬小麦地上干生物量的增长缓慢,直至冬小麦成熟,生物量不再变化。因此,高空间分辨率反演的地块尺度冬小麦湿渍害胁迫下的地上干生物量能反映冬小麦生长的季节变化和湿渍害的影响。

(a) 2014年12月4日　　　　　　　　　　　　(b) 2014年12月31日

(c) 2015年2月12日　　　　　　　　　　　　(d) 2015年3月10日

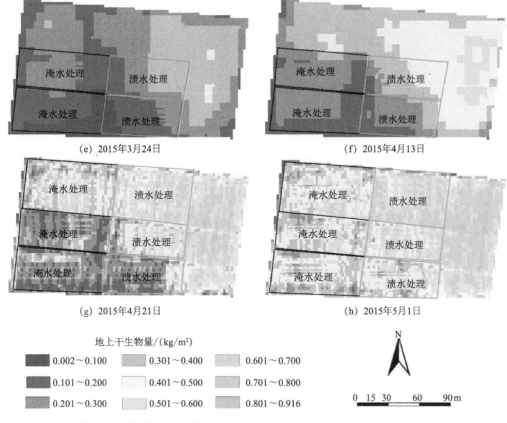

(e) 2015年3月24日　　　　(f) 2015年4月13日

(g) 2015年4月21日　　　　(h) 2015年5月1日

地上干生物量/(kg/m²)

0.002~0.100	0.301~0.400	0.601~0.700
0.101~0.200	0.401~0.500	0.701~0.800
0.201~0.300	0.501~0.600	0.801~0.916

N

0　15　30　　60　　90m

图 3.8　基于高空间分辨率卫星遥感数据的湿渍害胁迫下地块尺度冬小麦地上干生物量时空变化

图中未经处理部分即对照小区

(a) 2014年12月8日　　(b) 2014年12月31日　　(c) 2015年2月5日　　(d) 2015年3月12日

(e) 2015年3月28日　　(f) 2015年4月16日　　(g) 2015年4月23日　　(h) 2015年5月16日

图 3.9　星地同步观测时对应的冬小麦小区照片

由于遥感卫星轨道、天气等非人为因素的影响，实际遥感获取日期和大田观测日期存在几天差异

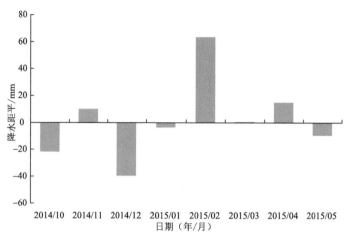

图 3.10　2014 年 10 月～2015 年 5 月德清县降水距平

3.4　地块尺度湿渍害胁迫对冬小麦产量影响的遥感评估方法研究

在湿渍害胁迫下，根区土壤水分含量过高，造成嫌气环境，使冬小麦根系长期处于缺氧环境，呼吸受到抑制，活力衰退，影响根系对水分和养分的正常吸收，最终影响小麦产量（李金才等，1999；魏凤珍等，2000）。在冬小麦分蘖期受湿渍害胁迫会导致根量少，分蘖减少，形成弱苗、僵苗；拔节期至抽穗期受湿渍害胁迫，导致叶片变黄，茎秆细弱，根系活力衰退，穗数减少（吴建国等，1992）；生长后期受湿渍害胁迫，叶片叶绿素含量下降，旗叶光合速率下降，籽粒灌浆不充实，导致千粒重减小，产量降低（姜东等，2002；Musgrave，1994）。

利用星地同步观测试验，在冬小麦成熟期，进行冬小麦产量测量，每个小区选择有代表性的 3 个 1m² 样方，将样方内的麦穗全部剪下，共获得 14 个小区的 42 个样本点的产量，其中分蘖期、拔节孕穗期和开花灌浆期湿渍害胁迫处理小区各 4 个，再加上 2 个对照小区。由于样点较少，利用小区内的单点数据，建立最终测产小区的产量数据与同一小区不同时相卫星遥感植被指数之间的回归模型，用以获取遥感的空间制图。采用留一法交叉验证对所建立的模型进行精度评价，精度评价指标选择相关系数 R 和均方根误差 RMSE。最后建立湿渍害胁迫条件下冬小麦产量损失与卫星遥感植被指数之间的定量关系。

3.4.1　不同时期湿渍害胁迫对冬小麦产量的影响

表 3.11 为分蘖期、拔节孕穗期和开花灌浆期湿渍害胁迫对冬小麦产量的影响，结果表明，对扬麦 14 来说，分蘖期渍水处理和淹水处理分别减产 971.045kg/hm²、1980.260kg/hm²，产量变化百分比达到-27.2%和-55.5%。对扬麦 18 来说，湿渍害胁迫渍水和淹水处理分别减产 725.088kg/hm² 和 2301.966kg/hm²，产量变化百分比达到-22.0%和-69.9%。

表 3.11　不同处理时期湿渍害胁迫对冬小麦产量的影响

处理时期	处理	扬麦 14（YM14）		扬麦 18（YM18）	
		产量/(kg/hm²)	产量变化百分比/%	产量/(kg/hm²)	产量变化百分比/%
分蘖期	对照（CK）	3567.587	—	3293.161	—
	渍水（W）	2596.542	−27.2	2568.073	−22.0

续表

处理时期	处理	扬麦 14（YM14）		扬麦 18（YM18）	
		产量/（kg/hm²）	产量变化百分比/%	产量/（kg/hm²）	产量变化百分比/%
分蘖期	淹水（F）	1587.327	−55.5	991.195	−69.9
拔节孕穗期	对照（CK）	3567.587	—	3293.161	—
	渍水（W）	1681.991	−52.9	1266.083	−61.6
	淹水（F）	924.604	−74.0	878.646	−73.3
开花灌浆期	对照（CK）	3567.587	—	3293.161	—
	渍水（W）	3483.149	−2.4	2728.607	−17.1
	淹水（F）	3430.049	−3.9	2296.701	−30.3

与分蘖期相比，拔节孕穗期淹水处理对产量的影响更大，产量变化百分比分别达到−74.0%（YM14）和−73.3%（YM18）；对 YM14 和 YM18 来说，渍水处理的减产量达到 1885.596kg/hm² 和 2027.078kg/hm²，产量变化百分比达到−52.9%和−61.6%，小于淹水处理的产量变化百分比。

开花灌浆期产量变化百分比小于分蘖期和拔节孕穗期产量变化百分比，这可能是因为前两个时期的湿渍害处理持续时间为 20d，而开花灌浆期处理持续时间为 10d。尽管开花灌浆期湿渍害胁迫时间较短，但仍然对 YM14 和 YM18 的产量产生了影响。YM14 产量变化百分比较小，淹水和渍水处理均不小于−5%；YM18 产量变化百分比大于−31%，并且淹水处理的产量变化百分比小于渍水处理的产量变化百分比。

综合来看，三个湿渍害胁迫时期中，拔节孕穗期处理对产量影响最大；在湿渍害处理的不同水平下，淹水处理对产量的影响要大于渍水处理。

3.4.2　地块尺度湿渍害胁迫对冬小麦产量影响的遥感定量评估方法研究

利用 42 个产量单点数据（$n=42$），对湿渍害胁迫下冬小麦小区产量数据与对应遥感影像提取的植被指数数据进行相关性分析，分析结果见表 3.12。结果表明，在分蘖期湿渍害胁迫处理之前的影像中（2014 年 12 月 31 日），各小区内长势均一，差异不大，最终产量与该时相的卫星影像植被指数之间相关性较弱，相关系数都小于 0.2，并且都没有通过显著性检验。

表 3.12　湿渍害胁迫下冬小麦产量与处理后不同时期卫星植被指数的相关系数（$n=42$）

植被指数	日期（年/月/日）						
	2014/12/31	2015/02/12	2015/03/10	2015/03/24	2015/04/13	2015/04/21	2015/05/01
NDVI	0.152	0.420*	0.301	0.409*	0.590**	0.597**	0.372
EVI	0.159	0.421*	0.283	0.416*	0.561**	0.582**	0.365
RVI	0.142	0.421*	0.279	0.403*	0.580**	0.584**	0.363
OSAVI	0.151	0.402*	0.283	0.406*	0.572**	0.588**	0.376
MTVI2	0.150	0.401*	0.275	0.402*	0.555**	0.578**	0.376
EVI2	0.147	0.384*	0.271	0.403*	0.556**	0.577**	0.378
GNDVI	0.137	0.349*	0.269	0.409*	0.590**	0.593**	0.376

*表示收获产量与植被指数在 0.05 水平上显著相关。

**表示收获产量与植被指数在 0.01 水平上显著相关。

冬小麦产量与 2015 年 2 月 12 日遥感影像计算得到的植被指数的相关系数全部通过 0.05

水平的显著性检验，这是因为分蘖期湿渍害处理时间为 2015 年 1 月 7～26 日，该期影像正好反映分蘖期湿渍害的影响。冬小麦产量与 2015 年 3 月 10 日的卫星影像植被指数的相关性没有通过显著性检验，可能是由此时距离分蘖期处理结束已经 41 天，冬小麦逐渐恢复，处理小区与对照小区的植被指数的差异逐渐变小，所以与最终产量的相关性减弱。

　　冬小麦产量与 2015 年 3 月 24 日、4 月 13 日和 4 月 21 日影像中的植被指数都通过显著性检验，是由于拔节孕穗期湿渍害处理时间为 2015 年 3 月 17 日～4 月 5 日，湿渍害处理导致冬小麦产量与这三景影像的植被指数有显著的相关关系。但冬小麦产量与 2015 年 5 月 1 日卫星影像植被指数数据的相关系数没有通过显著性检验，这可能是因为获取遥感影像时，冬小麦处于开花灌浆期，此时冬小麦主要进行生殖生长，光合产物主要用于充实籽粒，叶片和茎秆中储存的光合产物也向籽粒转移，以取得最高的产量；这一时期伴随着冬小麦自身的衰老过程，叶片从下而上逐渐枯黄，失去光合作用功能。

　　由上表可知，在整个冬小麦生长发育的过程中，共有 4 景影像中的植被指数与最终收获的产量有显著相关关系。因此，根据这 4 次遥感数据的植被指数构建基于不同植被指数的多元回归模型。以 GNDVI 为例，构建的多元回归模型中的自变量分别为 2015 年 2 月 12 日、3 月 24 日、4 月 13 日和 4 月 21 日影像中的 GNDVI（$GNDVI_{02/12}$、$GNDVI_{03/24}$、$GNDVI_{04/13}$、$GNDVI_{04/21}$）。选择留一法交叉验证的方式，比较 7 种植被指数估算产量和实测产量的相关系数与均方根误差，选择最优的估算模型进行产量的估算。多元回归结果见表 3.13，结果表明 GNDVI 的验证精度最高，公式如下：

$$yield = -4023.0 - 12004 \times GNDVI_{02/12} - 3919 \times GNDVI_{03/24} + 14011 \times GNDVI_{04/13} + 7412 \quad (3.6)$$

表 3.13　湿渍害胁迫下冬小麦地上干生物量与植被指数的多元线性回归拟合精度和验证精度

植被指数	R^2	F 值	R_{CV}	$RMSE_{CV}$ /(kg/hm²)
NDVI	0.393	5.992	0.537**	891.47
RVI	0.376	5.575	0.508**	912.61
EVI2	0.359	5.176	0.494**	920.77
EVI	0.358	5.150	0.488**	924.05
MTVI2	0.354	5.063	0.483**	927.66
GNDVI	0.420	6.695	0.563**	843.76
OSAVI	0.375	5.545	0.516**	906.09

注：R_{CV}、$RMSE_{CV}$ 分别为留一法交叉验证下的相关系数和均方根误差。

**表示 LAI 与植被指数在 0.01 水平上显著相关。

　　GNDVI 均方根误差为 843.76kg/hm²，而估算产量和实测产量之间的相关系数均通过显著性检验，其估算产量和实测产量之间的相关系数达到 0.563。验证散点图如图 3.11 所示。

　　利用不同植被指数建立多元回归模型，并挑选精度最高的 GNDVI 为自变量的估算模型对不同湿渍害小区的产量进行估算，得到最终湿渍害胁迫小区内的产量空间分布，如图 3.12 所示。

　　从图 3.12 可以看出，估算产量分布图表示的分蘖期淹水处理和渍水处理小区内的产量明显低于对照小区产量，其中淹水处理小区内像元大部分小于 2500kg/hm²，而对照小区产量大部分分布在 2500～3707kg/hm²。

　　从拔节孕穗期湿渍害胁迫处理的结果可以看出，淹水处理和渍水处理小区内的产量都小

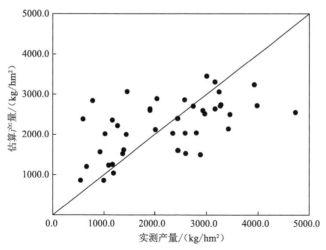

图 3.11 基于 GNDVI 的估算产量和实测产量的验证散点图

黑色实线表示 1：1 线

于对照小区，拔节孕穗期淹水处理小区内的产量大部分小于 1500kg/hm²，而渍水处理小区内的产量略高于淹水处理且产量大部分大于 2500kg/hm²。

对于开花灌浆期受湿渍害胁迫处理的小区来说，只有淹水处理的小区与对照小区表现出些许差异，渍水处理小区受害产量与对照小区差异不明显。

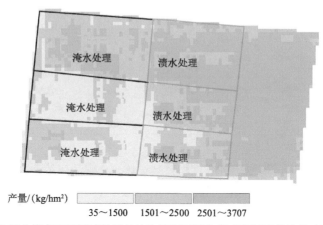

产量/(kg/hm²)　35～1500　1501～2500　2501～3707

图 3.12 基于高空间分辨率卫星遥感数据的地块尺度不同生育时期湿渍害处理对冬小麦产量的影响

图中未经处理部分即对照小区

总而言之，拔节孕穗期湿渍害胁迫处理对产量的影响要大于分蘖期，因为这一时期水分过多或过少会影响性细胞的发育，最终表现会影响穗粒数，进而影响冬小麦的产量。另外，可以看出淹水处理对产量的影响要大于渍水处理，这可能是因为淹水处理水分过多，造成土壤嫌气环境，对冬小麦发育影响更大。

3.4.3 不同时期湿渍害胁迫下冬小麦产量变化百分比遥感估算模型

为了定量评估不同时期湿渍害胁迫对冬小麦产量的影响，分别按照下式计算不同时期湿渍害胁迫下处理小区和对照小区冬小麦的产量变化百分比（Δy）和植被指数之间变化率（$\Delta \mathrm{VI}$）：

$$\Delta y = \frac{\text{yield}_{处理} - \text{yield}_{对照}}{\text{yield}_{对照}} \times 100\% \qquad (3.7)$$

式中，$\text{yield}_{处理}$表示处理小区（分蘖期、拔节孕穗期和开花灌浆期的淹水、渍水处理小区）的产量；$\text{yield}_{对照}$表示对照小区的产量。

$$\Delta \text{VI} = \frac{\text{VI}_{处理} - \text{VI}_{对照}}{\text{VI}_{对照}} \times 100\% \qquad (3.8)$$

式中，$\text{VI}_{处理}$表示处理小区（分蘖期、拔节孕穗期和开花灌浆期的淹水、渍水处理小区）的样点植被指数；$\text{VI}_{对照}$表示对照小区的样点植被指数。

产量变化百分比计算所用的数据包括三次湿渍害胁迫处理（分蘖期、拔节孕穗期和开花灌浆期）的12个小区和2个对照小区，共14个试验小区，每个小区采点3个，所以最终产量数据为42个单点数据。根据最后产量样点的GPS，提取试验时间内所有8景影像中对应的反射率并分别计算产量变化百分比和植被指数变化率。然后对产量变化百分比和植被指数变化率之间进行相关性分析，分析结果见表3.14。

表 3.14　湿渍害胁迫下不同时期冬小麦产量变化百分比与对应植被指数变化率的相关系数（$n=36$）

植被指数	日期（年/月/日）						
	2014/12/31	2015/02/12	2015/03/10	2015/03/24	2015/04/13	2015/04/21	2015/05/01
NDVI	0.245	0.273	0.199	0.246	0.496*	0.508*	0.332
EVI	0.244	0.299	0.159	0.270	0.479*	0.469*	0.315
RVI	0.239	0.273	0.180	0.223	0.475*	0.469*	0.322
OSAVI	0.238	0.274	0.170	0.253	0.484*	0.489*	0.331
MTVI2	0.242	0.275	0.155	0.248	0.474*	0.466*	0.329
EVI2	0.229	0.272	0.147	0.254	0.473*	0.467*	0.327
GNDVI	0.206	0.238	0.140	0.253	0.477*	0.486*	0.318

*表示收获产量与植被指数在0.05水平上显著相关。

湿渍害胁迫下冬小麦产量变化百分比与植被指数变化率的相关性分析表明2015年4月13日与2015年4月21日中的植被指数变化率与产量变化百分比的相关关系通过显著性检验。以这两景影像中的植被指数变化率为自变量，利用逐步回归方法，建立多元线性回归模型，定量估算冬小麦湿渍害产量变化百分比。逐步回归结果表明，只有2015年4月21日的NDVI和MTVI2进入模型，决定系数为0.320，而进行交叉验证，得到的模型相关系数为0.472，RMSE为0.258。显著性检验表明，模型通过极显著性检验（图3.13）。

$$\Delta y = 6.10487 \Delta \text{NDVI} - 2.62566 \Delta \text{MTVI2} - 0.25983 \qquad (3.9)$$

3.5　小　　结

本章研究主要基于高空间分辨率卫星遥感数据，结合大田观测数据，进行地块尺度冬小麦湿渍害监测。主要方法为通过查阅文献等方式选择合适的植被指数，并构建植被指数与冬小麦主要长势参数——地上干生物量和LAI之间的线性和非线性估算模型。通过决定系数和均方根误差选择最优的估算模型，并应用于地上干生物量和LAI的空间制图，定性表示湿渍

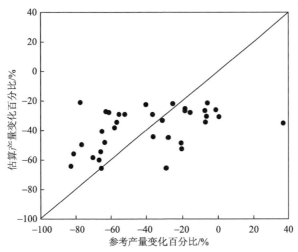

图 3.13　湿渍害胁迫下冬小麦产量变化百分比与植被指数变化率逐步回归模型的验证散点图
黑色实线表示 1∶1 线

害胁迫下冬小麦的生长状况。湿渍害胁迫对冬小麦生长及其最后产量的影响进行了定量分析，主要结论如下。

1）地块尺度冬小麦 LAI 遥感定量估算方法研究

分别在分蘖期、拔节孕穗期和开花灌浆期进行湿渍害胁迫处理，处理持续时间分别为 20d、20d 和 10d，处理方式分为淹水处理和渍水处理。在冬小麦生长的关键时期进行遥感和同步大田观测，建立 LAI 与植被指数的线性和非线性模型，通过验证比较，最优的估算模型为基于 NDVI 的指数模型，验证 R^2 为 0.74，RMSE 为 0.64。选用最优的估算模型进行冬小麦抽穗前 LAI 空间制图，定性表示湿渍害对冬小麦 LAI 的影响。

2）地块尺度冬小麦地上干生物量遥感估算方法研究

开展大田试验，在冬小麦生长发育的关键生育时期进行持续一定时间的湿渍害胁迫，并在处理前后进行星地同步观测。湿渍害处理的时期为冬小麦的分蘖期、拔节孕穗期和开花灌浆期。在全生育期内共获取 8 次星地同步观测数据，对获取的地上干生物量数据和遥感数据进行分析建模，构建了 5 种估算模型（线性回归模型、指数回归模型、幂回归模型、对数回归模型和二次多项式回归模型）。结果表明，基于 EVI 的幂回归模型估算精度最高，验证 R^2 和 RMSE 分别为 0.89 和 0.079kg/m²。结合获取的 8 景高空间分辨率影像，利用最优的估算模型对地上干生物量的空间分布进行估算，定量表示地上干生物量的季节变化。结果表明拔节孕穗期湿渍害胁迫对冬小麦的生长发育影响最严重，产量减产最多，产量变化百分比最大，并且不同处理水平下，淹水处理对冬小麦的影响要比渍水处理更大。

3）地块尺度湿渍害胁迫对冬小麦产量影响的遥感评估

在冬小麦不同时期进行持续不同时间的湿渍害胁迫处理（分蘖期、拔节孕穗期和开花灌浆期湿渍害胁迫处理持续时间分别为 20d、20d 和 10d）。在冬小麦成熟时测产，通过获取小区内 1m² 内麦穗，得到亩穗数、穗粒数和千粒重，并最终获得产量。对产量数据与不同生育时期获取的遥感影像数据计算得到的植被指数进行相关分析。结果表明，与最终产量有显著相关关系的分别有 2015 年 2 月 12 日、2015 年 3 月 24 日、2015 年 4 月 13 日和 2015 年 4 月 21 日影像中的所有植被指数。根据不同植被指数，分别对不同影像中同一个植被指数建立产量的多元回归模型。结果表明，以 GNDVI 为自变量的多元回归模型拟合和验证最高，验证相关系数和均方根误差分别为 0.563kg/hm^2 和 843.76kg/hm^2，可以用来进行产量的空间制图。

利用选择的最佳估算模型估算分蘖期、拔节孕穗期和开花灌浆期湿渍害胁迫处理对冬小麦产量的影响。结果表明，拔节孕穗期湿渍害胁迫对冬小麦产量的影响大于分蘖期湿渍害胁迫对冬小麦的影响；淹水处理对冬小麦产量的影响大于渍水处理；淹水和渍水处理小区的产量都小于对照小区。

不同时期湿渍害胁迫下冬小麦的产量变化百分比与处理小区和对照小区的植被指数变化率的相关性分析表明，2015 年 4 月 13 日和 2015 年 4 月 21 日影像计算的植被指数变化率与产量变化百分比的相关系数都通过了显著性检验。应用逐步回归筛选植被指数变化率，建立多元线性模型对冬小麦产量变化百分比进行估算。最终模型是以 2015 年 4 月 21 日的 NDVI 和 MTVI2 为自变量，建立的模型交叉验证的相关系数为 0.472，均方根误差为 0.258。

参 考 文 献

陈拉, 黄敬峰, 王秀珍. 2008. 不同传感器的模拟植被指数对水稻叶面积指数的估测精度和敏感性分析. 遥感学报, (1): 143-151.

姜东, 陶勤南, 张国平. 2002. 渍水对小麦扬麦 5 号旗叶和根系衰老的影响. 应用生态学报, 13(11): 1519-1521.

李金才, 魏凤珍, 余松烈, 等. 1999. 孕穗期湿害对小麦灌浆特性及产量的影响. 安徽农业大学学报,(1): 91-96.

刘良云, 王纪华, 宋晓宇, 等. 2005. 小麦倒伏的光谱特征及遥感监测. 遥感学报, (3): 323-327.

刘占宇, 黄敬峰, 吴新宏, 等. 2006. 草地生物量的高光谱遥感估算模型. 农业工程学报, (2): 111-115.

刘占宇, 黄敬峰, 王福民, 等. 2008. 估算水稻叶面积指数的调节型归一化植被指数. 中国农业科学, (10): 3350-3356.

蒙继华, 吴炳方, 杜鑫, 等. 2011. 遥感在精准农业中的应用进展及展望. 国土资源遥感, (3): 1-7.

任安才. 2008. 基于 TM 影像的川西北理塘草地生物量与植被指数关系研究.四川农业大学硕士学位论文.

宋丰萍. 2008. 渍水对油菜生物学性状及产量品质的影响. 华中农业大学硕士学位论文.

谭昌伟, 杨昕, 罗明, 等. 2015. 以 HJ-CCD 影像为基础的冬小麦孕穗期关键苗情参数遥感定量反演. 中国农业科学, (13): 2518-2527.

王备战, 冯晓, 温暖, 等. 2012. 基于SPOT-5影像的冬小麦拔节期生物量及氮积累量监测. 中国农业科学, (15): 3049-3057.

魏凤珍, 李金才, 董琦. 2000. 孕穗期至抽穗期湿害对耐湿性不同品种冬小麦光合特性的影响(简报). 植物生理学通讯, (2): 119-122.

吴建国, 刘淑芝, 李芳荣, 等. 1992. 湿害对冬小麦生长发育及生理影响的研究. 河南农业大学学报, (1): 31-37.

夏天, 吴文斌, 周清波, 等. 2012. 基于高光谱的冬小麦叶面积指数估算方法. 中国农业科学, (10): 2085-2092.

张正杨, 马新明, 贾方方, 等. 2012. 烟草叶面积指数的高光谱估算模型. 生态学报, (1): 168-175.

Ahmadian N, Ghasemi S, Wigneron J, et al. 2016. Comprehensive study of the biophysical parameters of agricultural crops based on assessing Landsat 8 OLI and Landsat 7 ETM+ vegetation indices. Giscience & Remote Sensing, 53(3): 337-359.

Akaike H. 1974. A new look at the statistical model identification. IEEE Transactions on Automatic Control, 19(6): 716-723.

Arisnabarreta S, Miralles D J. 2008. Critical period for grain number establishment of near isogenic lines of two and six rowed barley. Field Crop Research, 107(3): 196-202.

Atzberger C. 2004. Object-based retrieval of biophysical canopy variables using artificial neural nets and radiative transfer models. Remote Sensing of Environment, 93(1-2): 53-67.

Bagan H, Wang Q X, Watanabe M, et al. 2005. Land cover classification from MODIS EVI times-series data using SOM neural network . International Journal of Remote Sensing, 26(22): 4999-5012.

Baret F, Champion I, Guyot G, et al. 1987. Monitoring wheat canopies with a high spectral resolution radiometer. Remote Sensing of Environment, 22(3): 367-378.

Berk A, Bernstein L S, Anderson G P, et al. 1998. MODTRAN cloud and multiple scattering upgrades with application to AVIRIS. Remote Sensing of Environment, 65(3): 367-375.

Bognar P, Kern A, Pasztor S, et al. 2017. Yield estimation and forecasting for winter wheat in Hungary using time series of MODIS data. International Journal of Remote Sensing, 38(11): 3394-3414.

Feng M, Yang W, Cao L, et al. 2009. Monitoring winter wheat freeze injury using multi-temporal MODIS data. Agricultural Sciences in China, 8(9): 1053-1062.

Gilabert M A, Gandía S, Meliá J. 1996. Analyses of spectral-biophysical relationships for a corn canopy. Remote Sensing of Environment, 55(1): 11-20.

Gitelson A A, Kaufman Y J, Merzlyak M N. 1996. Use of a green channel in remote sensing of global vegetation from EOS-MODIS. Remote Sensing of Environment, 58: 289-298.

Haboudane D, Miller J R, Pattey E, et al. 2004. Hyperspectral vegetation indices and novel algorithms for predicting green LAI of crop canopies: Modeling and validation in the context of precision agriculture. Remote Sensing of Environment, 90(3): 337-352.

Hansen P M, Schjoerring J K. 2003. Reflectance measurement of canopy biomass and nitrogen status in wheat crops using normalized difference vegetation indices and partial least squares regression. Remote Sensing of Environment, 86(4): 542-553.

Holzman M E, Rivas R E. 2016. Early maize yield forecasting from remotely sensed temperature/vegetation index measurements. IEEE Journal of Selected Topics in Applied Earth Observations and Remote Sensing, 9(1): 507-519.

Huete A R, Liu H Q, Batchily K, et al. 1997. A comparison of vegetation indices global set of TM images for EOS-MODIS. Remote Sensing of Environment, 59(3): 440-451.

Huete A, Didan K, Miura T, et al. 2002. Overview of the radiometric and biophysical performance of the MODIS vegetation indices. Remote Sensing of Environment, 83(1-2): 195-213.

Jacquemoud S. 1993. Inversion of the PROSPECT + SAIL canopy reflectance model from AVIRIS equivalent spectra theoretical study. Remote Sensing of Environment, 44(2-3): 281-292.

Jacquemoud S, Baret F. 1990. PROSPECT-A model of leaf optical-properties spectra. Remote Sensing of Environment, 34(2): 75-91.

Jiang Z Y, Huete A R, Didan K, et al. 2008. Development of a two-band enhanced vegetation index without a blue band. Remote Sensing of Environment, 112(10): 3833-3845.

Kaufman Y J, Tanre D. 1992. Atmospherically resistant vegetation index (ARVI) for EOS-MODIS. IEEE Transactions on Geoscience and Remote Sensing, 30(2): 261-270.

Li X C, Zhang Y J, Luo J H, et al. 2016. Quantification winter wheat LAI with HJ-1CCD image features over multiple growing seasons. International Journal of Applied Earth Observation and Geoinformation, 44: 104-112.

Luo Z H, Yu S X. 2017. Spatiotemporal variability of land surface phenology in China from 2001-2014. Remote Sensing, 9(1):65.

Magney T S, Eitel J U H, Huggins D R, et al. 2016. Proximal NDVI derived phenology improves in-season predictions of wheat quantity and quality. Agricultural and Forest Meteorology, 217: 46-60.

Musgrave M E. 1994. Waterlogging effects on yield and photosynthesis in eight wheat cultivars. Crop Science, 34(5): 1314-1318.

Peng J, Dan L, Dong W J. 2013. Estimate of extended long-term LAI data set derived from AVHRR and MODIS based on the correlations between LAI and key variables of the climate system from 1982 to 2009. International Journal of Remote Sensing, 34(21): 7761-7778.

Rondeaux G, Steven M, Baret F. 1996. Optimization of soil-adjusted vegetation indices. Remote Sensing of Environment, 55(2): 95-107.

Rouse J W, Haas R H, Schell J A, et al. 1974. Monitoring Vegetation Systems in the Great Plains with ERTS. Washington, D C: Proceedings of the Third Earth Resources Technology Satellite-1 Symposium: 301-317.

Schut A G T, Stephens D J, Stovold R G H, et al. 2009. Improved wheat yield and production forecasting with a moisture stress index, AVHRR and MODIS data. Crop and Pasture Science, 60(1): 60-70.

Shanahan J F, Schepers J S, Francis D D, et al. 2001. Use of remote-sensing imagery to estimate corn grain yield. Agronomy Journal, 93(3): 583-589.

Siegmann B, Jarmer T. 2015. Comparison of different regression models and validation techniques for the assessment of wheat leaf area index from hyperspectral data. International Journal of Remote Sensing, 36(18): 4519-4534.

Suits G H. 1972. The calculation of the directional reflectance of a vegetative canopy. Remote Sensing of Environment, 2: 117-125.

Tan C W, Wang J H, Zhao C J, et al. 2011. Monitoring wheat main growth parameters at anthesis stage by Landsat TM. Transactions of the Chinese Society of Agricultural Engineering, 27(5): 224-230.

Tian F, Brandt M, Liu Y Y, et al. 2016. Remote sensing of vegetation dynamics in drylands: Evaluating vegetation optical depth (VOD) using AVHRR NDVI and in situ green biomass data over West African Sahel. Remote Sensing of Environment, 177: 265-276.

Tucker C J. 1979. Red and photographic infrared linear combinations for monitoring vegetation. Remote Sensing of Environment, 8(2): 127-150.

Wang J, Huang J F, Gao P, et al. 2016. Dynamic mapping of rice growth parameters using HJ-1 CCD time series data. Remote Sensing, 8(11): 931.

Wang Q, Adiku S, Tenhunen J, et al. 2005. On the relationship of NDVI with leaf area index in a deciduous forest site. Remote Sensing of Environment, 94(2): 244-255.

Wang S S, Mo X G, Liu Z, et al. 2017. Understanding long-term (1982-2013) patterns and trends in winter wheat spring green-up date over the North China Plain. International Journal of Applied Earth Observation and Geoinformation, 57: 235-244.

Wardlow B D, Egbert S L, Kastens J H. 2007. Analysis of time-series MODIS 250m vegetation index data for crop classification in the US Central Great Plains. Remote Sensing of Environment, 108(3): 290-310.

Yang H, Chen E, Li Z Y, et al. 2015. Wheat lodging monitoring using polarimetric index from RADARSAT-2 data. International Journal of Applied Earth Observation and Geoinformation, 34: 157-166.

Zheng D L, Rademacher J, Chen J Q, et al. 2004. Estimating aboveground biomass using Landsat 7 ETM+ data across a managed landscape in northern Wisconsin, USA. Remote Sensing of Environment, 93(3): 402-411.

第4章　地块尺度油菜湿渍害遥感监测方法研究

在进行地块尺度冬小麦湿渍害星地同步观测试验的同时，还布置了油菜湿渍害星地同步观测试验，本章将利用油菜湿渍害胁迫下的油菜叶面积指数、地上部分生物量及产量和对应的高空间分辨率卫星遥感数据，分析湿渍害胁迫下油菜叶面积指数和地上部分生物量与不同植被指数的相关性；采用线性和非线性建模方法，建立湿渍害胁迫下油菜叶面积指数和地上部分生物量定量遥感估算模型，并进行精度验证；利用最优模型，进行地块尺度油菜叶面积指数和地上部分生物量填图，获得湿渍害胁迫下地块尺度油菜叶面积指数和地上部分生物量的时空变化特征，研究地块尺度油菜湿渍害遥感监测的可行性。

4.1　地块尺度油菜湿渍害遥感监测星地同步观测试验与数据处理

试验区位于浙江省德清县，该县土地总面积约为 935.9km²。全区自西向东倾斜，西北面为低山区，中部为丘陵，东部属于杭嘉湖平原。属于亚热带湿润季风气候，四季分明，温暖湿润，年平均气温约为 17.3℃，年平均降水量约为 1075.8mm，降水主要集中在 3～6 月。种植作物主要有水稻、小麦、油菜、黑米、棉花、大豆等，其中油菜的种植面积约占总种植面积的 5%。油菜在该区域的种植方式主要为稻油轮作。

试验地位于德清县东部的下舍村（120°10′46.09″E，30°33′56.75″N，海拔 6m）。试验地总面积约为 10000m²，地势平坦。根据中国土壤分类系统，该区域的土壤类型主要为水稻土。试验地块东西长约 108m，南北长约 94m，将试验田共划分为 30 个小区，每个小区大小约为 18m×18m。小区内田间每隔 3m 开沟，沟深约 30cm，沟宽 20～30cm。试验品种选取耐湿性不同的冬油菜品种，分别为浙油 50、秦优 7 号、中双 10 号。试验于 2014～2015 年进行，播种时间为 2014 年 10 月 26 日，播种时气候适宜。设对照、渍水、淹水三个处理，淹水处理为人工灌水至水面高出土面 2～3cm；渍水处理保持厢沟内水面与土面持平；对照不进行灌水处理。在湿渍害水分胁迫处理结束之后将水排干，其余按照正常的田间管理。分别在苗期、开花期、角果期进行湿渍害胁迫处理 20d。具体田间试验开展时间：苗期为 2015 年 1 月 8～28 日、开花期为 2015 年 3 月 17 日～4 月 5 日、角果期为 2015 年 4 月 21 日～5 月 1 日。

在试验开始前，经过作者广泛调研，确定使用的高空间分辨率数据以 WorldView 系列卫星为主，主要卫星为 WorldView-2 和 WorldView-3，其公司还同时拥有 QuickBird 卫星数据，以确保卫星遥感信息源。原设想是签订每 10d 提供一景影像，后经与公司反复协商，在保证云量和观测角不影响的条件下，最多只能一个月提供一景影像，因此，作者签订编程接收协议，提前定购每个月一景高空间卫星影像数据。作者同时关注 SPOT 系列卫星和 Pleiades-1A 等高空间分辨率数据，在这些卫星过境时也组织星地同步观测试验。

星地同步观测试验在卫星过境前后 2d 马上进行，在 2014 年 10 月～2015 年 5 月，作者共进行了 8 次星地同步观测试验，利用 GPS 实地定位并采集油菜叶面积指数和地上部分生物量及其他生物学参数。

　　每次采样小区均选择正在进行湿渍害处理或者已经完成湿渍害处理的小区。进行采样的小区均至少选择三个采样点，以捕获在不同的湿渍害水分胁迫处理和不同生长阶段中油菜的植被信息变异性。采样点应选择长势均匀、能代表油菜长势的区域，然后用样方尺（规格为0.5 m×0.5 m）随机选取 1/4 样方尺大小的油菜植株。每次进行田间采样，记录田间小区处理名称，并用手持 GeoExplorer 2008 系列 GPS 接收机（Trimble Juno-SB，Trimble Navigation Ltd.，Sunnyvale，CA，USA）记录田间采样点坐标信息。采样时将每个采样点的油菜植株地上部分剪下，立即放入相应编号的大塑料袋内，并尽快转运到室内，对油菜进行茎、叶、角果分离后，测定不同组织器官的指标。

　　油菜叶面积指数测定采用便携式叶面积测量仪 LI-3000C。LI-3000C 采用矩形逼近的电子方法模拟传统测量叶面积的过程，分辨率为 $1mm^2$（郑腾飞等，2014）。本节中测定的油菜叶片为大量离体叶片，且只需求得总叶面积，故采用 LI-3050C 结合 LI-3000C 使用，可大大减少工作量，提高工作效率。

　　油菜地上部分生物量即地上部分干重。测量方法为：将茎、叶、角分离后的样品置于 105℃ 的烘箱内杀青，杀青是为了制止植物鲜叶中酶的作用，使植物组织中化学成分不发生转变和消耗，快速停止植物的代谢过程，以保持初始状态。样品经过杀青之后，立即降低烘箱的温度至 80℃，干燥约 48 h，直至恒重，并记录烘干后样品的重量。

　　在试验开展期间共收集了 5 种传感器类型的 8 景遥感卫星影像，传感器类型分别为：Pleiades-1A、WorldView-2、WorldView-3、SPOT-6 和 SPOT-7。具体购买的高空间分辨率卫星影像日期及其空间分辨率、田间观测日期见表 4.1。

　　卫星数据辐射定标、大气校正、几何校正、植被指数模型等遥感数据预处理方法，模型构建方法及其检验等详见第 3 章。

表 4.1　田间观测日期与选购的高空间分辨率卫星数据的影像日期及其空间分辨率

卫星	影像日期 （年/月/日）	空间分辨率		田间观测日期 （年/月/日）	样本数		生育期
		全色/m	多光谱/m		LAI	AGB （CK/W/F）	
—	—	—	—	2014/10/26	—	—	播种
Pleiades-1A	2014/12/04	0.5	2	2014/12/08	15	6（6/0/0）	苗期
WorldView-3	2014/12/31	0.31	1.24	2014/12/29	15	9（9/0/0）	苗期
SPOT-6	2015/02/12	1.5	6	2015/02/05	27	9（3/3/3）	苗期
WorldView-2	2015/03/10	0.46	1.8	2015/03/12	25	9（3/3/3）	蕾薹期
SPOT-6	2015/03/24	1.5	6	2015/03/28	—	15（3/6/6）	开花期
SPOT-7	2015/04/13	1.5	6	2015/04/16	—	15（3/6/6）	角果期
WorldView-2	2015/04/21	0.46	1.8	2015/04/23	—	15（3/6/6）	角果期
WorldView-2	2015/05/01	0.46	1.8	2015/05/05	—	21（3/9/9）	角果期
—	—	—	—	2015/05/16	—	—	收获

注：AGB 代表地上部分生物量；（CK/W/F）分别代表对照、渍水处理、淹水处理的采样小区数。

4.2　湿渍害胁迫下地块尺度油菜叶面积指数遥感监测方法研究

　　从油菜开花期开始，油菜花和角果位于冠层顶部，角果逐渐增加，同时油菜叶片逐渐枯黄，大多位于冠层下部（图 4.1）。因而，开花期以后，进入卫星传感器的主要为油菜花和角果信息。所以，地块尺度油菜叶面积指数遥感估算模型只选择开花期以前的地面观测数据和对应的高空间分辨率卫星数据进行建模，即 2014 年 12 月 4 日的 Pleiades-1A 高空间分辨率卫星影像、2014 年 12 月 31 日的 WorldView-3 高空间分辨率卫星影像、2015 年 2 月 12 日 SPOT-6 高空间分辨率卫星影像、2015 年 3 月 10 日的 WorldView-2 高空间分辨率卫星影像，对应的叶面积指数观测日期分别为 2014 年 12 月 8 日、2014 年 12 月 29 日、2015 年 2 月 5 日和 2015 年 3 月 12 日，对应的油菜发育期除了 2015 年 3 月 10 日处于蕾薹期外，其他三次都处于苗期（表 4.1）。

|（a）2014年12月8日|（b）2014年12月29日|（c）2015年2月5日|（d）2015年3月12日|
|（e）2015年3月28日|（f）2015年4月16日|（g）2015年4月23日|（h）2015年5月5日|

图 4.1　2014～2015 年油菜不同生育期的田间观测照片

4.2.1　不同植被指数与油菜叶面积指数的相关性分析

利用每个观测点的 GPS 定位数据，计算高空间分辨率卫星植被指数，整个试验共获得 82 组 LAI 数据与植被指数数据。表 4.2 为利用这些数据计算的 NDVI、OSAVI、RVI、EVI、EVI2、GNDVI 和 MTVI2 等植被指数与实测叶面积指数之间的相关系数，由表可知，所选取的植被指数均与叶面积指数有极显著性相关关系，相关系数都在 0.7 以上，GNDVI 相关系数最大，NDVI 次之，紧接着是 OSAVI、MTVI2、EVI、EVI2，RVI 的相关系数最小。这表明植被指数能反映油菜叶面积指数的动态变化。

表 4.2　植被指数与叶面积指数之间的相关系数（ n =82）

植被指数	NDVI	OSAVI	RVI	EVI	EVI2	GNDVI	MTVI2
相关系数	0.787**	0.786**	0.770**	0.785**	0.784**	0.793**	0.786**

**表示模型在 0.01 水平上有显著性差异。

4.2.2　湿渍害胁迫下地块尺度油菜叶面积指数遥感监测模型研究

在 LAI 遥感反演研究中，前人大多使用中高、中低分辨率卫星数据，然后建立基于植被指数的反演模型来估算一些植被参数，且已经取得了较好的研究成果和较完备的研究基础。经验回归模型是利用植被指数（VI）对作物的形态、生理等参数进行估算的一种常用方法（Wang et al., 2013）。White 等（1997）最早提出使用指数模型来建立 LAI 与 NDVI

之间的关系。之后，很多研究者都使用指数回归模型[式（4.1）]建立植被指数与叶面积指数间的关系（Darvishzadeh et al.，2008；Hansen and Schjoerring，2003；Ji and Peters，2007；Roumenina et al.，2013）。

$$LAI = b_0 \times e^{b_1 \times VI} \tag{4.1}$$

式中，b_0、b_1为回归系数。

在建立统计回归模型时，通常采用交叉验证方法，即将原始数据进行分组，一部分作为建模数据集，用于模型构建；另一部分则作为验证数据集，用于验证得到的模型，并以此来作为评价模型的指标。本次研究为了避免过拟合以及欠拟合状态的发生，使用 5 折交叉验证法，将 VI-LAI 数据随机分成 5 份，其中 4 份作为建模集，剩下的 1 份作为验证集。因此，以 61 组数据作为建模样本来构建估算模型，其余 21 组数据作为验证数据样本。

选择具有较高的 R^2、F 值和较低的 RMSE 作为最优的经验回归模型，见表 4.3，所有指数回归在统计学上都达到极显著水平，其中，GNDVI 的 R^2（R^2=0.708）和 F（F=142.895）最高，RMSE（RMSE=0.174）最小，为最优回归模型。其次是 NDVI、OSAVI，这两种植被指数的 R^2 均在 0.7 左右，F 在 138~140，RMSE 为 0.179~0.195，具有较好的回归精度。随之是 EVI2、EVI，这两种植被指数所构建的回归模型评价参数比较相近，R^2 约为 0.69，F 值大约为 130，RMSE 在 0.2 左右。MTVI2 和 RVI 表现较差，R^2 小于 0.68，且 F 值低于 124，而 RMSE 约为 0.22。这个结果和 VI-LAI 表现出的相关性基本相同。

表 4.3　湿渍害胁迫下基于不同植被指数的油菜叶面积指数遥感估算模型参数及其检验

植被指数	b_0	b_0_SE	b_1	b_1_SE	R^2	F 值	RMSE	RRMSE/%
GNDVI	8.776	0.734	0.016	0.006	0.708	142.895**	0.174	16
NDVI	7.053	0.598	0.034	0.011	0.702	139.176**	0.179	16
OSAVI	7.859	0.668	0.050	0.014	0.701	138.218**	0.195	18
EVI2	8.607	0.752	0.084	0.020	0.690	131.077**	0.200	18
EVI	7.385	0.646	0.086	0.021	0.689	130.751**	0.206	19
MTVI2	10.978	0.988	0.129	0.027	0.677	123.382**	0.218	20
RVI	0.799	0.078	0.095	0.024	0.641	105.481**	0.221	20

注：b_0、b_0_SE 和 b_1、b_1_SE 为指数回归模型式（4.1）的回归系数及其相应的标准误差；R^2 为决定系数；F 为用于测试回归的显著性水平的 F 比值；RRMSE 为相对均方根误差。

**表示在 0.01 水平上显著相关。

以 GNDVI 为自变量的油菜叶面积指数遥感估算模型拟合最好，预测精度最高，为最佳模型，其表达式为

$$LAI = 0.0158e^{8.7761GNDVI} \tag{4.2}$$

这和前人的研究成果大致相同，Wang 等（2007）用 Landsat 5 卫星数据计算得出的不同植被指数估算 LAI，结果也发现 GNDVI 相比于常用的 NDVI 能更好地预测 LAI。

为了验证上述指数回归模型，作者用 21 组检验样本对上述模型进行了参数检验，将实测 LAI 与指数模型估算的 LAI 进行了一元线性回归拟合，分析拟合的 R^2 和 RMSE，以此来确定模型的精度，结果如图 4.2 所示。

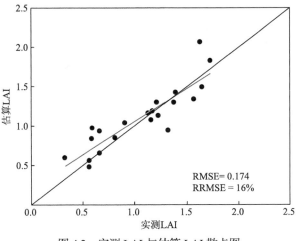

图 4.2　实测 LAI 与估算 LAI 散点图
黑色实线表示 1∶1 线

由图 4.2 可以观察到，使用估算模型的结果相对比较合理，样本均匀分布在 1∶1 线两侧。虽然用最优指数估算模型，使估算的 LAI 在低 LAI 处有轻微的过高估计，在高 LAI 处有较低估计，但是 LAI 估算值与 LAI 测量值之间的总体一致性令人比较满意，使用一元线性回归模型拟合的 R^2 达到了 0.741。因而，用 GNDVI 植被指数和 LAI 建立指数回归模型的可靠性比较强，可以很好地对油菜叶面积进行估测。

4.2.3　基于高空间分辨率卫星数据的地块尺度油菜叶面积指数动态制图

利用 4.2.2 节得到的油菜叶面积指数遥感估算模型［式（4.2）］，进行叶面积指数填图，以分析湿渍害胁迫下地块尺度油菜叶面积指数的时空变化特征。如图 4.3 所示，在 2014 年 12 月 31 日之前，油菜生长缓慢，平均估算 LAI 低于 1.0。在 2015 年 2 月 12 日，LAI 的估算值达到 1.5～2.5，在 2015 年 3 月 12 日达到最大值，大部分像元的估算 LAI 达到 2.0 以上，最大 LAI 估算值将近 4.0。比较图 4.3 和图 4.1 可以看出，油菜叶面积指数时空变化能很好地反映油菜叶面积指数的季节变化。与遥感影像同时段获取的田间油菜生长照片（图 4.1）相比，对冬油菜来说，在 2014 年 12 月油菜处于苗期，此时期气温较低，油菜发育迟缓，植株生长缓慢，因而 2014 年 12 月 8～29 日油菜叶片增长缓慢，并且有黄叶出现，叶片叶面积几乎不增加，这与图 4.3 相一致。之后随着天气的回暖，温度升高，油菜迅速生长，叶片变大变绿，直至 2015 年 3 月 12 日油菜叶片生长达到最大。

在 2014 年 12 月 4 日 Pleiades-1A 和 2014 年 12 月 31 日 WorldView-3 影像反演的叶面积指数分布图［图 4.3（a）、图 4.3（b）］中，各小区之间的田埂与小区内的油菜区别明显，各个小区之间的油菜叶面积指数差别不大。在 2015 年 1 月 8～28 日，对苗期油菜实施湿渍害水分胁迫处理，苗期经过 20d 的渍水处理后，油菜 LAI 没有出现明显的受害症状，而渍水处理的 LAI 比对照小区要高，究其原因可能是因为在 2014 年 12 月，试验区域发生了较为严重的干旱，经渍水处理后，油菜干旱受灾得到缓解造成的；淹水处理在 2015 年 2 月 12 日（苗期湿渍害处理结束 15d 后）LAI 明显低于对照小区，到 2015 年 3 月 10 日（苗期湿渍害处理结束 41d 后）湿渍害影响进一步加重［图 4.3（c）、图 4.3（d）］。

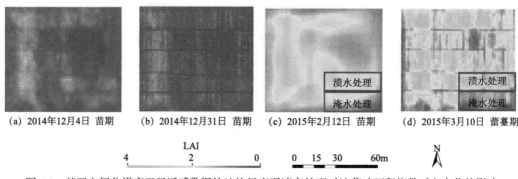

图 4.3　基于空间分辨率卫星遥感数据的地块尺度湿渍害处理对油菜叶面积指数时空变化的影响

图中未经处理部分即对照小区

4.3　湿渍害胁迫下地块尺度油菜地上部分生物量遥感监测方法研究

本节首先分析不同卫星植被指数对油菜地上部分生物量的响应，其次建立湿渍害胁迫条件下地块尺度油菜地上部分生物量最佳卫星遥感估算模型，最后通过油菜地上部分生物量制图分析地块尺度湿渍害卫星遥感监测的可行性。

4.3.1　不同植被指数与油菜地上部分生物量的相关性分析

由表 4.1 可知，在整个油菜生育期内，共进行了 10 次星地同步观测试验，除了第一次油菜苗太小、最后一次油菜处于收获期外，有 8 次进行了油菜地上部分生物量观测，共获取 99 组地上部分生物量和对应的高空间分辨率卫星植被指数数据。为了研究多源遥感数据估算油菜生物量的能力，作者通过文献检索、专家咨询等方式选用了与油菜生物量生长密切相关的 7 种植被指数，分别为：EVI、EVI2、RVI、NDVI、GNDVI、OSAVI 和 MTVI2。然后对这 7 种植被指数与地上部分生物量分别进行相关性分析，并进行显著性检验，结果见表 4.4。

表 4.4　不同植被指数与地上部分生物量之间的相关系数

植被指数	RVI	NDVI	MTVI2	OSAVI	EVI	EVI2	GNDVI
相关系数	0.75 [**]	0.74 [**]	0.72 [**]	0.72 [**]	0.71 [**]	0.69 [**]	0.59 [**]

**表示模型在 0.01 水平上有显著性差异。

结果可知，所选取的植被指数均与地上部分生物量有极显著性相关关系，可以反映油菜地上部分生物量的变化，与前人研究结果一致（Jin et al., 2015）。这主要是因为植被指数是由不同的单波段组合而成，可以减少外部因素（如土壤背景、叶片倾角等）的影响（Darvishzadeh et al., 2008）。表 4.4 中，不同植被指数与油菜地上部分生物量的相关系数在 0.59～0.75，其中 NDVI 和 RVI 与油菜地上部分生物量的相关系数比较接近，明显大于其他植被指数；其次是 MTVI2、OSAVI 和 EVI，这几个植被指数的相关系数均在 0.7 以上；GNDVI 和 EVI2 的相关系数比较小，均小于 0.7。

4.3.2　湿渍害胁迫下油菜地上部分生物量遥感估算模型构建与验证

使用 IBM SPSS Statistics 20 软件将油菜的地上部分生物量计算样品随机分成建模集和验证集，其中建模集有 75 个样本，验证集有 24 个样本，每个数据集的具体统计量概括在表 4.5

中。然后，将建模集的 75 个 AGB 样本与计算所得的植被指数构建地上部分生物量最优估算模型，并用验证集的 24 个样本进行验证。

表 4.5　试验区域油菜的地上部分生物量数据统计概况

名称	数据集	样本量	最小值 /(kg/m^2)	最大值 /(kg/m^2)	极差 /(kg/m^2)	平均值 /(kg/m^2)	标准差 SD/(kg/m^2)	变异系数 CV/(kg/m^2)
地上部分 生物量	建模集	75	0.03	1.63	1.60	0.53	0.39	0.74
	验证集	24	0.03	1.30	1.27	0.51	0.36	0.71

不同生育期内的地上部分生物量和选用的植被指数间的线性或非线性回归结果见表 4.6，所有植被指数建立的地上部分生物量遥感估算模型均通过了显著性检验，且同一植被指数与 AGB 建立的幂回归模型均优于其他回归模型。进一步分析不同模型的 R^2 和 F 值，结果表明 NDVI 具有最佳的拟合效果，且具有最高的决定系数（R^2=0.77）和 F 值（F=239.35）；其次是 RVI、OSAVI、MTVI2、EVI、GNDVI 和 EVI2。GNDVI 和 EVI2 与 AGB 建立的方程较差，其 R^2 和 F 值分别小于 0.71 和 178.90，表明利用植被指数监测湿渍害胁迫下的油菜地上部分生物量是可靠的。

表 4.6　基于不同植被指数的湿渍害胁迫下油菜地上部分生物量遥感估算模型及其检验

植被指数	模型	回归方程	R^2	F 值	RMSE/(kg/m^2)	RRMSE/%
NDVI	幂回归	$y=6.61x^{5.06}$	0.77**	239.35	0.10	21
	指数回归	$y=0.001e^{9.82x}$	0.76**	228.06	0.11	21
	线性回归	$y=2.95x-1.15$	0.48**	67.52	0.16	32
	对数回归	$y=1.48\ln(x)+1.38$	0.46**	62.18	0.18	36
	二次多项式回归	$y=5.74x^2-3.11x+0.39$	0.50**	35.51	0.13	25
RVI	幂回归	$y=3.88x^{3.43}$	0.74**	211.09	0.12	23
	指数回归	$y=0.01e^{0.93x}$	0.69**	158.87	0.19	37
	线性回归	$y=0.30x-0.62$	0.49**	70.15	0.12	24
	对数回归	$y=1.05\ln(x)-0.86$	0.49**	70.30	0.15	29
	二次多项式回归	$y=-0.04x^2+0.56x-1.08$	0.50**	35.54	0.14	28
OSAVI	幂回归	$y=9.85x^{4.28}$	0.74**	211.56	0.13	25
	指数回归	$y=0.003e^{10.03x}$	0.70**	186.50	0.14	28
	线性回归	$y=2.98x-0.87$	0.45**	58.58	0.16	32
	对数回归	$y=1.23\ln(x)+1.48$	0.44**	56.38	0.18	36
	二次多项式回归	$y=0.25x^2+2.75x-0.82$	0.45**	28.89	0.16	32
MTVI2	幂回归	$y=1.69x^{2.7643}$	0.75**	215.70	0.13	26
	指数回归	$y=0.016e^{11.997x}$	0.69**	164.37	0.17	33
	线性回归	$y=3.64x-0.42$	0.45**	59.61	0.15	30
	对数回归	$y=0.81\ln(x)+1.66$	0.45**	59.16	0.17	34
	二次多项式回归	$y=-6.49x^2+6.78x-0.76$	0.46**	30.43	0.17	33

续表

植被指数	模型	回归方程	R^2	F 值	RMSE/(kg/m²)	RRMSE/%
EVI	幂回归	$y = 6.88x^{3.454}$	0.73**	196.32	0.14	27
	指数回归	$y = 0.008e^{8.73x}$	0.69**	160.96	0.16	32
	线性回归	$y = 2.6x - 0.61$	0.43**	55.10	0.16	32
	对数回归	$y = 0.99\ln(x) + 1.38$	0.43**	54.73	0.18	36
	二次多项式回归	$y = -2.58x^2 + 4.7x - 1.01$	0.44**	27.72	0.18	35
EVI2	幂回归	$y = 1.04x^{3.31}$	0.71**	178.90	0.16	31
	指数回归	$y = 0.009e^{9.63x}$	0.66**	138.60	0.19	38
	线性回归	$y = 2.83x - 0.53$	0.40**	48.46	0.17	33
	对数回归	$y = 0.95\ln(x) + 1.49$	0.41**	50.55	0.18	36
	二次多项式回归	$y = -6.49x^2 + 7.4x - 1.28$	0.42**	26.05	0.19	38
GNDVI	幂回归	$y = 1.59x^{5.95}$	0.59**	107.19	0.21	41
	指数回归	$y = 0.001e^{11.54x}$	0.56**	93.19	0.23	45
	线性回归	$y = 3.05x - 1.1$	0.28**	28.12	0.22	44
	对数回归	$y = 1.57\ln(x) + 1.53$	0.29**	30.03	0.23	45
	二次多项式回归	$y = -13.56x^2 + 16.9x - 4.56$	0.32**	16.61	0.25	50

**表示模型在 0.01 水平上显著相关。

　　图 4.4 为利用幂回归模型建立的基于不同植被指数的油菜地上部分生物量拟合结果,表明幂回归模型能很好地模拟植被指数与生物量直接的关系。在苗期和蕾薹期,植被指数和油菜地上部分生物量都比较低,所有植被指数与油菜地上部分生物量的拟合效果良好,且表现出很强的线性关系。开花期,油菜普遍开花,快速发育,该时期的样本点均匀分布在回归曲线两侧,油菜地上部分生物量在 0.2~0.8kg/m²。在油菜角果期,油菜结出角果,分枝增加,生长快速,该时期样本点分布较离散,油菜地上部分生物量的变化范围较大,在 0.6~1.6kg/m²。当油菜地上部分生物量大于 0.6kg/m²,NDVI 在 0.6 附近时,回归曲线出现饱和趋势。与其他植被指数相比,NDVI 与 AGB 样点的分布更加集中于回归曲线,且在高 AGB 区的饱和现象比其他植被指数更加明显。结合表 4.6 和图 4.4,确定湿渍害胁迫下油菜地上部分生物量最优遥感估算模型为

$$AGB = 6.61NDVI^{5.06} \tag{4.3}$$

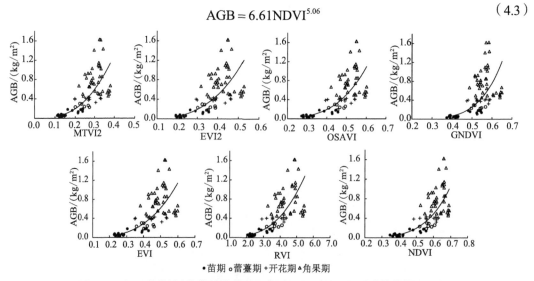

·苗期 ○蕾薹期 +开花期 △角果期

图 4.4　基于不同植被指数的油菜地上部分生物量幂回归遥感估算模型比较

图 4.5 为湿渍害胁迫下的油菜遥感估算 AGB 与实测 AGB 之间的散点图，由图可知，样本均匀分散在 1∶1 线周围，这表明油菜地上部分生物量遥感估算模型的预测效果良好。

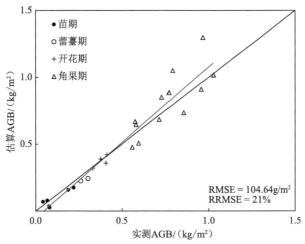

图 4.5　湿渍害胁迫下的油菜遥感估算 AGB 与实测 AGB 之间的散点图

黑色的线为 1∶1 线，红色的实线为回归趋势线

4.3.3　湿渍害胁迫对油菜地上部分生物量的影响分析

为了揭示不同湿渍害水分胁迫对油菜地上部分生物量的影响，图 4.6 给出了不同生育期不同湿渍害水分胁迫处理下估算油菜地上部分生物量的平均值和标准偏差的变化。苗期湿渍害水分胁迫处理从 2015 年 1 月 8～28 日，由图 4.6（a）可以看出，苗期经过 20d 的渍水处理后，油菜地上部分生物量没有出现明显的受害症状，而渍水处理的油菜地上部分生物量比对照要高，究其原因可能是在 2014 年 12 月，试验区域发生了较为严重的干旱，经渍水处理后，油菜受害现象得到缓解，因而油菜地上部分生物量比对照高。淹水处理在 2015 年 2 月 12 日（苗期湿渍害处理结束 15d 后）油菜地上部分生物量明显下降，2015 年 3 月 10 日（苗期湿渍害处理结束 41d 后）湿渍害影响进一步加重；2015 年 4 月 13 日（苗期湿渍害处理结束 75d 后）湿渍害影响最大，之后直至收获，淹水处理表现出一定的恢复，但还是明显小于对照和渍水处理。

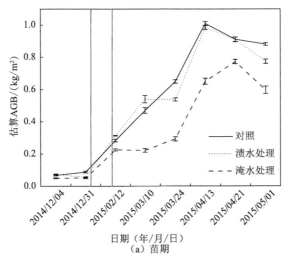

（a）苗期

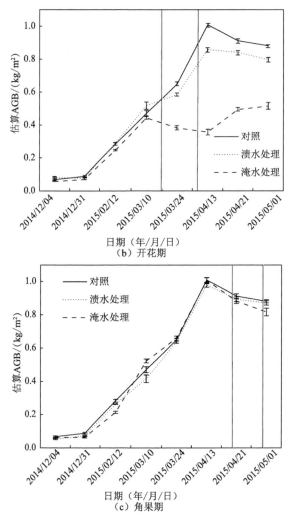

图 4.6　不同湿渍害胁迫下遥感估算的油菜地上部分生物量季节变化
红色的垂直线分别表示三个生育期湿渍害胁迫处理的日期

　　在开花期，湿渍害水分胁迫处理是从 2015 年 3 月 17 日～4 月 5 日进行的。在 2015 年 3 月 24 日（即开花期进行湿渍害处理 7d 后），淹水处理和渍水处理的估算油菜地上部分生物量与对照相比有所下降，在 2015 年 4 月 13 日之后（开花期湿渍害处理结束 7d 后）差异更为明显，且淹水处理的受害程度比渍水处理更为严重。与苗期处理相比，开花期湿渍害处理后的受害症状更加严重[图 4.6（b）]。

　　图 4.6（c）是角果期进行湿渍害处理的结果，经过 2015 年 4 月 21 日～5 月 1 日进行 10d 湿渍害水分胁迫处理，尽管对照、渍水处理和淹水处理在 2015 年 5 月 1 日有相似的油菜地上部分生物量值，仍可看出淹水处理比渍水处理具有较低的油菜地上部分生物量。这些结果表明，NDVI 有效地获得了湿渍害胁迫下油菜生长的时间和空间变异性的特征。

　　总而言之，淹水和渍水处理均减少了油菜地上部分生物量，且淹水处理的受害影响比渍水处理更严重。而且，油菜开花期对湿渍害水分胁迫的敏感性高于苗期和角果期，具体表现为开花期经过 7d 的湿渍害处理地上部分生物量就开始下降，且在 2015 年 5 月 1 日开花期的地上部分生物量均低于苗期和角果期地上部分生物量。

4.3.4　湿渍害胁迫下不同时期油菜地上部分生物量地块尺度遥感制图

为了绘制研究区 2014 年 10 月～2015 年 5 月油菜地上部分生物量季节性生长变化图，作者使用 R^2 最高的油菜地上部分生物量回归模型计算油菜地上部分生物量并制图。从图 4.7 可以观察出，在整个油菜生长季可以用肉眼分辨出湿渍害水分胁迫处理后的田块，尤其是经过淹水处理的田块。除淹水处理田块外，其余渍水处理和对照小区的油菜生长一致性良好，长势较为均一。在 2014 年 12 月 4～31 日，油菜处于苗期的早期，受低温影响，早期油菜地上部分生物量处在极低的水平且均匀而缓慢地增长，直到 2015 年 3 月 24 日，油菜的平均地上部分生物量为 0.45kg/m²，到 2015 年 4 月 13 日迅速增加到最大值，约为 1.2kg/m²，然后在 2015 年 4 月 21 日略有下降。此外，2015 年 3 月 10 日，苗期淹水处理的油菜地上部分生物量在制图中与对照小区表现出很大的差异[图 4.7（d）]。同时，2015 年 4 月 13 日的开花期湿渍害胁迫处理在制图中可以很容易与其他田块区分开来[图 4.7（f）]。

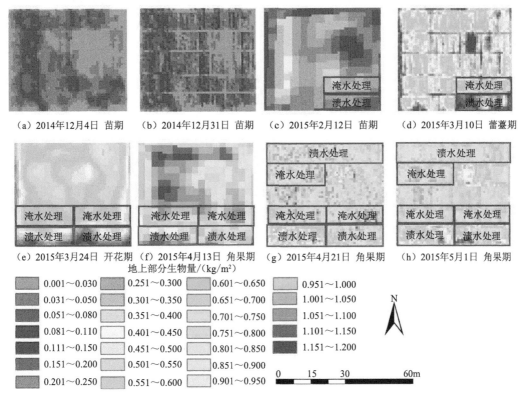

（a）2014年12月4日　苗期　　（b）2014年12月31日　苗期　　（c）2015年2月12日　苗期　　（d）2015年3月10日　蕾薹期

（e）2015年3月24日　开花期　（f）2015年4月13日　角果期　（g）2015年4月21日　角果期　（h）2015年5月1日　角果期

地上部分生物量/(kg/m²)

0.001～0.030	0.251～0.300	0.601～0.650	0.951～1.000
0.031～0.050	0.301～0.350	0.651～0.700	1.001～1.050
0.051～0.080	0.351～0.400	0.701～0.750	1.051～1.100
0.081～0.110	0.401～0.450	0.751～0.800	1.101～1.150
0.111～0.150	0.451～0.500	0.801～0.850	1.151～1.200
0.151～0.200	0.501～0.550	0.851～0.900	
0.201～0.250	0.551～0.600	0.901～0.950	

0　　15　　30　　60m

图 4.7　基于空间分辨率卫星遥感数据的地块尺度湿渍害处理对油菜地上部分生物量时空变化影响
图中未经处理部分即对照小区

总体上看，利用高空间分辨率卫星数据估算的油菜地上部分生物量（图 4.7）与油菜季节性生长获得的照片（图 4.1）比较一致。在油菜早期生长阶段（苗期和蕾薹期），土壤背景对冠层反射率可能有很强的影响。此外，苗期油菜生长缓慢，主要是因为该时期营养生长占优势，其中主要是根、叶等营养器官的生长和分化。在油菜蕾薹期，主茎快速伸长，茎上不断出枝，花芽分化加速。在油菜的开花期和角果期，估算的油菜地上部分生物量略有减少，主要原因是从开花期开始，叶片脱落使得叶片数量减少，叶片叶绿素含量降低，叶片的光合面积减少。虽然该时期绿叶仍然存在，但是它们生长在油菜的下部，被角果遮挡。此外，油菜生育后期，角果快速生长，且位于植株上部，因此，进入传感器视野的大多是油菜角果。虽然角果的快速生长有助于增加同化面积和光合作用，但是角果狭小细长，体积小，重量大，对油菜地上部分生物量的估算了造成很大误差。

4.4 地块尺度湿渍害胁迫对油菜产量影响的遥感评估方法研究

油菜不同生育期发生湿渍害对产量的敏感性不尽相同。朱建强等（2005）进行油菜不同生育阶段持续受渍试验，结果表明，开花期持续受渍对产量影响最大，其次是苗期、蕾薹期和角果期。宋丰萍等（2010）研究发现就产量而言，各生育期对水分的敏感性由大到小依次为：蕾薹期、开花期、苗期、角果期。Jin 等（2015）对 20 个不同油菜品种进行田间试验，来研究湿渍害对开花期油菜的产量和种子质量的影响，结果表明湿渍害能影响油菜的生长发育，造成产量损失，除了油菜株高和千粒重外，其余所有性状均受到湿渍害影响，为不同耐湿品种试验提供数据基础。本节首先分析湿渍害胁迫对油菜产量的影响，其次分析湿渍害胁迫下卫星遥感植被指数的变化情况，最后建立在湿渍害胁迫条件下油菜产量损失与卫星遥感植被指数之间的定量关系。

4.4.1 不同时期湿渍害胁迫对油菜产量的影响

本次研究分析了不同湿渍害水分胁迫处理对油菜苗期、开花期、角果期田间产量的影响（表 4.7）。结果表明，苗期经过 20d 处理后，淹水处理减产 42%，渍水处理减产幅度较小，为 29%。开花期经过 20d 处理后，整体减产幅度比苗期大，淹水处理减产 68%，渍水处理减产幅度小于淹水处理，但也达到了 38%。角果期经过 10d 的湿渍害水分胁迫处理后，淹水处理的减产幅度为 8%，而渍水处理的产量有所增加，与对照相比增加了 5%。究其原因，可能是在角果期（2015 年 4 月 21 日～5 月 1 日）湿渍害处理期间，旬降水量与历史旬平均降水量相比有所减少，处理 10d 内的旬降水距平值为−31.6mm，而且角果期比其他两个时期的处理天数短，渍水处理缓解了长时间高温少雨对油菜产生的影响，所以与对照相比增加了产量。

表 4.7 不同生育期湿渍害处理对冬油菜产量的影响

处理	苗期		开花期		角果期	
	产量/(kg/hm²)	减产率/%	产量/(kg/hm²)	减产率/%	产量/(kg/hm²)	减产率/%
CK	1615.99	—	1615.99	—	1615.99	—
W	1151.28	29	999.25	38	1698.35	−5
F	937.31	42	509.09	68	1489.48	8

注：CK、W、F 分别代表对照、渍水处理、淹水处理。

总而言之，淹水和渍水处理均减少了油菜 AGB 和产量，且淹水处理的受害影响比渍水处理更严重。此外，开花期对湿渍害水分胁迫的敏感性高于苗期和角果期，具体表现为开花期经过 7d 的湿渍害处理 AGB 就开始下降，且在 2015 年 5 月 1 日开花期 AGB 均低于苗期和角果期 AGB。

4.4.2 地块尺度湿渍害胁迫对油菜产量影响的遥感定量评估方法研究

利用三次湿渍害处理获取的 63 个产量单点数据，分析湿渍害胁迫下油菜小区最终产量数据与试验期间 7 景遥感影像分别提取的植被指数数据进行相关性分析，分析结果见表 4.8。结果表明，在苗期湿渍害胁迫处理之前的影像中（2014 年 12 月 31 日），各小区内长势均一，差异不大，植被指数与最终产量之间相关性较弱，相关系数都在 0 左右，并且 7 个植被指数与产量的相关系数都没有通过显著性检验。

表 4.8　全生育期湿渍害胁迫处理后冬油菜产量与植被指数的相关性（$n=63$）

植被指数	日期（年/月/日）						
	2014/12/31	2015/02/12	2015/03/10	2015/03/24	2015/04/13	2015/04/21	2015/05/01
NDVI	−0.018	0.121	0.224	0.504**	0.606**	0.466**	0.426**
EVI	0.058	0.169	0.225	0.500**	0.604**	0.525**	0.485**
RVI	−0.025	0.115	0.209	0.529**	0.616**	0.498**	0.456**
OSAVI	0.008	0.153	0.223	0.502**	0.615**	0.517**	0.469**
MTVI2	0.053	0.194	0.215	0.492**	0.610**	0.549**	0.487**
EVI2	0.030	0.176	0.219	0.497**	0.621**	0.550**	0.498**
GNDVI	−0.071	0.059	0.233	0.511**	0.648**	0.459**	0.469**

**表示收获产量与植被指数在 0.01 水平上极显著相关。

苗期湿渍害处理结束后 15d（2015 年 2 月 12 日）和处理结束后 41d（2015 年 3 月 10 日）的遥感影像计算得到的植被指数与产量也没有显著相关关系，相关系数大致在 0.059～0.233。这可能是在油菜苗期湿渍害处理期间，试验区域发生了较为严重的干旱，渍水处理受干旱影响，并没有表现出明显的湿渍害现象，反而缓解了旱情，长势比对照处理更好，处理小区与对照小区的植被指数的差异不明显，所以与最终产量的相关性较弱。

油菜开花期湿渍害水分胁迫处理时间为 2015 年 3 月 17 日～4 月 5 日。油菜产量与 2015 年 3 月 24 日（开花期进行湿渍害处理 7d 后）、2015 年 4 月 13 日（开花期湿渍害处理结束 7d 后）和 2015 年 4 月 21 日（开花期湿渍害处理结束 16d）影像中的植被指数都通过显著性检验，并与处理后的 2015 年 3 月 24 日影像、2015 年 4 月 13 日影像和 2015 年 4 月 21 日影像极显著性相关。这是开花期湿渍害处理导致油菜产量与这三景影像的植被指数有显著的相关关系，而开花期遭遇较严重湿渍害可能会导致花茎枯萎，败花败果，对油菜长势、产量造成不可逆影响。

在 2015 年 5 月 1 日获取遥感影像时，持续 10d 的湿渍害处理刚刚结束，油菜产量与卫星影像植被指数数据的相关系数均通过显著性检验，此时距开花期处理结束仅有 26d，这可能是开花期和角果期湿渍害处理导致产量与植被指数有极显著性关系。

由表 4.8 可知，与油菜湿渍害胁迫小区最终收获产量有显著相关关系的影像为 2015 年 3 月 24 日、2015 年 4 月 13 日、2015 年 4 月 21 日和 2015 年 5 月 1 日 4 景影像。根据这 4 景影像的植被指数构建基于不同植被指数的产量多元回归模型。选择留一法交叉验证的方式，比较 7 种植被指数估算产量和实测产量的相关系数及均方根误差，选择最优的估算模型进行产量的估算。多元回归结果见表 4.9，结果表明基于 GNDVI 的多元线性回归模型拟合结果最好，R^2 和 F 值均最大，分别为 0.656 和 10.980。然后对基于不同植被指数的产量多元回归模型进行精度验证，验证精度结果表明估算产量和实测产量之间的相关性均通过显著性检验，GNDVI 的精度验证结果最好，估算产量和实测产量之间的相关系数达到 0.656，均方根误差为 90.14kg/hm^2，验证散点图如图 4.8 所示。因此，最优估算模型为基于 GNDVI 的多元线性回归模型，公式如下：

$$\text{yield} = -4392 + 1160\text{GNDVI}_{03/24} + 7277\text{GNDVI}_{04/13} - 6615\text{GNDVI}_{04/21} + 6893\text{GNDVI}_{05/01} \quad (4.4)$$

式中，$\text{GNDVI}_{03/24}$、$\text{GNDVI}_{04/13}$、$\text{GNDVI}_{04/21}$、$\text{GNDVI}_{05/01}$ 分别为 2015 年 3 月 24 日、2015

年 4 月 13 日、2015 年 4 月 21 日、2015 年 5 月 1 日得到的 GNDVI 指数。

表 4.9　湿渍害胁迫下油菜产量与不同时相卫星植被指数的多元线性回归拟合和验证精度

植被指数	拟合精度		验证精度	
	R^2	F 值	R_{CV}	$RMSE_{CV}$ /(kg/hm²)
NDVI	0.637	9.897	0.637**	103.41
RVI	0.633	9.705	0.633**	106.97
EVI2	0.628	9.444	0.628**	113.59
EVI	0.615	8.834	0.615**	112.33
MTVI2	0.631	9.593	0.631**	107.73
GNDVI	0.656	10.980	0.656**	90.14
OSAVI	0.630	9.544	0.630**	99.24

**表示验证相关系数在 0.01 水平上显著相关。

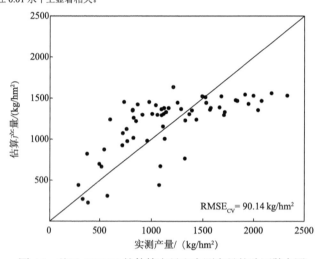

图 4.8　基于 GNDVI 的估算产量和实测产量的验证散点图

选取精度最高的基于 GNDVI 为自变量的多元线性回归估算模型对不同湿渍害小区的产量进行估算，得到湿渍害胁迫小区内的产量空间分布如图 4.9 所示。总体来看，估算产量分布

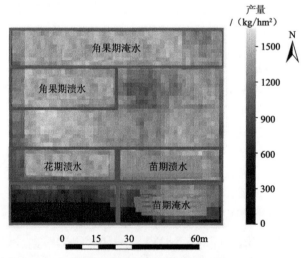

图 4.9　基于空间分辨率卫星遥感数据的地块尺度不同生育时期湿渍害胁迫小区内的产量空间分布
图中未经处理部分即对照小区

图中除淹水处理田块外，其余渍水处理和对照的油菜产量较为一致。苗期淹水处理小区内的产量明显低于对照小区产量，其中淹水处理小区内像元大部分小于 1200kg/hm²，严重区域可低至 600kg/hm² 以下，而对照小区产量大部分分布在 1200～1500kg/hm²。渍水处理小区内的产量和对照小区相近，均在 1200～1500kg/hm²。从开花期湿渍害胁迫处理的结果可以看出，淹水处理和渍水处理小区内的产量都小于对照小区，淹水处理小区内的产量大部分小于 600kg/hm²，而渍水处理小区内的产量略高于淹水处理且产量大部分在 900～1200kg/hm²。对于角果期受湿渍害胁迫处理的小区来说，淹水处理和渍水处理小区受害产量与对照小区差异不明显。

总而言之，淹水和渍水处理均减少了油菜产量，且淹水处理对产量的影响要大于渍水处理。此外，油菜开花期湿渍害水分胁迫处理对产量的影响也高于苗期和角果期，具体表现为开花期湿渍害胁迫后产量明显低于苗期和角果期湿渍害处理。

4.4.3　不同时期湿渍害胁迫下油菜减产率遥感估算模型

为了定量评估油菜不同时期湿渍害胁迫对产量的影响，分别按照式（4.5）和式（4.6）计算不同时期湿渍害胁迫下处理小区和对照小区植被指数之间的变化率和油菜产量的减产率：

$$\Delta VI = \frac{VI_{CK} - VI_{Treatment}}{VI_{CK}} \tag{4.5}$$

式中，VI_{CK} 为对照小区植被指数；$VI_{Treatment}$ 为处理小区植被指数。

$$\Delta yield = \frac{yield_{CK} - yield_{Treatment}}{yield_{CK}} \tag{4.6}$$

式中，$yield_{CK}$ 为对照小区油菜产量；$yield_{Treatment}$ 为处理小区油菜产量。

利用式（4.5）和式（4.6）计算三次湿渍害处理（苗期、开花期和角果期）的减产率和植被变化率，共获取了 54 组减产率单点数据，分析湿渍害胁迫下油菜小区减产率分别与试验期间 7 景遥感影像提取的植被指数变化率之间的相关性，分析结果见表 4.10。结果表明，油菜减产率与 2015 年 3 月 24 日（开花期进行湿渍害处理 7d 后）、2015 年 4 月 13 日（开花期湿渍害处理结束 7d 后）、2015 年 4 月 21 日（开花期湿渍害处理结束 16d）和 2015 年 5 月 1 日（角果期湿渍害处理 10d）影像中的植被指数变化率极显著相关。

表 4.10　湿渍害胁迫下不同时期油菜产量减产率与对应植被指数变化率的相关系数（$n=54$）

ΔVI	日期（年/月/日）						
	2014/12/31	2015/02/12	2015/03/10	2015/03/24	2015/04/13	2015/04/21	2015/05/01
Δ NDVI	0.103	0.134	0.136	0.420**	0.620**	0.446**	0.441**
Δ EVI	0.159	0.150	0.137	0.432**	0.624**	0.512**	0.494**
Δ RVI	0.095	0.126	0.123	0.422**	0.628**	0.483**	0.478**
Δ OSAVI	0.119	0.165	0.133	0.434**	0.630**	0.495**	0.479**
Δ MTVI2	0.150	0.192	0.127	0.439**	0.624**	0.530**	0.495**
Δ EVI2	0.131	0.188	0.128	0.440*	0.637**	0.527**	0.504**
Δ GNDVI	0.049	0.119	0.133	0.422**	0.668**	0.432**	0.485**

*表示收获产量与植被指数在 0.05 水平上显著相关。

**表示收获产量与植被指数在 0.01 水平上极显著相关。

由表 4.10 可知，与油菜湿渍害胁迫小区最终减产率有显著相关关系的影像为 2015 年 3 月

24 日、2015 年 4 月 13 日、2015 年 4 月 21 日和 2015 年 5 月 1 日 4 景影像。分别以这 4 景影像中的植被指数变化率为自变量，利用逐步回归方法，建立多元线性回归模型，定量估算油菜湿渍害减产率。逐步回归结果表明，只有 2015 年 4 月 13 日的 NDVI 和 GNDVI 进入模型，方程见式（4.7），决定系数 R^2 为 0.703，F 值为 24.961。而进行交叉验证得到的模型的验证 R^2_{CV} 为 0.508，$RMSE_{CV}$ 为 0.009。显著性检验表明，模型通过极显著性检验，图 4.10 为其验证散点图。

$$\Delta yield = 9.188GNDVI_{04/13} - 5.169NDVI_{04/13} - 0.170 \qquad （4.7）$$

式中，$NDVI_{04/13}$ 为 2015 年 4 月 13 日得到的 NDVI 指数。

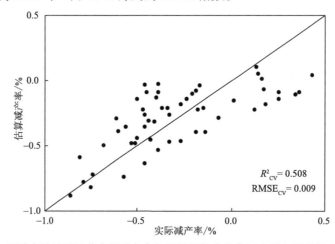

图 4.10　湿渍害胁迫下油菜产量减产率与植被指数变化率逐步回归模型的验证散点图
黑色的线为 1∶1 线

4.5　地块尺度作物湿渍害遥感监测与评估可行性分析

长期以来，由于高空间分辨率卫星具有对不同地物辨别能力强、空间分辨率高、信息精准等特性，有关高分辨率遥感卫星技术及其应用都会涉及国家安全，属于国家的高度机密，多用于获取敌国经济状况、军事情报、空间地理数据等。直至 1999 年美国成功发射了第一颗商业高分辨率遥感卫星 Ikonos，才开启了高空间分辨率卫星的新时代 （金飞，2013）。高空间分辨率卫星所带来的巨大军事优势和经济效益引发了各国的高度重视，各国相继出台相关政策支持高空间分辨率商业遥感卫星发展，促进了这一技术与应用的飞速发展。迄今为止，美国的卫星应用在军事、工业以及遥感产业方面是世界上的主导者，欧洲、以色列、印度、日本等其他地区国家的商业遥感卫星产业也形成了一定竞争力。中国的遥感卫星技术起步较晚，但近年来在民用高空间分辨率遥感卫星技术及商业化应用方面发展迅速。下面将对各国高分辨率商业遥感卫星的现状进行介绍。

4.5.1　美国

美国是高空间分辨率卫星最早投入商业化应用的国家，自 1999 年以来，已经发射的高空间分辨率商业卫星有：Ikonos（1999 年）、QuickBird（2001 年）、OrbView-3（2003 年）、WorldView-1（2007 年）、GeoEye-1（2008 年）、WorldView-2（2009 年）、WorldView-3（2014 年）、WorldView-4

（2016 年）。

Ikonos 卫星由美国空间成像（Spacing Imaging）公司成功发射，是世界上第一颗提供高空间分辨率卫星影像的商业遥感卫星，其全色波段的空间分辨率为 0.82m，多光谱波段的空间分辨率为 3.2m，重访周期为 3d（朱光良，2004）。GeoEye-1 卫星是 Ikonos 的后续卫星，由地球眼（GeoEye）公司[当时名为轨道空间影像（Orbital Space Imaging，ORBIMAGE）公司]研制的，于 2008 年 9 月 6 日在加利福尼亚州范登堡空军基地发射成功的商业高空间分辨率对地成像卫星，该卫星携带高空间分辨率的 CCD 相机，其全色波段范围为 450~800nm，多光谱波段范围为 450~920nm（表 4.11），重访周期为 2.8d，能更好地满足国防、国土安全、能源、城市规划、农业、自然资源和环境监测等领域的要求，是继 Ikonos 和 QuickBird 之后的高分辨率卫星最佳选择之一（张柯南和阚明哲，2010）。QuickBird 卫星由美国数字地球（Digital Globe）公司发射，其成像方式为推扫式成像，条宽为 16.5km，重访周期为 1~3d（赵登蓉和赫晓慧，2009）。OrbView-3 卫星全色分辨率为 1m，多光谱分辨率为 4m，重访周期为 3d，可用于资源探测、农渔业和军事等用途（赵秋艳，2000）。表 4.11 给出了这几种高分辨率商业卫星的主要参数。

表 4.11 Ikonos、QuickBird、OrbView-3、GeoEye-1 卫星主要参数

卫星	Ikonos	QuickBird	OrbView-3	GeoEye-1
国家	美国	美国	美国	美国
发射时间（年/月/日）	1999/09/24	2001/10/18	2003/06/26	2008/09/06
轨道高度/km	681	450	470	684
轨道倾角/(°)	98	97	97	98
轨道类型	太阳同步轨道	太阳同步轨道	太阳同步轨道	太阳同步轨道
重访周期/d	3	1~3	3	2.8
条带宽度/km	11.3	16.5	8	15.2
空间分辨率/m	全色：0.82 多光谱：3.2	全色：0.61 多光谱：2.44	全色：1 多光谱：4	全色：0.41 多光谱：1.65
光谱范围/nm	全色：450~900 蓝：450~520 绿：510~600 红：630~700 近红外：760~850	全色：450~900 蓝：450~520 绿：520~600 红：600~690 近红外：760~900	全色：450~900 蓝：450~520 绿：520~600 红：625~695 近红外：760~900	全色：450~800 蓝：450~510 绿：510~580 红：655~690 近红外：780~920

WorldView 系列卫星由数字地球公司研制，大幅度提高了卫星成像精度（表 4.12）。WorldView-1 卫星采用 BCP-5000 卫星平台，可以单轨立体成像，卫星重访周期 1.7d，但 WorldView-1 卫星仅能提供分辨率为 0.45m 的全色成像（范宁等，2014）。WorldView-2 卫星是数字地球公司在 2009 年 10 月 6 日发射的一颗高空间分辨率商业卫星，在 770 km 高度的太阳同步轨道运行，除具备高空间分辨率遥感影像通常具有的 4 个标准波段外，还新增了 4 个波段，分别为：海岸波段、黄色波段、红边波段和近红外 2 波段（赵莹等，2014）。WorldView-3 卫星，其总光谱波段数量达到 28 个，与 WorldView-2 卫星的 8 个多光谱谱段相比，WorldView-3 卫星额外增加了 8 个短波红外波段和 12 个云、浮质、水汽和冰雪波段（李国元等，2015）。

WorldView-4 卫星（前身为 Geoeye-2 卫星）于 2016 年 11 月 11 日在美国加利福尼亚州范登堡空军基地成功发射。与 2014 年发射的 WorldView-3 卫星相比，WorldView-4 除继承 WorldView-3 的高光学解析度与高几何精度外，还能在更短的时间内获取影像质量，也让拍摄面积更广，每天能采集影像的范围多达 680000km^2。

表 4.12　WorldView 系列卫星的主要参数

卫星	WorldView-1	WorldView-2	WorldView-3	WorldView-4
国家	美国	美国	美国	美国
发射时间（年/月/日）	2007/09/18	2009/10/06	2014/08/13	2016/11/11
轨道高度/km	496	770	617	617
轨道倾角/（°）	98	98	—	—
重访周期/d	1.7	1.1	1	<1
条带宽度/km	17.7	16.4	13.1	13.1
空间分辨率/m	全色：0.45	全色：0.46 多光谱：1.8	全色：0.31 多光谱：1.24	全色：0.31 多光谱：1.24
光谱范围/nm	全色：400～900	全色：450～800 海岸：400～450 蓝：450～510 绿：510～580 黄：585～625 红：630～690 红边：705～745 近红外 1：770～895 近红外 2：860～1040	全色：450～800 海岸：400～450 蓝：450～510 绿：510～580 黄：585～625 红：630～690 红边：705～745 近红外 1：770～895 近红外 2：860～1040 短波红外 1：1195～1225 短波红外 2：1550～1590 短波红外 3：1640～1680 短波红外 4：1710～1750 短波红外 5：2145～2185 短波红外 6：2185～2225 短波红外 7：2235～2285 短波红外 8：2295～2365 沙漠云层：405～420 浮质 1：459～509 绿：525～585 浮质 2：620～670 水 1：845～885 水 2：897～927 水 3：930～965 NDVI-短波红外：1220～1252 卷云：1350～1410 雪：1620～1680 浮质 3：2105～2245 浮质 3：2105～2245	全色：450～800 蓝：450～510 绿：510～580 红：655～690 近红外：780～920

4.5.2 欧洲各国

自美国第一颗高空间分辨率商业遥感卫星 Ikonos 发射成功后，很快在全球范围内掀起了研发商业高空间分辨率卫星的热潮。在对地观测卫星的研究和开发应用方面，法国一直走在世界前端，自 1986 年以来，法国国家太空研究中心（Centre National d'Etudes Spatiales，CNES）先后发射了 7 颗 SPOT 系列卫星。SPOT 系列卫星为太阳同步轨道，通过赤道时刻为地方时 10：30，重访周期为 26d，由于 SPOT 采用倾斜观测，实际上可以对同一地区在 4～5d 内再次观测（刘晓，2010）。目前在轨运行的 SPOT 系列卫星为 SPOT-5、SPOT-6 和 SPOT-7，表 4.13 列出了该系列卫星的一些技术参数。

表 4.13　目前在轨运行的高空间分辨率 SPOT 系列卫星的主要参数

卫星	SPOT-5	SPOT-6、7
所属国家	法国	法国
设计寿命/a	5	10
发射时间（年/月/日）	2002/05/04	2012/09/09、2014/06/30
卫星重量/kg	3000	712
轨道类型	近极地太阳同步轨道	近极地太阳同步轨道
轨道高度/km	832	695
轨道倾角/(°)	98.7	98.2
运行周期/min	101.4	98.79
每天绕地球圈数	14.2	14.6
降交点地方时	10：30	10：30
轨道重访周期/d	26	26
传感器数量/个	2	1
下行速度/Mbps	150	300
条带宽度/km	60	60
空间分辨率/m	全色：2.5 多光谱：10	全色：1.5 多光谱：6
光谱范围/nm	全色：480～710 绿：490～610 红：610～680 近红外：780～890 短波红外：1580～1750	全色：455～745 蓝：455～525 绿：530～590 红：625～695 近红外：760～890

SPOT-5 卫星，采用线性阵列式传感器（CCD）和推扫式扫描技术进行成像，共有 5 个工作波段，多光谱波段包括绿光波段、红光波段、近红外波段和短波红外波段，其中绿光波段、红光波段和近红外波段空间分辨率均为 10m，短波红外波段空间分辨率为 20m，全色波段空间分辨率最高可达 2.5m（梁友嘉和徐中民，2013）。SPOT-6 卫星作为 SPOT-5 的后续卫星，与 Pleiades-1A 卫星在同一轨道平面上，其保留了 SPOT-5 卫星的标志性优势，具有 60km 的幅宽，每日可接收 6000000km² 的图像，且图像为正南北方向，便于进行处理（郭蕾等，2014）。

此外，法国还于 2011 年和 2012 年分别成功发射了 0.5m 分辨率的军民两用 Pleiades 双子星。Pleiades-1A 属于商业卫星，可在纬度高于 40°地区，30°角实现每日重访；在赤道至纬度

40度地区，可两日重访，能够在很短的时间内提供精确的空间信息，空间分辨率为2m，多光谱波段范围在 430~950nm，全色波段范围在 480~830nm，可有效降低近红外波段对全色图像的影响（廖丹等，2014）。Pleiades 卫星日采集约 600 景，其幅宽为 20km，能快速满足地区的超高分辨率数据获取需求 （董芳玢，2016）。Pleiades 卫星的具体波段范围及其他技术参数见表 4.14。

表 4.14　Pleiades-1A 和 RapidEye 卫星的主要参数

卫星	Pleiades-1A	RapidEye
国家	法国	德国
发射时间（年/月/日）	2011/12/17	2008/08/29
轨道高度/km	694	630
轨道倾角/（°）	98.2	97
轨道类型	太阳同步轨道	太阳同步轨道
重访周期/d	1（双星模式）	1
条带宽度/km	20	77
空间分辨率/m	全色：0.5 多光谱：2	多光谱：5
光谱范围/nm	全色：480~830 蓝：430~550 绿：490~610 红：600~720 近红外：750~950	蓝：440~510 绿：520~590 红：630~685 红边：690~730 近红外：760~850

　　为满足商业对地观测卫星的需求，2008 年德国发射了 5 颗由 RapidEye 卫星组成的星座，其均匀分布在一个太阳同步轨道上，轨道高度为 630km，服务寿命为 7 年。RapidEye 卫星装有多光谱成像仪，在 400~850nm 内有 5 个多光谱波段，是世界第一颗提供红边波段的多光谱商业卫星，幅宽为 78km，日覆盖范围 4000000km^2，能实现每天全球重访（祝振江等，2010）。此外，RapidEye 5 个光谱波段的获取方式有助于植被变化、分类和生长状态监测，也适合农林、环境等方面的调查与研究，其具体波段范围及其他技术参数见表 4.14（沈文娟，2014）。

　　俄罗斯在卫星遥感技术上居世界领先地位，为了争夺商业遥感卫星的市场，俄罗斯研发了多种高空间分辨率遥感卫星（史伟国等，2012）。Resurs-DK1 卫星是其于 2006 年 6 月 15 日在拜科努尔发射场由俄罗斯三级 "联盟" 号火箭搭载发射的新一代陆地资源卫星，Resurs-DK1 卫星重 6804kg，卫星轨道位置为远地点 370km、近地点 201km，重访周期为 5~7d，可提供 1 个全色波段和 4 个多光谱波段 （司耀锋和徐恺，2013）。Resurs-P No.1 卫星于 2013 年 6 月 25 日发射升空，重量为 6570kg，是 "资源" 系列 Resurs-DK1 卫星的后继星，轨道高度为 475km，卫星运行寿命设计约为 7 年，含有 1 个全色波段和 5 个多光谱波段（司耀锋和徐恺，2013）。与 Resurs-DK1 不同，Resurs-PNo.1 卫星附有两个附加传感器，分别为幅宽 25km、分辨率为 25m 的高光谱传感器（96 个波段）以及 97~144km 超幅宽、分辨率为 20~120m 的多光谱传感器，Resurs-PNo.1 卫星的工作性能有了明显提升，可提供全色域地球图片和地表红外信息。表 4.15 提供了俄罗斯高分辨率商业卫星的主要参数。

表 4.15　俄罗斯高分辨率商业卫星主要参数

卫星	Resurs-DK1	Resurs-P No.1
国家	俄罗斯	俄罗斯

续表

卫星	Resurs-DK1	Resurs-P No.1
发射时间（年/月/日）	2006/06/15	2013/06/25
轨道高度/km	483	475
轨道倾角/（°）	70	97.28
轨道类型	太阳同步轨道	太阳同步轨道
重访周期/d	5～7	3
条带宽度/km	28～47	38
空间分辨率/m	全色：0.9 多光谱：1.5	全色：0.7 多光谱：3
光谱范围/nm	全色：580～800 绿：500～600 红：600～700 近红外：700～800	全色：500～800 蓝：450～520 绿：520～600 红：610～680 近红外：700～800 红边：820～900

4.5.3 中国

自 1975 年以来，我国已陆续发射了陆地资源、气象、海洋、环境与灾害监测 4 大系列遥感卫星（任晓烨，2013）。至 2016 年，中国已经发射了多颗高空间分辨率、高时间分辨率、高光谱分辨率系列对地观测卫星，覆盖了从全色、多光谱到高光谱，从光学到雷达，从太阳同步轨道到地球同步轨道等多种类型，构成了一个高空间分辨率、高时间分辨率和高光谱分辨率的对地观测系统。其中，高分一号、高分二号、高分三号的具体卫星参数见表 4.16。

高分一号（GF-1）卫星是我国高分专项的第一颗卫星，它配置了 1 台 2m 分辨率全色相机和 1 台 8m 分辨率多光谱相机，4 台 16m 分辨率多光谱宽幅相机，宽幅多光谱相机幅宽达到了 800km，远高于法国发射的 SPOT-6 卫星（王守志等，2016），且其重访周期只有 4d，实现了高空间分辨率和高时间分辨率的完美结合，对测绘、海洋和气象观测、资源监测等方面具有重要作用（程乾等，2015）。高分二号（GF-2）卫星轨道高度为 631km，可对同一地区在 5d 实现重访。GF-2 可获取空间分辨率为 1m 的全色影像和 4m 的多光谱影像，可应用于土地利用、资源环境、农业、防灾减灾等众多领域（刘肖姬等，2015）。高分三号（GF-3）卫星于 2016 年 8 月 10 日在太原卫星发射中心用长征四号丙运载火箭发射成功，是中国首颗分辨率达到 1m 的 C 频段多极化合成孔径雷达（SAR）成像卫星，具有传统的条带、扫描成像模式和聚束、条带、扫描、波浪、全球观测、高低入射角等 12 种成像模式，既可探地，又可观海，可全天候监视监测全球海洋和陆地资源，有力支撑海洋监测、灾害风险预警预报、水资源评价与管理、灾害天气和气候变化预测等应用（云菲，2016）。

表 4.16 中国高分系列卫星的主要参数

卫星	高分一号	高分二号	高分三号
发射时间（年/月/日）	2013/04/26	2014/08/19	2016/08/10
运载火箭	长征二号丁运载火箭	长征四号运载火箭	长征四号丙运载火箭
发射基地	酒泉卫星发射中心	太原卫星发射中心	太原卫星发射中心

续表

卫星	高分一号	高分二号	高分三号
轨道高度/km	645	631	755
轨道倾角/(°)	98.1	97.9	—
轨道类型	太阳同步轨道	太阳同步轨道	太阳同步回归晨昏轨道
重访周期/d	4	5	—
运行周期/d	41	69	—
条带宽度/km	60（两台相机组合）	45（两台相机组合）	—
空间分辨率/m	全色：2 多光谱：8	全色：1 多光谱：4	— —
光谱范围/nm	全色：450～900 蓝：450～520 绿：520～590 红：630～690 近红外：770～890	全色：450～900 蓝：450～520 绿：520～590 红：630～690 近红外：770～890	— — — — —

　　除了高分系列卫星，资源卫星也为中国高分辨率卫星的发展奠定了重要基础（表4.17）。资源一号 02C（ZY-1 02C）卫星于 2011 年发射成功，其搭载两台 HR 相机，空间分辨率为 2.36m，两台拼接的幅宽达到 54km；搭载的全色及多光谱相机空间分辨率分别为 5m 和 10m，幅宽为 60km，可应用于国土资源调查与监测、防灾减灾、农林水利、生态环境、国家重大工程等领域（张学文等，2014）。资源三号（ZY-3）卫星搭载了 4 台光学相机，具备立体测绘和资源调查两种观测模式，定位精度高，重访周期为 3～5d，包括一台地面分辨率 2.1m 的正视全色 TDI CCD 相机、两台地面分辨率为 3.5m 的前视和后视全色 TDI CCD 相机、一台地面分辨率 5.8m 的正视多光谱相机，数据主要用于地形图制图、高程建模以及资源调查等（闫利等，2015）。

表 4.17　中国资源系列卫星的主要参数

卫星	资源一号 02C	资源三号
发射时间（年/月/日）	2011/12/22	2012/01/09
运载火箭	长征四号乙（CZ-4B）运载火箭	长征四号乙运载火箭
发射基地	太原卫星发射中心	太原卫星发射中心
卫星重量/kg	1500	2630
轨道高度/km	780	505.984
轨道倾角/(°)	98.5	97.421
轨道类型	太阳同步轨道	太阳同步轨道
重访周期/d	3～5	3～5
降交点地方时	10：30	10：30
交点周期/min	100.38	97.716
运行周期/d	55	59
条带宽度/km	60（两台相机组合）	前视、后视相机：52 正视相机：50 多光谱相机：52
空间分辨率/m	全色：5 多光谱：10	前视、后视相机：3.5 正视相机：2.1 多光谱相机：5.8

续表

卫星	资源一号 02C	资源三号
光谱范围/nm	全色：510~850 绿：520~590 红：630~690 近红外：770~890	前视、后视、正视相机：500~800 蓝：450~520 绿：520~590 红：630~690 近红外：770~890

天绘一号 01 星（Mapping Satellite-1）是中国第一颗传输型立体测绘卫星，集成了 3 台 5m 空间分辨率全色测绘相机，1 台 10m 空间分辨率 4 波段多光谱相机，1 台 2m 空间分辨率全色相机，既能获取三维地理信息，又能获取蓝、绿、红和近红外 4 波段多光谱影像，在 500km 的太阳同步轨道上，实现了 2m 的高地面像元空间分辨率、单台相机地面覆盖宽度达 60km（黄鹤等，2013）。天绘一号 02 星于 2012 年成功发射，其卫星参数与天绘一号 01 星基本一致（表 4.18）。天绘一号 02 星和天绘一号 01 星双星影像经无缝拼接后，测绘覆盖宽可达到 110km，极大地提高了测绘效率和几何控制能力，加快了测绘区域影像获取速度。这是中国航天领域的重大突破，对促进中国测绘事业的发展具有里程碑意义，为中国后续航天测绘卫星的发展奠定了坚实基础（尹明等，2012）。

表 4.18　天绘一号卫星的主要参数

卫星	天绘一号 01 星	天绘一号 02 星
发射时间（年/月/日）	2010/08/24	2012/05/06
运载火箭	长征二号丁运载火箭	长征二号丁运载火箭
发射基地	酒泉卫星发射中心	酒泉卫星发射中心
卫星重量/kg	1000	1000
轨道高度/km	500	500
轨道倾角/（°）	97.3	97.3
轨道类型	太阳同步轨道	太阳同步轨道
重访周期/d	1（最短）	1（最短）
降交点地方时	13：30	13：30
摄影覆盖范围	南北纬 80°之间	南北纬 80°之间
运行周期/d	58	58
条带宽度/km	60	60
空间分辨率/m	全色：2 三线阵全色：5 多光谱：10	全色：2 三线阵全色：5 多光谱：10
光谱范围/nm	全色：510~690 蓝：430~520 绿：520~590 红：630~690 近红外：760~900	全色：510~690 蓝：430~520 绿：520~590 红：630~690 近红外：760~900

北京一号卫星由中国和英国合作制造完成，于 2005 年 10 月 27 日在俄罗斯普列谢茨克

（Plesetsk）卫星发射场成功发射（童庆禧和卫征，2007）。北京二号星座，全称为"北京二号"民用商业遥感小卫星星座（DMC3）于2015年7月11日在印度孟加拉湾的斯里赫里戈达岛搭载极地轨道卫星运载火箭（PSLV）发射（刘韬，2015）。其由三颗分辨率为1m的全色、4m的多光谱光学遥感卫星组成，卫星参数见表4.19，可提供覆盖全球、空间和时间分辨率俱佳的遥感卫星数据和空间信息产品，为国土资源管理、农业资源调查、生态环境监测、城市综合应用等领域提供空间信息支持（陈磊，2015）。

表4.19　中国北京一号、北京二号、高景一号卫星的主要参数

卫星	北京一号	北京二号星座	高景一号01星、02星
发射时间（年/月/日）	2005/10/27	2015/07/11	2016/12/28
运载火箭	—	极地轨道运载火箭	长征二号丁运载火箭
发射基地	普列谢茨克卫星发射场	斯里赫里戈达岛	太原卫星发射中心
卫星重量/kg	166.4	447	560
轨道高度/km	686	647	530
轨道倾角/（°）	98.17	97.8	—
轨道类型	三轴稳定太阳同步轨道	太阳同步轨道	太阳同步轨道
重访周期/d	多光谱：3~5；全色：5~7	1	4
幅宽/km	600	23	12
空间分辨率/m	全色：4 多光谱：32	全色：1 多光谱：4	全色：0.5 多光谱：2
光谱范围/nm	全色：500~800 — 绿：520~605 红：630~690 近红外：760~900	—	全色：450~890 蓝：450~520 绿：520~590 红：630~690 近红外：770~890

　　高景一号（SuperView-1）01星和02星于2016年12月28日以双星的方式发射成功，其空间分辨率为0.5m，卫星参数见表4.19，打破了国外对0.5m空间分辨率级商业遥感数据的垄断，标志着国产商业遥感数据水平正式迈入国际一流行列。高景一号具有星下点成像、侧摆成像、连续条带、多条带拼接、立体成像、多目标成像等多种工作模式，是国内首个具备高敏捷、多模式成像能力的商业卫星星座，适用于高精度地图制作、变化监测和影像深度分析（崔恩慧，2017）。

　　吉林一号商业卫星于2015年10月7日发射升空，是中国第一套自主研发的商用遥感卫星星座，包括1颗光学遥感卫星、2颗视频卫星和1颗技术验证卫星。其中，吉林一号光学A星是我国首颗自主研发的高分辨率对地观测光学遥感卫星，具备常规推扫、大角度侧摆、同轨立体、多条带拼接等多种成像模式，可为国土资源监测、矿产资源开发、智慧城市建设、交通设施监测、农业估产、生态环境监测、防灾减灾等领域提供数据支持；吉林一号视频星可为森林湿地资源调查监测、灾害监测等业务方向提供全方位、高动态的卫星影像和遥感视频新体验。吉林一号灵巧成像星主要开展多模式成像技术试验验证（付毅飞和贾婧，2015），吉林一号卫星的主要参数见表 4.20。

表 4.20　中国吉林一号卫星的主要参数

卫星	吉林一号 光学 A 星	吉林一号 视频 01、02 星	吉林一号 视频 03 星	吉林一号 灵巧成像星
发射时间（年/月/日）	2015/10/07	2015/10/07	2017/01/09	2015/10/07
运载火箭	长征二号丁运载火箭	长征二号丁运载火箭	通用型运载火箭	长征二号丁运载火箭
发射基地	酒泉卫星发射中心	酒泉卫星发射中心	酒泉卫星发射中心	酒泉卫星发射中心
卫星重量/kg	430	95	148	55
轨道高度/km	650	650	535	650
轨道倾角/(°)	98	98	98	—
轨道类型	太阳同步轨道	太阳同步轨道	太阳同步轨道	太阳同步轨道
幅宽/km	11.6	—	11	—
空间分辨率/m	全色：0.72 多光谱：2.88	星下点成像最高分辨率：1.13	多光谱：0.92	—
光谱范围/nm	全色：480～800 蓝：450～520 绿：520～600 红：630～690	扩展波段 1：430～730	蓝：430～512 绿：489～585 红：580～720 彩色波段：430～720	—

4.5.4　其他国家

除了美国、欧洲各国、中国以外，其他国家如以色列、印度、日本、韩国等国家也积极发展并成功发射了高空间分辨率卫星。以色列分别于 2000 年和 2006 年发射了第一颗、第二颗地球资源观测卫星 EROS-A 和 EROS-B，两颗卫星形成了高空间分辨率卫星星座，由于两颗卫星影像获取时间不同，从而提高了获取目标影像的能力和频率（梁松，2010）。EROS-A 卫星提供标准成像模式和条带模式，可应用于灾害、生态、工业、农业等的规划与监测。EROS-B 是在 EROS-A 的基础上设计的，是一颗提供 0.7m 高空间分辨率的遥感卫星，采用 TDI 技术，主要应用在测绘、城建规划、灾害评估、环境监测、军事侦察等方面（陈国良等，2011）。有关 EROS-A 卫星和 EROS-B 卫星的参数见表 4.21。

Ofeq 9 是 Ofeq 系列侦察卫星的一部分，于 2010 年 6 月 22 日搭载 Shavit-2 运载火箭在以色列帕尔马奇姆空军基地成功发射，其安装了高分辨率摄像头，可获得 0.7m 的高分辨率全色影像（佚名，2010）。Ofeq 10 侦察卫星于 2014 年 4 月 9 日在以色列的空军试验靶场发射，由 Shavit-2 运载火箭发射，卫星重 400kg，采用合成孔径雷达（SAR）技术，可提供 0.5m 的高分辨率全色影像，并能在全天候的条件下运行（庞之浩，2005）。有关 Ofeq 9 卫星和 Ofeq 10 卫星的参数见表 4.21。

表 4.21　以色列高分辨率商业卫星主要参数

卫星	EROS-A	EROS-B	Ofeq 9	Ofeq 10
国家	以色列	以色列	以色列	以色列
发射时间（年/月/日）	2000/12/05	2006/04/25	2010/06/22	2014/04/09
运载火箭	Start-1 运载火箭	Start-1 运载火箭	Shavit-2 运载火箭	Shavit-2 运载火箭
卫星重量/kg	250	350	300	400
轨道高度/km	480	500	500	600
轨道类型	太阳同步轨道	太阳同步轨道	太阳同步轨道	太阳同步轨道
重访周期/d	5	5	—	—
空间分辨率/m	全色：1.8	全色：0.7	全色：0.7	全色：0.5
光谱范围/nm	全色：500～900	全色：500～900	全色：450～900	全色：450～900

　　IRS-P5 又称 Cartosat-1，是印度政府在 2005 年 5 月 5 日发射，主要用于立体测图的卫星，也是全球第一颗专业测图卫星，其搭载两个分辨率为 2.5m 全色传感器，最快重访周期可达 5d，数据主要用于地形图制图、高程建模、地籍制图以及资源调查等（李中洲，2012）。IRS-P5 卫星的主要参数见表 4.22。

　　日本的 ALOS（Advanced Land Observing Satellite）于 2006 年 1 月 24 日发射，是 JERS-1 与 ADEOS 的后继星（张力和袁枫，2009）。ALOS 载有三种传感器：2.5m 空间分辨率全色传感器——全色立体测绘仪（PRISM）、10m 空间分辨率高性能可见光与近红外传感器-2（AVNIR-2）和相控阵型 L 波段合成孔径雷达（PALSAR），可用于制图、区域观测、灾害监测和资源调查等用途（张力和袁枫，2009）。ALOS-1 卫星已经于 2011 年 4 月失效，其主要参数见表 4.22。

表 4.22　IRS-P5 和 ALOS-1 卫星的主要参数

卫星	IRS-P5	ALOS-1
国家	印度	日本
发射时间（年/月/日）	2005/05/05	2006/01/24
轨道高度/km	618	691
轨道倾角/（°）	97.87	98.16
轨道类型	太阳同步轨道	太阳同步轨道
重访周期/d	5	2
空间分辨率/m	全色：2.5	全色：2.5 多光谱：10
光谱范围/nm	全色：500～850	全色：520～770 蓝：420～500 绿：520～600 红：610～690 近红外：760～890

　　近年来，韩国通过吸收引进国外先进遥感技术，推动对地观测卫星迅速发展（史伟国等，2012）。韩国航空宇宙研究院（Korea Aerospace Research Institute，KARI）研制了阿里郎卫星

（Korea Multi-Purpose Satellite，KOMPSAT）（史伟国等，2012）。有关 KOMPSAT 的参数见表 4.23。

表 4.23　KOMPSAT 的主要参数

卫星	KOMPSAT-2	KOMPSAT-3
国家	韩国	韩国
发射时间（年/月/日）	2006/07/28	2012/05/17
卫星类型	对地观测	对地观测
轨道高度/km	685	685
轨道倾角/（°）	98.13	98
轨道类型	太阳同步轨道	太阳同步轨道
运行周期/min	98.46	98.5
重访周期/d	3	—
幅宽/km	15	15
空间分辨率/m	全色：1 多光谱：4	全色：0.7 多光谱：2.8
光谱范围/nm	全色：450～900 蓝：450～520 绿：520～600 红：630～690 近红外：760～900	全色：450～900 蓝：450～520 绿：520～600 红：630～690 近红外：760～900

KOMPSAT-1 发射于 1999 年，全色分辨率约 6m，目前已失效。KOMPSAT-2 于 2006 年 7 月 28 日在俄罗斯普列谢茨克发射成功，可提供 1m 分辨率全色影像以及 4m 分辨率多光谱影像，对于地面勘测极具意义，也为韩国航天科技的发展奠定了坚实的基础（夏光，2005）。

KOMPSAT-3 是韩国发射的第三颗多用途卫星，该卫星重 980kg，直径 2m，长 3.5m，用于接替 KOMPSAT-2 号卫星执行高分辨率成像和测绘任务，是一台高分辨率推扫成像仪，分辨率为全色波段 0.7m，多光谱波段 2.8m，主要用于全色和多光谱制图及灾害监测（祁首冰，2015）。

作者在布置田间试验前，与相关卫星遥感公司洽谈编程购买高空间的卫星遥感数据时，希望能每 10d 编程购买一景研究区高空间分辨率卫星数据，但由于轨道原因，只能签订每个月一景的合同，即使如此，在试验过程中也有两个月没有接收到数据。在本书的试验进行或结束后至本书完稿时，更多的高空间分辨率卫星发射成功，如 2016 年 9 月 26 日 DigitalGlobe 公司发射了 WorldView-4，其全色波段的空间分辨率为 0.31m，多光谱波段的空间分辨率为 1.24m。由中国科学院长春光学精密机械与物理研究所、吉林省中小企业和民营经济发展基金管理中心等 5 个股东单位和 34 名自然人组建的长光卫星技术有限公司于 2015 年 10 月 7 日成功发射吉林一号，吉林一号卫星包括 1 颗光学遥感卫星、2 颗视频卫星和 1 颗技术验证卫星，其中吉林一号光学 A 星的地面像元空间分辨率，全色波段为 0.72m、多光谱波段为 2.88m。二十一世纪空间技术应用股份有限公司的北京二号星座由三颗高空间分辨率卫星组成，于 2015 年 7 月 11 日发射成功，这三颗卫星的空间分辨率，全色波段为 1m、多光谱波段为 4m，可提供覆盖全球、空间和时间分辨率俱佳的遥感卫星数据和空间信息产品。这些高空间分辨率卫星的发射，增加了获取高空间分辨率卫星的可能性，也就是增加了地块尺度油菜湿渍害监测的可行性。

4.6　小　结

　　本章的研究目的在于揭示利用高空间分辨率卫星进行油菜湿渍害监测的可行性，试验区域总面积约为10000m²，东西长约108m，南北长约94m，试验田共划分为30个小区，每个小区大小约为18m×18m。分别在油菜苗期、开花期进行20d的不同湿渍害水分胁迫处理，开展湿渍害胁迫下星地同步观测试验，获取湿渍害胁迫下油菜的叶面积指数、地上部分生物量、产量及其对应的高空间分辨率卫星遥感数据。利用星地同步观测试验获取的数据，采用不同植被指数建立湿渍害胁迫条件下油菜叶面积指数和地上部分生物量卫星遥感估算模型，结果表明，所有模型都通过显著性检验，利用最优模型进行遥感制图，不但能反映地块尺度油菜叶面积指数和地上部分生物量的季节变化，而且能很好地反映湿渍害处理对油菜叶面积指数和地上部分生物量的影响，实现了地块尺度油菜湿渍害遥感监测。利用多时相高空间分辨率卫星数据，突破了地块尺度湿渍害胁迫下油菜产量遥感定量估算和损失定量评估难题，建立了定量估算模型。

参 考 文 献

陈国良, 汪云甲, 田丰. 2011. 基于EROS-B影像更新矿区大比例尺地形图的方法与精度评价. 测绘通报, (12): 9-11, 43.

陈磊. 2015-07-12. "北京二号"遥感卫星星座发射成功. 科技日报, 001.

程乾, 刘波, 李婷, 等. 2015. 基于高分1号杭州湾河口悬浮泥沙浓度遥感反演模型构建及应用. 海洋环境科学, (4): 558-563, 577.

崔恩慧. 2017. 高景一号成功发射我国首颗中学生科普小卫星搭载发射. 中国航天, (1): 22.

董芳玢. 2016. 基于高分遥感的高标准基本农田信息快速监测研究. 中国地质大学(北京)硕士学位论文.

范宁, 祖家国, 杨文涛, 等. 2014. WorldView系列卫星设计状态分析与启示. 航天器环境工程, (3): 337-342.

付毅飞, 贾婧. 2015-10-20. 揭秘"吉林一号"组星. 科技日报, 001.

郭蕾, 杨冀红, 史良树, 等. 2014. SPOT6遥感图像融合方法比较研究. 国土资源遥感, (4): 71-77.

黄鹤, 冯毅, 张萌, 等. 2013. 天绘一号卫星影像的融合及评价研究. 测绘通报, (1): 6-9.

黄敬峰, 桑长青, 冯振武, 等. 1993. 天山北坡中段天然草场牧草产量遥感动态监测模式. 自然资源学报, 8(1): 10-17.

金飞. 2013. 基于纹理特征的遥感影像居民地提取技术研究. 解放军信息工程大学博士学位论文.

李国元, 胡芬, 张重阳, 等. 2015. WorldView-3卫星成像模式介绍及数据质量初步评价. 测绘通报, (S2): 11-16.

李鑫龙. 2014. 基于地面实测光谱矿区土壤重金属元素含量反演研究. 吉林大学硕士学位论文.

李艳芳, 王生. 2010. 高分辨率遥感影像在公安行业的应用分析. 杭州: 第十七届中国遥感大会.

李中洲. 2012. 基于立体像对的正射影像制作关键技术研究. 中国石油大学（华东）硕士学位论文.

梁友嘉, 徐中民. 2013. 基于SPOT-5卫星影像的灌区作物识别. 草业科学, 30(2): 161-167.

梁松. 2010. 城市规划动态监管卫星遥感关键技术研究. 中国矿业大学（北京）博士学位论文.

廖丹, 王永东, 李天坤, 等. 2014. Pleiades-1卫星影像的图像融合方法研究. 测绘与空间地理信息, (8): 59-63.

刘超. 2013. 内蒙古阿拉善东南部地区近二十年来植被覆盖度及生态环境研究. 中国地质大学（北京）硕士学位论文.

刘韬. 2015. 北京2号卫星星座. 卫星应用, (8): 67.

刘肖姬, 梁树能, 吴小娟, 等. 2015. "高分二号"卫星数据遥感滑坡灾害识别研究——以云南东川为例. 航天返回与遥感, (4): 93-100.

刘晓. 2010. 基于RS/GIS的长角坝乡土地利用/覆被变化及其驱动力研究. 西北农林科技大学硕士学位论文.

马尚杰, 裴志远, 汪庆发, 等. 2011. 基于多时相环境星数据的甘蔗收割过程遥感监测. 农业工程学报, （3）:

215-219.

庞之浩. 2005. 以色列航天发展概览. 国防科技, (1): 49-54.

彭代亮, 黄敬峰, 孙华生, 等. 2010. 基于 Terra 与 AquaMODIS 增强型植被指数的县级水稻总产遥感估算. 中国水稻科学, (5): 516-522.

祁首冰. 2015. 韩国遥感卫星系统发展及应用现状. 卫星应用, (3): 52-56.

任安才. 2008. 基于 TM 影像的川西北理塘草地生物量与植被指数关系研究. 四川农业大学硕士学位论文.

任晓烨. 2013. 中国遥感——天地间奏风云乐章. 中国测绘, (2): 18-19.

沈文娟. 2014. 南方人工林森林干扰和恢复遥感监测研究. 南京林业大学硕士学位论文.

施英妮, 石立坚, 夏明, 等. 2012. HJ-1A/1B 星 CCD 传感器数据在黄东海浒苔监测中的应用. 遥感信息, (2): 47-50.

史伟国, 周立民, 靳颖. 2012. 全球高分辨率商业遥感卫星的现状与发展. 卫星应用, (3): 43-50.

司耀锋, 徐恺. 2013. 俄罗斯发射新一代光学遥感卫星资源-P1. 国际太空, (8): 41-45.

宋丰萍, 胡立勇, 周广生, 等. 2010. 渍水时间对油菜生长及产量的影响. 作物学报, 31(1): 170-176.

童庆禧, 卫征. 2007. 北京一号小卫星及其数据应用. 航天器工程, (2): 1-5, 87.

王守志, 邢立新, 杨爱霞, 等. 2016. Landsat8 数据与 GF-1 数据提取铁染蚀变信息的对比分析. 安徽农业科学, (9): 284-287.

夏光. 2005. 2005 年世界航天活动计划. 国际太空, (3): 4-8.

夏双, 阮仁宗, 颜梅春, 等. 2012. 洪泽湖湿地类型变化分析. 南京林业大学学报(自然科学版), (1): 38-42.

闫利, 马振玲, 王琼洁, 等. 2015. 利用空三定位网进行光学卫星影像几何定位. 武汉大学学报(信息科学版), (7): 938-942.

尹明. 2012-12-27. "天绘一号"组网运行. 解放军报, 012.

佚名. 2010. 以色列成功发射地平线-9 间谍卫星. 航天器工程, (4): 104.

云菲. 2016. 高分三号卫星. 卫星应用, (8): 82.

张柯南, 阚明哲. 2010. GeoEye-1 卫星简介及其遥感影像处理技术实践. 城市勘测, (3): 80-81.

张力, 袁枫. 2009. 光学航天传感器几何建模与 DEM 生成新进展. 地理信息世界, (2): 53-62, 71.

张微, 杨金中, 王晓红. 2009. 基于特征地貌类型的湖州市第四纪地质遥感信息提取方法探讨. 国土资源遥感, (3): 45-48.

张学文, 韩启金, 王爱春, 等. 2014. 资源一号 02CPMS 传感器在轨场地绝对辐射定标研究. 大气与环境光学学报, (1): 43-49.

张正杨, 马新明, 贾方方, 等. 2012. 烟草叶面积指数的高光谱估算模型. 生态学报, (1): 168-175.

赵登蓉, 赫晓慧. 2009. 基于 ER Mapper 软件的 QuickBird 卫星影像处理实践. 地理空间信息, (2): 129-131.

赵秋艳. 2000. Orbview 系列卫星介绍. 航天返回与遥感, (2): 23-28, 33.

赵莹, 王环, 方圆. 2014. 基于 WorldView-2 的遥感影像预处理. 测绘与空间地理信息, (6): 165-167, 170.

郑腾飞, 于鑫, 包云轩. 2014. 多角度高光谱对光化学反射植被指数估算光能利用率的影响探究. 热带气象学报, (3): 577-584.

朱光良. 2004. IKONOS 等高分辨率遥感技术的发展与应用分析. 地球信息科学, (3): 108-110.

朱建强, 程伦国, 吴立仁, 等. 2005. 油菜持续受渍试验研究. 农业工程学报, 21(13): 63-67.

祝振江, 周英杰, 周萍, 等. 2010. RapidEye 卫星遥感影像几何精度的实验分析. 中南林业科技大学学报, 30(4): 107-111, 126.

Anaya J A, Chuvieco E, Palacios-Orueta A. 2009. Aboveground biomass assessment in Colombia: A remote sensing approach. Forest Ecology and Management, 257(4): 1237-1246.

Darvishzadeh R, Skidmore A, Atzberger C, et al. 2008. Estimation of vegetation LAI from hyperspectral reflectance data: Effects of soil type and plant architecture. International Journal of Applied Earth Observation and Geoinformation, 10(3): 358-373.

Eckert S. 2012. Improved forest biomass and carbon estimations using texture measures from WorldView-2 satellite data. Remote Sensing, 4(4): 810-829.

Gitelson A A, Kaufman Y J, Merzlyak M N. 1996. Use of a green channel in remote sensing of global vegetation from EOS-MODIS. Remote Sensing of Environment, 58(3): 289-298.

Haboudane D, Miller J R, Pattey E, et al. 2004. Hyperspectral vegetation indices and novel algorithms for predicting green LAI of crop canopies: Modeling and validation in the context of precision agriculture. Remote Sensing of Environment, 90(3): 337-352.

Hansen P M, Schjoerring J K. 2003. Reflectance measurement of canopy biomass and nitrogen status in wheat crops using normalized difference vegetation indices and partial least squares regression. Remote Sensing of Environment, 86(4): 542-553.

Huete A R, Liu H Q, Batchily K V, et al. 1997. A comparison of vegetation indices over a global set of TM images for EOS-MODIS. Remote Sensing of Environment, 59(3): 440-451.

Ji L, Peters A J. 2007. Performance evaluation of spectral vegetation indices using a statistical sensitivity function. Remote Sensing of Environment, 106(1): 59-65.

Jiang Z, Huete A R, Didan K, et al. 2008. Development of a two-band enhanced vegetation index without a blue band. Remote Sensing of Environment, 112(10): 3833-3845.

Jin X, Yang G, Xu X, et al. 2015. Combined multi-temporal optical and radar parameters for estimating LAI and Biomass in winter wheat using HJ and RADARSAR-2 data. Remote Sensing, 7(10): 13251-13272.

Kross A, McNairn H, Lapen D, et al. 2015. Assessment of RapidEye vegetation indices for estimation of leaf area index and biomass in corn and soybean crops. International Journal of Applied Earth Observation and Geoinformation, 34: 235-248.

Plummer S E. 2000. Perspectives on combining ecological process models and remotely sensed data. Ecological Modelling, 129(2): 169-186.

Rondeaux G, Steven M, Baret F. 1996. Optimization of soil-adjusted vegetation indices. Remote Sensing of Environment, 55(2): 95-107.

Roumenina E, Kazandjiev V, Dimitrov P, et al. 2013. Validation of LAI and assessment of winter wheat status using spectral data and vegetation indices from SPOT VEGETATION and simulated PROBA-V images. International journal of remote sensing, 34(8): 2888-2904.

Shanahan J F, Schepers J S, Francis D D, et al. 2001. Use of Remote-Sensing Imagery to Estimate Corn Grain Yield. Agronomy Journal, 93(3): 583-589.

Soudani K, François C, Le Maire G, et al. 2006. Comparative analysis of IKONOS, SPOT, and ETM+ data for leaf area index estimation in temperate coniferous and deciduous forest stands. Remote Sensing of Environment, 102(1): 161-175.

Tucker C J. 1979. Red and photographic infrared linear combinations for monitoring vegetation. Remote sensing of Environment, 8(2): 127-150.

Wang A, Chen J, Jing C, et al. 2015. Monitoring the Invasion of Spartina alterniflora from 1993 to 2014 with Landsat TM and SPOT 6 Satellite Data in Yueqing Bay, China. PloS one, 10(8): e0135538.

Wang F, Huang J, Wang Y, et al. 2013. Monitoring nitrogen concentration of oilseed rape from hyperspectral data using radial basis function. International Journal of Digital Earth, 6(6): 550-562.

Wang F, Huang J, Tang Y, et al.2007. New vegetation index and its application in estimating leaf area index of rice. Rice Science, 14(3), 195-203.

White J D, Running S W, Nemani R, et al.1997. Measurement and remote sensing of LAI in Rocky Mountain montane ecosystems. Canadian Journal of Forest Research, 27(11): 1714-1727.

Xu J, Huang J. 2008.Empirical line method using spectrally stable targets to calibrate IKONOS imagery. Pedosphere, 18(1): 124-130.

第 5 章　基于多源降水数据融合的作物湿渍害监测方法研究

降水量是作物湿渍害监测、预报和损失评估最关键的气象指标之一，传统的利用降水数据进行作物湿渍害监测主要是依据国家级地面气象观测站的资料，但站点分布稀疏；区域自动气象站的建设及投入使用，使气象站点的密度加大，但其数据质量、稳定性及其在湿渍害监测及损失评估的应用水平有待进一步研究（隋学艳等，2014）。随着科学技术的发展，许多国家陆续发射了一系列对地观测卫星，尤其是美国的热带降雨测量任务（tropical rainfall measuring mission, TRMM），开启了利用主动遥感反演降水的时代（Kummerow et al.，1998），该任务采用多传感器联合反演降水技术生产 3h、逐日和月降水产品。因此，本章首先利用不同地物MODIS、NDVI 的季节变化特征，研究提取的冬小麦和油菜种植面积的方法，确定区域湿渍害监测、预报、损失评估中承灾体的范围；然后结合地面雨量计观测和卫星反演降水产品各自的优势，构建降水信息融合的定量模型，确定降雨量观测与卫星反演降水信息的最佳融合方法，获取高质量、高时空分辨率的降水数据；最后利用星地降水融合数据和 MODIS 数据提取的冬小麦和油菜种植面积，结合湿渍害指标，对长江中下游地区冬作物湿渍害进行动态监测。

5.1　基于 MODIS-NDVI 时间序列的研究区冬小麦和油菜面积提取方法研究

作物种植区域信息是湿渍害遥感监测及其在此基础上采取有效的防灾减灾措施，确保粮食高产、稳产，保障农民收入的重要基础信息。由于农作物的生长有着明显而特别的季节性特征，利用不同作物物候及生长发育在时间序列上反映出的植被指数特征进行作物信息识别成为农作物面积提取的一种重要方式（黄敬峰等，2013）。通过分析冬小麦和油菜的物候历、生育期及生长状态与植被指数的对应关系，利用 MODIS-NDVI 时间序列数据获取冬小麦和油菜种植面积空间信息。根据文献记录（刘志雄和肖莺，2012；盛绍学等，2009；张浩等，2015）及实地调查情况，2001 年、2002 年、2003 年、2010 年、2013 年和 2014 年是研究区 2001～2014 年湿渍害发生较为明显的年份。因此，提取这 6 年湖北省、安徽省和江苏省三省冬小麦和油菜种植面积，为研究区冬小麦和油菜湿渍害监测提供基础数据。

5.1.1　MODIS 数据及预处理

考虑到研究区范围较大，综合目前中低空间分辨率传感器的数据特点、时间序列及数据获取的可行性，选择 MODIS 数据作为本节获取冬小麦和油菜分布的遥感数据源。MODIS 是搭载在 Terra 和 Aqua 卫星平台上的主要光学传感器，具有 36 个光谱通道，光谱范围覆盖 0.620～14.385μm。卫星轨道高度约 705km，双星共同观测，一天可以获取 4 条过境轨道资料。MODIS 陆地工作组提供一系列的 MODIS 产品，产品数据按照 1200km×1200km 进行分幅发布，存储格式为 HDF，投影采用等面积的正弦曲线投影（sinusoidal projection）方式。

本节使用的 MODIS 土地覆盖类型产品（MCD12Q1）和 Terra/MODIS 陆地产品 MOD13Q1

可以从美国国家航空航天局（National Aeronautics and Space Administration，NASA）网站（https://ladsweb.modaps.eosdis.nasa.gov/，2019/06/18）免费下载。MCD12Q1 数据产品空间分辨为 500m，是结合每年 Terra 和 Aqua 观测数据处理得到的，其土地覆盖类型包含了 5 种分类方案，分别为国际地圈生物圈计划（International Geosphere-Biosphere Programme，IGBP）土地覆盖分类方案、马里兰大学（University of Maryland, UMD）土地覆盖分类方案、基于 MODIS 提取叶面积指数/光合有效辐射分量（LAI/FPAR）土地覆盖分类方案、基于 MODIS 提取净第一生产力（NPP）的土地覆盖分类方案、植被功能型（PFT）土地覆盖分类方案。本节选择 IGBP 分类方案，主要包括水体、常绿针叶林、常绿阔叶林、落叶针叶林、落叶阔叶林、混交林、郁闭灌丛、稀疏灌丛、热带稀树草原、稀树草原、草原、农田、城市建设用地、冰雪覆盖地、裸地或低植被覆盖地。根据土地覆盖分类数据，结合 Google Earth 及国家级农业气象试验站选取研究区 2001～2013 年典型地物样本，用于分析典型地物植被指数的季节变化特征。

MOD13Q1 是经过最大值合成法（MVC）合成的 16d 植被指数数据产品，包括 NDVI 和 EVI，空间分辨率为 250m，主要利用其 NDVI 数据。覆盖整个湖北省、安徽省和江苏省范围的 MODIS 影像包括 h27v05、h26v06、h28v05 和 h28v06，首先利用 MODIS 数据投影转换工具 MRT 对数据进行影像拼接、投影和定标处理，并采用最邻近插值法将其转换为 UTM WGS-84 投影坐标，转换的同时分离出各个年份 MCD12Q1 的 type1 层土地覆盖分类数据（即 IGBP 分类方案数据）和 MOD13Q1 产品中的 NDVI 层数据产品供提取冬小麦和油菜面积使用；然后用 ENVI 的波段计算工具把 NDVI 值换算到正常取值范围 0～1。

5.1.2　冬小麦和油菜 NDVI 季节变化特征分析

受传感器噪声、太阳高度角、云污染、气溶胶和土壤背景等因素的干扰，MOD13Q1 产品虽然用了最大值合成法对 16d 的 NDVI 数据进行了最大值合成，在一定程度上去除了这些因素对数据的影响，但是合成的 NDVI 数据仍然存在异常点的波动变化，不利于判别分析作物的生长状态。因此，在使用 MOD13Q1 数据进行冬小麦和油菜种植面积提取之前，需要对 MODIS-NDVI 时间序列数据进行重新构建或平滑处理，通过对合成数据的噪声去除，重新构建高质量的 NDVI 时间序列曲线图。目前植被指数时间序列滤波去除噪声方法已有多种，常用的有 Savizky-Golay（S-G）滤波法、非对称高斯滤波（A-G）、双逻辑调和函数滤波（D-L）、傅里叶（HANTS）谐波 4 种方法，本节采用 Savizky-Golay 滤波法重构研究区 MODIS-NDVI 时间序列。

Savizky-Golay 滤波法是由 Savizky 和 Golay 于 1964 年提出的一种基于最小二乘法的卷积算法。该算法可以被简单地理解成一种权重滑动平均滤波，其权重大小取决于滤波窗口内的最小二乘法拟合多项式。拟合时偏离曲线一定范围的点被排除，不参与拟合，这样有效地控制了噪声点对拟合曲线的影响，保证了拟合曲线真值性。S-G 滤波算法模型表示为

$$Y_j^* = \frac{\sum_{i=-m}^{m} C_i Y_{j+i}}{N} \tag{5.1}$$

式中，Y_j^* 为平滑后对应原始时间序列序数为 j 的 NDVI 值；C_i 为从滤波窗口首部开始第 i 个 NDVI 值的权值；N 为滤波器的长度，等于滑动数组的宽度（$2m+1$）；m 为半个滤波窗口的宽

度；Y_{j+i} 为原始时间序列序数为 $j+i$ 的 NDVI 值。

　　S-G 滤波法通过模拟研究对象整个时序数据，来获得数据的长时间变化趋势，再通过局部循环 S-G 滤波法拟合最佳点数据，使拟合后的数据尽可能接近于时序的上包络线。S-G 滤波方法重构 NDVI 时间序列曲线数据时，有两个关键参量：一是滑动窗口的大小，二是平滑多项式的阶数。若滤波窗口大小设置过于偏小，会保留过多冗余数据，难以反映时序数据的长期变化趋势；反之，容易弱化细节上的正确信息。运用 S-G 滤波法时需要经过大量实验确定参数，来达到想要的预期结果。考虑到油菜开花期通常只持续一个多月的时间，为了尽可能保持原始 NDVI 数据在开花期有所下降的特征，将 S-G 滤波的平滑窗口半宽度设置为 2，并采用两次多项式拟合。图 5.1 为 S-G 滤波前后像元 NDVI 时间序列曲线示意图，可以看出利用 S-G 滤波对原始 NDVI 数据进行时间序列重构后，基本保持原始曲线特征。

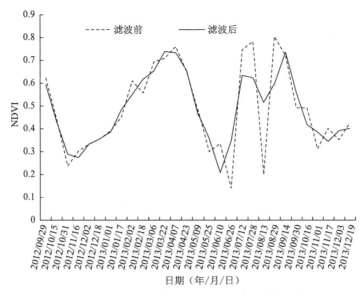

图 5.1　S-G 滤波前后像元 NDVI 时间序列曲线示意图

　　利用 Google Earth 平台，并结合 MODIS 土地利用覆盖分类数据、农作物物候信息和农作物气象台站数据等信息，获取研究区典型地物样本，提取样本点在重建 NDVI 时序数据中的变化曲线，并剔除异常曲线，选取最优曲线进行冬小麦和油菜种植面积的识别。

　　图 5.2 显示了湖北省 2012～2013 年冬小麦和油菜生育期内各种典型地物 NDVI 时间序列变化特征曲线。由于冬小麦和油菜播种与收割时间不一，所选 MODIS 数据时间范围要比冬小麦和油菜生长期范围稍长（从上一年 10 月～当年 6 月共 18 景影像）。由图 5.2 可以看出水体的 NDVI 时间序列曲线与其他地物类型 NDVI 时间序列曲线有明显差异，其 NDVI 值小于 0；城镇的 NDVI 值也较小，在整个冬作物生长季变化非常平缓，在 2013 年 4～6 月有所上升；林地的 NDVI 曲线呈中间低两头高的特点，冬季由于叶片脱落，NDVI 值降低，2013 年春季开始上升并在 5～6 月达到最高值，与同时间耕地在收割后 NDVI 值降低形成波谷的变化趋势有较明显差异；在冬季未种植耕地上，其 NDVI 值在冬季最小（通常低于 0.3）且明显低于种有冬作物耕地的 NDVI 值，开春后植被开始生长，NDVI 逐渐上升。油菜和冬小麦的 NDVI 曲线变化趋势基本一致，冬前生长阶段，NDVI 曲线平缓上升；2013 年 1～2 月处于越冬期，油菜和冬小麦由于温度低，生长缓慢且有时停止生长，NDVI 变化很小；2013 年 3～4 月返青

后，油菜和冬小麦均快速生长，NDVI 曲线迅速上升；2013 年 4~5 月为成熟期，群体变黄，NDVI 曲线开始下降。根据这些特征信息，本节首先识别与农作物具有显著可分性的水体、林地和城镇，并将这些地物掩膜掉，之后进一步识别冬作物，最后在所识别的冬作物的基础上着重区分冬小麦和油菜。

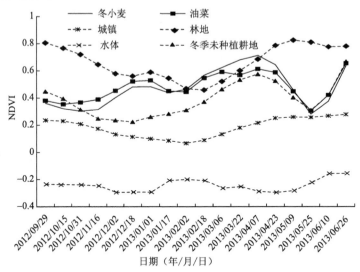

图 5.2　湖北省 2012~2013 年冬小麦和油菜生育期典型地物 NDVI 曲线

图 5.3 显示了安徽省 2012~2013 年冬小麦和油菜生育期内其 NDVI 曲线。与湖北省的冬小麦和油菜 NDVI 曲线（图 5.2）相似，2012 年冬季油菜的 NDVI 高于冬小麦的 NDVI；在 2013 年 3 月中旬之后，油菜进入开花期，NDVI 值有所下降，冬小麦的 NDVI 值明显高于油菜的 NDVI 值，所以 3 月中、下旬是识别冬小麦和油菜的最佳时相。

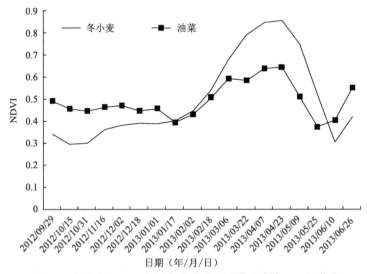

图 5.3　安徽省 2012~2013 年冬小麦和油菜生育期 NDVI 曲线

5.1.3　基于不同地物 NDVI 季节变化特征的冬小麦和油菜种植区域提取方法研究

根据 5.1.2 节分析的 2012~2013 年冬小麦和油菜 NDVI 曲线特征，建立决策树分类模型如图 5.4 所示，并采用以下规则来识别冬小麦和油菜种植区域。

（1）水体、林地、城镇等非耕地区域的提取：在冬作物整个生育期中，水体的 NDVI 值小于 0，城镇的 NDVI 值不大于 0.4，林地在 5～6 月冬作物收割、秋收作物种植的时间阶段生长旺盛，具有较高的 NDVI 值，因此将满足 $NDVI_{max} \leqslant 0.4$ 条件的像元判定为城镇或水体，满足 $NDVI_{05/09} > 0.6$ 且 $NDVI_{05/25} > 0.6$ 且 $NDVI_{06/10} > 0.6$ 的像元判定为林地，其余像元判定为耕地。

（2）越冬作物的识别：越冬作物在冬前缓慢生长，其 NDVI 值比冬季未种植的耕地高，有 $\min(NDVI_{12/02}, NDVI_{12/18}, NDVI_{01/01}, NDVI_{01/17}) > 0.35$；在 3～4 月生长旺盛，有 $(NDVI_{03/22} + NDVI_{04/07} + NDVI_{04/23})/3 > 0.5$ 或 $(NDVI_{04/07} + NDVI_{04/23} + NDVI_{05/09})/3 > 0.5$；在 5～6 月成熟收获时期 NDVI 值下降，有 $NDVI_{04/07} > \min(NDVI_{05/09}, NDVI_{05/25}, NDVI_{06/10})$ 且 $\min(NDVI_{05/09}, NDVI_{05/25}, NDVI_{06/10}) < 0.35$。将同时满足以上阈值条件的像元判定为越冬作物。

（3）区分冬小麦和油菜：根据在油菜开花期其 NDVI 值有所下降且低于冬小麦的 NDVI 值，将满足 $(NDVI_{04/07} + NDVI_{04/23} + NDVI_{05/09})/3 > 0.55$ 且 $NDVI_{04/07} - NDVI_{03/22} > 0.06$ 或 $NDVI_{04/23} - NDVI_{04/07} > 0.06$ 阈值条件的像元判定为冬小麦，余下的为油菜。

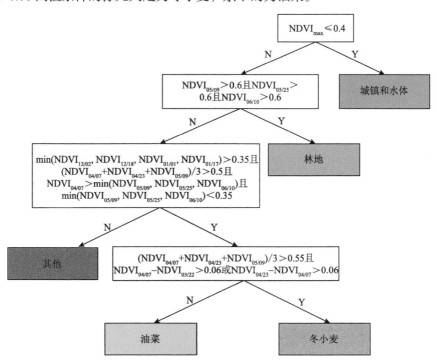

图 5.4　基于 MODIS-NDVI 时间序列的研究区 2012～2013 年冬小麦和油菜面积提取决策树分类模型
N 为不满足，Y 为满足

利用上述的识别方法，作者提取了湖北省、安徽省和江苏省 2001 年、2002 年、2003 年、2010 年、2013 年和 2014 年冬小麦和油菜的种植面积，并利用国家统计局公布的统计年鉴作物面积数据对其进行精度验证，具体结果如图 5.5 所示，可以看出，本节所采用的方法总体能够得到比较满意的效果，与统计资料的三省冬小麦和油菜种植面积相比较，其值都在 1:1 线附近；与统计资料比较，利用 MODIS 数据估算的 2001 年、2002 年、2003 年、2010 年、2013 年和 2014 年研究区冬小麦种植面积相对误差不超过±5%，油菜相对误差在−7%～5%。

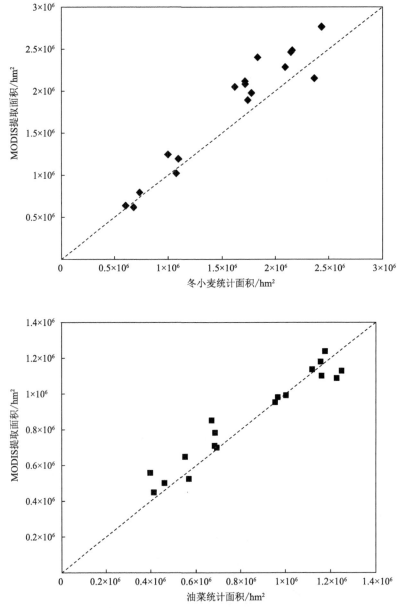

图 5.5　湖北省、安徽省和江苏省 2001 年、2002 年、2003 年、2010 年、2013 年和 2014 年冬小麦和油菜 MODIS
提取面积与统计面积比较
虚线为 1∶1 线

　　图 5.6 显示了提取的 2001 年、2002 年、2003 年、2010 年、2013 年和 2014 年冬小麦和油菜的空间分布，可知冬小麦主要集中分布在湖北省沿江平原区、安徽省北部及江苏省长江以北的大部分地区；油菜主要集中分布在湖北省沿江平原区，2001～2003 年安徽省淮河以南地区和江苏省长江以南地区有较多分布，而在 2010 年、2013 年和 2014 年分布明显较少。山区地形崎岖，地块比较小，冬小麦和油菜的分布通常也比较分散，利用 250m 分辨率的 NDVI 数据很难被识别出来，因此在山区对冬小麦和油菜的提取通常会存在比较明显的低估，而在冬小麦和油菜集中种植的区域会存在高估现象，这是因为在这些区域对于混合部分其他地物的像元往往表现出跟冬小麦或油菜类似的特征信息。

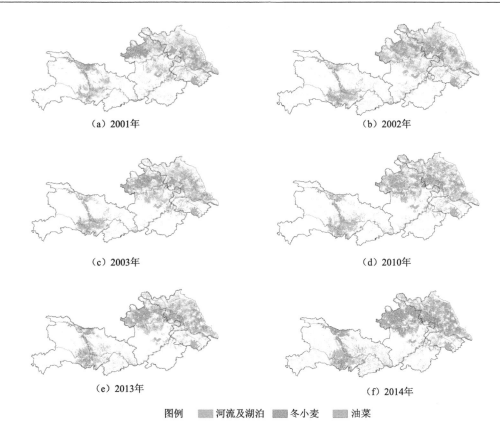

(a) 2001年　　　　　　　　　　　　　　　　(b) 2002年

(c) 2003年　　　　　　　　　　　　　　　　(d) 2010年

(e) 2013年　　　　　　　　　　　　　　　　(f) 2014年

图例　████河流及湖泊　████冬小麦　████油菜

图 5.6　基于 MODIS 数据提取的湖北省、安徽省和江苏省 2001 年、2002 年、2003 年、2010 年、
2013 年和 2014 年冬小麦和油菜空间分布图

5.2　基于国家级地面气象站与 TRMM 降水数据融合的作物湿渍害监测方法

国家级地面气象站的地面降水数据具有时间序列长、观测精度高、质量控制严格等优势，但获取的是"观测点"上的降水量，且观测成本高、劳动强度大，受成本及地形的影响，雨量计的空间分布及其覆盖范围有限，不能充分反映降水的空间分布（Legates and Willmott，1990；Sieck et al.，2007；吴风波和汤剑平，2011；韦芬芬等，2013）。与地面观测降水方法相比，卫星反演降水资料具有全天候、全覆盖的优势，能够比较准确地反映降水的时空分布特征。但卫星反演降水本质上属于间接观测手段，受反演算法、地形及电磁信号与云之间关系等因素的影响，其产品仍然存在很大的不确定性（Xie and Arkin，1997；Kidd et al.，2003；Aghakouchak et al.，2011；Chen et al.，2013；Adhikary et al.，2015）。鉴于各类观测资料各自所具备的优缺点，综合各个数据源的优势以得到高质量的降水产品，目前主流的做法是将高分辨率卫星反演的降水资料与地面站点观测降水资料进行融合（Xie and Arkin，1997；Lu et al.，2004）。本节分别采用地理差值分析法（geographical difference analysis, GDA）（Cheema and Bastiaanssen，2012）、回归克里金法（regression Kriging, RK）（Hengl et al.，2004）、地理加权回归法（geographically weighted regression，GWR）和地理加权回归克里金法（geographically weighted regression Kriging，GWRK）（Fotheringham et al.，2002；Kumar et al.，2012）进行雨量计和卫星反演降水数据的融合，以普通克里金插值法（ordinary Kriging，OK）为基准，对融合结果进行分析，选取最佳融

合方法，获取高质量、高时空分辨率的研究区旬降水空间分布信息。

5.2.1　降水数据源介绍

TRMM 是由 NASA 地球科学部和日本宇宙开发事业团（National Space Development Agency, NASDA）联合开展的热带降雨测量任务。TRMM 卫星于 1997 年 11 月 27 日在日本种子岛宇宙中心成功发射，轨道为圆形，初始高度为 350km，倾角 35º，覆盖全球 50ºS～50ºN、180ºW～80ºE 以内的区域。为了延长 TRMM 卫星的使用年限，2001 年 8 月 TRMM 卫星的轨道高度被调整升高至 402.5km。TRMM 卫星搭载了 5 种传感器，分别是：可见光和红外扫描仪（visible and infrared scanner, VIRS）、微波成像仪（TRMM microwave imager, TMI）、测雨雷达（precipitation radar, PR）、云和地球辐射能量系统探测器（clouds and the earth's radiant energy sensor, CERES）及闪电成像传感器（lighting imaging sensor, LIS）。其中 VIRS、TMI 和 PR 是 TRMM 卫星降水测量的基本仪器，三种仪器相互补充、共同进行降水探测。VIRS 共有 5 个通道，依次是可见光、近红外、中红外和两个远红外波段，主要用于提供高分辨率的云类型、云覆盖和云顶温度；TMI 有 5 个频率 9 个通道，频率分别为 10.65GHz、19.35GHz、21GHz、37GHz 和 85.5GHz，与美国国防气象卫星 DMSP 上的 SSM/I 仪器相近，主要用于提供集成降水系列内容、云中液态水、降雨类型和强度等信息；PR 是第一部星载雷达，工作频率为 13.8GHz，PR 能提供 20km 高度范围内的降水三维结构，包括雨区分布、降水类型、降水强度和风暴强度等信息。NASA 官方网站从 1998 年 5 月开始提供 TRMM 降水系列产品，资料分为 4 级，包括从原始的回波资料（0 级）到降水资料的时空平均值产品（3 级），其在国内外许多地区都得到了应用，并取得了较好的效果。

本节使用的 TRMM 3B42 日降水数据是 TRMM 3 级产品数据，由 TRMM 卫星与其他卫星联合反演而得，它结合了 2B31、2A12、微波成像专用传感器 SSM/I、高级微波扫描辐射计 AMSR、高级微波探测器 AMSU 等多种高质量的降水评估算法，并对地球同步红外观测系统获取的红外辐射资料进行了校准。TRMM 3B42 算法的目的是产生最优降水率（mm/h），由两个独立的步骤组成：第一步使用 TRMM VIRS 和 TMI 轨道数据（TRMM 产品 1B01 和 2A12）以及每月 TMI/TRMM 组合仪器（TCI）校准参数（TRMM 产品 3B31）产生每月 IR[①]校准参数；第二步使用这些衍生的每月 IR 校准参数来调整合并的 IR 降水数据，其由 GMS、GOES-E、GOES-W、Meteosat-7、Meteosat-5 和 NOAA-12 数据组成。最后的格网降水产品具有 3h 时间分辨率和 $0.25º \times 0.25º$ 的空间分辨率，覆盖全球 50ºS～50ºN。

使用的气象站点资料包括 1972～2014 年江苏省、安徽省、湖北省三个省 203 个国家级地面气象观测站日降水观测资料，分别由安徽省气象信息中心、湖北省气象信息与技术保障中心、江苏省气象信息中心提供，其空间分布如图 5.7 所示，其中湖北省共有 67 个站点，安徽省共有 76 个站点，江苏省共有 60 个站点。可以看出湖北省的站点分布尤其是西部比安徽省和江苏省要少。

对基于国家级地面气象观测站观测降水数据与 TRMM 反演降水数据的融合结果，采用交叉验证的方式进行验证，将国家级地面气象观测站（203 个）平均分为 10 份，每一份约为 20 个站点，每次用其中的 1 份用于验证，剩余的 9 份作为训练样本进行插值或者融合。为了保证所抽取的站点在整个研究区范围内大致均匀分布，通过 K 均值聚类算法，将所有常规站分为 20 类，

---

① 红外辐射（infrared radiation）。

再从每类中不重复随机抽取 1 个站点，组成融合模型的 20 个实测验证站点，剩余站点作为训练样本进行插值或者融合，这样重复 10 次，保证几乎所有站点都被选择过作为融合验证点。采用的精度评价统计指标包括均方根误差（RMSE）、平均偏差（BIAS）和相关系数（R）。

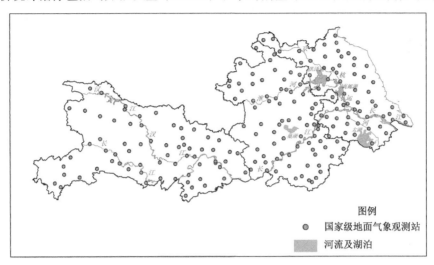

图 5.7　研究区国家级地面气象观测站空间分布

5.2.2　基于国家级地面气象站资料的站点冬小麦湿渍害发生年份

为了初步了解研究区 1972～2014 年冬小麦湿渍害发生情况，在基于融合降水数据进行监测前，利用国家级地面气象观测站的气象资料，根据国家气象行业标准《冬小麦、油菜涝渍等级》（QX/T 107—2009），计算研究区 203 个台站在 1972～2014 年冬小麦整个生长季内各旬降水量、降水日数和日照时数，依据该行业标准涝渍指数的计算公式计算各台站 Q_w 值，并按湿渍害等级判定标准分析 1972～2014 年各站点所在区域湿渍害情况。从图 5.8 的统计结果看，1972～1977 年、1980～1998 年湿渍害发生最为频繁，2004～2014 年湿渍害的发生有所减弱；1978年、1979 年、2005 年和 2006 年发生湿渍害的区域最少，中度及以上湿渍害的年份主要有 1973年、1974 年、1977 年、1984 年、1985 年、1986 年、1988 年、1991 年、1992 年、1993 年、1996年、1998 年、2002 年、2003 年和 2010 年，大部分年份轻度湿渍害的比例比中度及以上湿渍

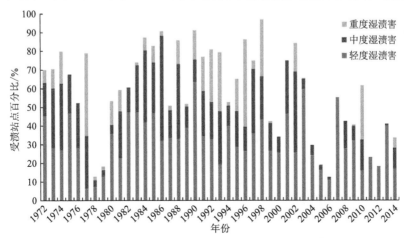

图 5.8　1972～2014 年湖北省、安徽省和江苏省轻度、中度、重度湿渍害发生站点百分比

害的比例要多，约 85%的湿渍害都发生在春季。

　　图 5.9 是基于国家级地面气象观测站点监测的 2001～2014 年研究区湿渍害分布，可以看出 2001～2014 年每年都有不同程度的湿渍害发生，其中 2001 年、2002 年、2003 年和 2010 年湿渍害情况比其他年份严重。2001 年除安徽省最北部及江苏省中部和北部没有发生湿渍害外，其他大部分地区发生了轻度及中度湿渍害，中度湿渍害主要分布在湖北省除东南部的大部分地区及安徽省江淮之间；2002 年以中度和重度湿渍害为主，除江苏省北部大部分站点和安徽省北部的部分站点未发生湿渍害外，其他站点均有湿渍害发生；2003 年以轻度湿渍害为主，主要分布在湖北省、安徽省淮河以南及江苏省南部等地；2004 年主要在安徽省淮河以南地区、湖北省北部等地发生轻度及中度湿渍害；2005 年和 2006 年发生湿渍害的站点较少，主要在湖北省西部、南部及北部的局部地区有分布；2007 年在湖北省西南部和东南部、安徽省淮河以南及江苏省南部发生了轻度湿渍害；2008 年在湖北省中部和南部、安徽省和江苏省南部发生了不同程度的湿渍害；2009 年在湖北省发生轻度及以上湿渍害，安徽省北部及沿江地区发生了轻度湿渍害；2010 年较为严重，湖北省普遍发生了重度湿渍害，安徽省和江苏省淮河以南地区发生了轻度及中度湿渍害；2011 年在湖北省南部发生了轻度湿渍害；2012 年湿渍害较轻，主要在湖北省西部、安徽省南部分布有轻度湿渍害；2013 年主要在湖北省西南部和东部、安徽省和江苏省南部分布有轻度湿渍害；2014 年发生了轻度及以上湿渍害，集中分布在湖北省、安徽省和江苏省的南部。由于降水的时空变化比较大，气象台站观测降水只能反映观测点及邻近区域一定范围

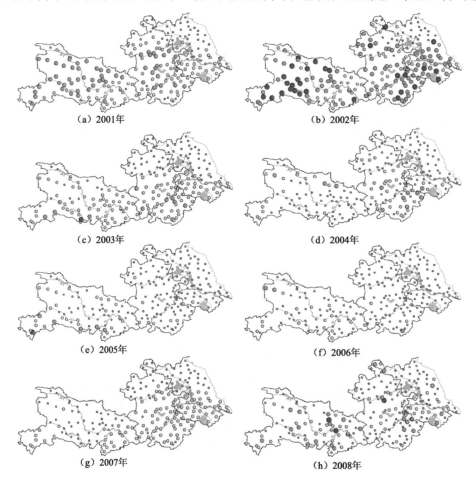

　　　　　（a）2001 年　　　　　　　　　　　　　　（b）2002 年

　　　　　（c）2003 年　　　　　　　　　　　　　　（d）2004 年

　　　　　（e）2005 年　　　　　　　　　　　　　　（f）2006 年

　　　　　（g）2007 年　　　　　　　　　　　　　　（h）2008 年

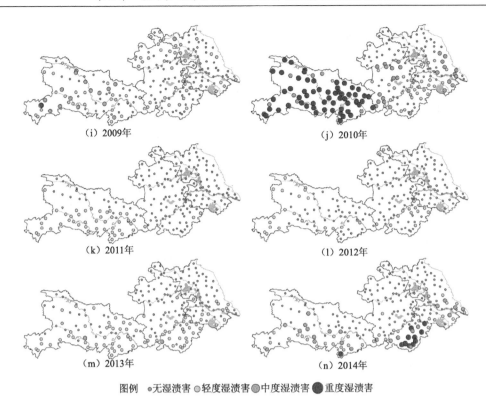

（i）2009年　　　　　　　　　　　　　　　（j）2010年

（k）2011年　　　　　　　　　　　　　　　（l）2012年

（m）2013年　　　　　　　　　　　　　　　（n）2014年

图例　●无湿渍害 ○轻度湿渍害 ◎中度湿渍害 ●重度湿渍害

图 5.9　基于国家级地面气象观测站点监测的 2001～2014 年研究区湿渍害分布

内的降水，因此基于降水和日照时数计算的 Q_w 值，也只能反映单点及邻接有限范围的湿渍害状况，所以，还需要进一步利用遥感资料确定作物种植区域才能准确监测湿渍害的发生面积。

5.2.3　国家级地面气象站与 TRMM 降水数据融合方法研究

基于地理差值分析法（GDA）、回归克里金法（RK）和地理加权回归克里金法（GWRK）3 种数据融合分析方法，利用 TRMM 3B42 卫星降水产品和研究区 203 个国家级地面气象观测站的降水观测资料，对 3 种融合方法在 1998～2014 年长江中下游地区旬降雨估计中的应用效果展开初步评估和分析。

在地面观测降水与卫星反演降水融合中，卫星反演降水空间上连续且覆盖率高，通常设为背景场，前人的研究一般直接将卫星数据与地面观测降水进行融合。但是 TRMM 3B42 降水数据的空间分辨率为 0.25°×0.25°，是面降水量，而地面观测降水代表的是观测点上及邻近一定范围内的降水，两种降水数据源存在尺度不匹配的问题。同时，如果直接使用原始分辨率的卫星降水数据进行融合，生成 1km×1km 融合数据，其空间分辨率比原始卫星降水产品高出许多，这样融合的降水数据会在原始卫星降水数据栅格单元的边界产生明显的不连续现象（Li and Shao, 2010）。因此，作者首先采用面点克里金法（Kyriakidis, 2004; Kyriakidis and Yoo, 2005）将原始空间分辨率的卫星降水数据插值到 1km，之后再结合地面观测降水进行融合。

考虑地理因子对降水空间分布的影响，在采用回归克里金法和地理加权回归克里金法融合中，以地面站点观测降水作为因变量，以站点对应插值后的 TRMM 降水、经纬度、海拔、坡度和坡向作为协变量进行多元回归或地理加权回归。然而，使用所有地理因子作为协变量并不一定会让预测结果改善，一些辅助变量可能与目标变量之间的相关性很小，放入回归中反而可能会降低回归精度。同时不同时段影响降水的因子也会有所不同，因此，采用逐步回归方法对每旬降水进行分析，获取各旬对降水影响显著的变量进行融合分析。表 5.1 列出了 2013 年 3～5 月旬降水协变量。

表 5.1　长江中下游地区 RK 和 GWRK 降水信息融合模型 2013 年 3～5 月协变量示例

2013 年	3 月			4 月			5 月		
	上旬	中旬	下旬	上旬	中旬	下旬	上旬	中旬	下旬
协变量	TRMM、λ、φ、A	TRMM、λ、φ、H	TRMM、λ、φ、H、S、A	TRMM、H	TRMM、λ、φ、H	TRMM、λ、φ、A	TRMM、λ、φ、A	TRMM、λ、φ、A	TRMM、H

注：TRMM 表示 TRMM 卫星反演降水量，λ 表示经度，φ 表示纬度，H 表示海拔，S 和 A 分别表示坡度和坡向。

采用文中所述的 4 种融合方案进行星地多源降水数据旬尺度的融合，同时利用普通克里金插值法对 203 个台站的旬降水进行插值，获取长江中下游地区 1998～2014 年旬降水空间估计作为比较。表 5.2、表 5.3 和表 5.4 分别列出了研究区 1998～2014 年 TRMM 3B42 合成旬降水数据、普通克里金插值法估计降水量及不同融合方案融合结果的均方根误差（RMSE）、平均偏差（BIAS）和相关系数（R）统计，结果表明相比原始 TRMM 反演降水数据，普通克里金插值法和其他 4 种融合方案对旬降水空间估计整体都有很大的提高。地理加权回归克里金法（GWRK）要优于其他融合技术，之后依次是回归克里金法（RK）、普通克里金插值法（OK）、地理加权回归法（GWR）和地理差值分析法（GDA）。

表 5.2　研究区 1998～2014 年 TRMM 3B42 合成旬降水数据、普通克里金插值法（OK）估计降水量及不同融合方案融合结果的均方根误差（RMSE）比较

年份	TRMM	OK	GDA	RK	GWR	GWRK
1998	28.75	14.09	17.66	14.04	15.04	**12.98**
1999	21.98	12.40	15.15	**12.35**	14.80	12.90
2000	21.61	12.87	16.50	12.82	13.67	**11.80**
2001	19.72	11.81	14.97	11.76	12.05	**11.44**
2002	23.31	12.84	16.24	12.79	13.31	**12.57**
2003	25.39	13.11	17.66	13.06	13.57	**12.94**
2004	20.09	12.21	15.02	12.16	12.96	**12.00**
2005	25.71	14.03	17.31	13.98	14.49	**13.93**
2006	20.83	12.16	16.05	12.11	12.61	**11.98**
2007	23.38	13.46	17.22	13.41	13.55	**12.89**
2008	24.21	14.42	17.50	14.37	14.94	**13.92**
2009	28.95	12.69	22.11	**12.64**	14.12	13.03
2010	40.77	20.71	26.39	20.66	21.65	**20.45**
2011	20.65	12.69	15.48	12.64	12.86	**12.18**
2012	23.37	13.48	17.08	13.43	14.00	**13.31**
2013	20.67	12.92	16.20	12.87	13.21	**12.64**
2014	26.22	13.61	17.82	**13.56**	14.03	13.61
平均值	24.45	13.50	17.43	13.45	14.17	**13.21**

注：表中加粗的统计值表示最优。

表 5.3　研究区 1998～2014 年 TRMM 3B42 合成旬降水数据、普通克里金插值法（OK）估计降水量及不同融合方案融合结果的平均偏差（BIAS）比较

年份	TRMM	OK	GDA	RK	GWR	GWRK
1998	1.68	0.07	0.08	**0.06**	−0.22	−0.12
1999	−0.24	−0.01	0.04	**0.00**	−0.77	−0.76
2000	−0.12	**0.08**	0.10	0.11	−1.06	−0.65
2001	0.50	−0.02	**0.10**	0.08	0.21	0.28

续表

年份	TRMM	OK	GDA	RK	GWR	GWRK
2002	2.31	−0.03	**0.10**	0.04	0.17	0.22
2003	2.01	**−0.02**	−0.04	−0.07	0.11	−0.05
2004	1.51	−0.15	0.07	−0.01	0.27	**0.06**
2005	3.11	−0.30	**−0.04**	−0.20	0.05	−0.17
2006	1.58	−0.04	0.04	**−0.01**	0.03	0.05
2007	1.35	−0.04	0.05	**−0.01**	−0.04	0.13
2008	2.69	−0.14	0.09	−0.07	0.11	**0.03**
2009	1.87	0.06	0.08	**0.02**	0.04	0.10
2010	−11.53	−0.03	**0.01**	0.08	0.35	0.09
2011	0.67	−0.10	**0.02**	−0.11	0.09	−0.04
2012	2.01	−0.14	0.09	**−0.01**	0.30	0.16
2013	1.87	0.03	**0.01**	−0.02	0.07	**0.01**
2014	1.23	0.14	0.12	0.05	0.18	**−0.01**
平均值	0.74	−0.04	0.05	**0.00**	−0.01	−0.04

注：表中加粗的统计值表示最优。

表 5.4　研究区 1998～2014 年 TRMM 3B42 合成旬降水数据、普通克里金插值法（OK）估计降水量及不同融合方案融合结果的相关系数（R）比较

年份	TRMM	OK	GDA	RK	GWR	GWRK
1998	0.518	0.823	0.711	0.827	0.837	**0.863**
1999	0.600	**0.827**	0.742	0.819	0.798	0.826
2000	0.598	**0.850**	0.726	0.841	0.808	0.833
2001	0.544	0.794	0.679	0.796	0.787	**0.807**
2002	0.561	0.819	0.711	0.818	0.814	**0.830**
2003	0.526	0.829	0.657	0.830	0.828	**0.843**
2004	0.517	0.809	0.681	0.807	0.786	**0.815**
2005	0.524	0.841	0.693	0.837	0.832	**0.847**
2006	0.558	0.824	0.684	0.818	0.809	**0.828**
2007	0.545	0.814	0.685	0.813	0.806	**0.827**
2008	0.533	0.806	0.662	0.807	0.792	**0.820**
2009	0.359	0.817	0.570	0.809	0.784	**0.820**
2010	0.398	0.832	0.703	0.827	0.817	**0.841**
2011	0.480	0.821	0.665	0.826	0.791	**0.831**
2012	0.597	0.841	0.732	0.840	0.819	**0.848**
2013	0.551	0.795	0.674	0.801	0.794	**0.816**
2014	0.505	0.833	0.661	0.831	0.810	**0.844**
平均值	0.524	0.822	0.684	0.820	0.807	**0.832**

注：表中加粗的统计值表示最优。

　　为了比较不同融合方案的空间估计有效性，作者进一步分析了各模型融合结果 RMSE 和 R 在空间上的表现。图 5.10 显示了 TRMM 3B42 旬降水数据、普通克里金插值法（OK）估计降水量及不同融合方法（GDA、RK、GWR 和 GWRK）融合的旬降水 RMSE 空间分布，可以看出，相比原始 TRMM 降水量（地面站点对应的 TRMM 旬降水量在大部分台站 RMSE 都大于 23mm），采用不同方法估计的旬降水量 RMSE 都有很大降低。地理差值分析法（GDA）整体表现最差，这是由于其以卫星反演降水数据作为背景场进行融合，容易受卫星数据自身误差的影响；回归克里金法（RK）和地理加权回归克里金法（GWRK）整体表现最好，大部分站点的 RMSE 都在 20mm 以下，没有明显的空间聚集性；普通克里金插值法（OK）表现出的 RMSE 具有明显的区域性特征，在江苏省和安徽省站点较为密集的地区表现较好，在站点稀疏的山区较大，这是由于该区域受地形等因素影响降水空间变率大且站点稀疏，基于有限的观测站点拟合的变异函数模型（如指数、高斯和球面模型）的不确定性因为用于半方差计算的样本数量较少而增大，无法合理地表示降水空间变异性（Volkmann et al.，2010），随着待估测点离实测点的距离增加，数据的不确定性也会增加，而随着实测点更加密集，总体估计不确定性则会降低。

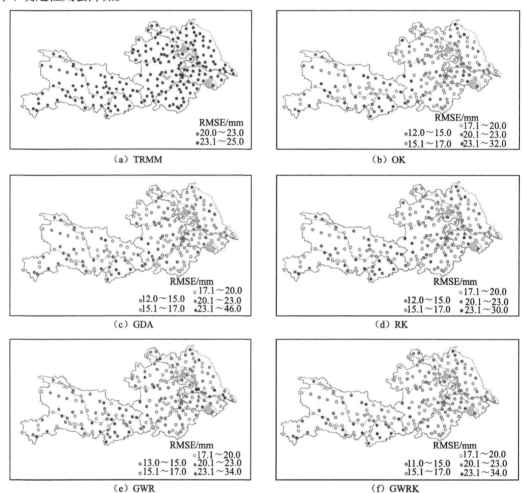

图 5.10　TRMM 3B42 旬降水数据、普通克里金插值法（OK）估计降水量及不同融合方法（GDA、RK、GWR和 GWRK）融合的旬降水均方根误差（RMSE）空间分布

　　图 5.11 显示了 TRMM 3B42 旬降水数据、普通克里金插值法（OK）估计降水量及不同融合方法（GDA、RK、GWR 和 GWRK）的旬降水相关系数空间分布，其结果与 RMSE 的结果类似。与 TRMM 3B42 合成旬降水数据相比，不同降水空间估计方法的估计结果与地面雨量计观测降水之间的相关系数都有很大提高。地理加权回归克里金法（GWRK）融合效果最好，大部分站点相关系数都在 0.810 及以上；回归克里金法（RK）次之；普通克里金插值法（OK）对站点稀疏区的空间估计能力有限，在站点稀疏区决定系数普遍比 GWRK 和 RK 小；相比其他，地理差值分析法（GDA）表现最差，但在站点稀疏的部分站点优于 OK，Baik 等（2016）研究表明对于具有较大降水异质性或者站点稀疏区域的大降水事件，地理差值分析法（GDA）要优于普通克里金插值法（OK）的结果，因为在这样的条件下卫星反演降水背景场能够更有

效地监测降水空间变异性。

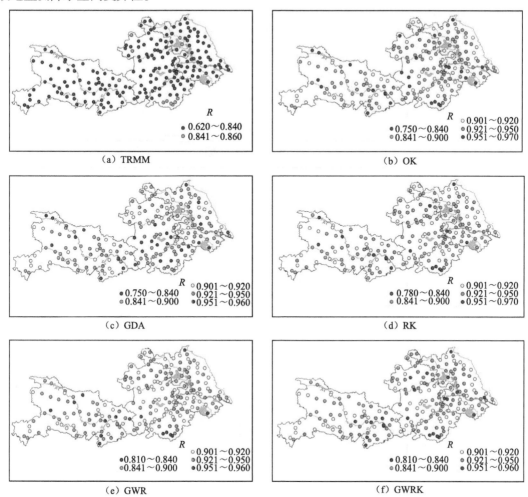

(a) TRMM

(b) OK

(c) GDA

(d) RK

(e) GWR

(f) GWRK

图 5.11　TRMM 3B42 旬降水数据、普通克里金插值法（OK）估计降水量及不同融合方法（GDA、RK、GWR和 GWRK）的旬降水相关系数（R）空间分布

　　图 5.12 显示了 2013 年 5 月上旬 TRMM 反演降水数据和不同融合方法的旬降水量空间估计，可以看出 2013 年 5 月上旬 TRMM 高值降水主要集中在安徽省南部，而普通克里金插值法（OK）插值地面观测站点降水获取的降水空间估计有两个比较大的高值中心，一个在安徽省西南部，另一个在湖北省中南部，并且具有明显的被隔离的圆形降雨斑块，这通常是由插值样本点较少不足以表示区域变量空间分布特征或者降水异质性比较大，周围观测点实测值与该点有较大差异引起的；基于地理差值分析法（GDA）的旬估计降水量产生更加类似于TRMM 卫星反演降水的空间分布模式，尤其是在站点稀疏的区域；由于是全局回归残差克里金法，回归克里金法（RK）融合的降水比地理差值分析法（GDA）和地理加权回归克里金法（GWRK）融合的降水空间信息更加平滑，但是容易平滑掉一些高值或者低值信息，TRMM 和地面观测降水高值都达到 180mm，而回归克里金法（RK）融合高值只达到 163mm；受外推误差的影响，地理加权回归模型降水空间融合估计会使 TRMM 降水变化很大（也可能是无理的，如海拔也作为协变量时，在待估计点海拔超出周围观测站点很多倍的区域很可能会融合生成极端不合理的降水值，这时可通过周围站点融合结果插值生成），虽然地理加权回归克

里金法（GWRK）中使用普通克里金插值法对地理加权回归法（GWR）的残差进行了一定校正，但是仍然会继承部分地理加权回归法（GWR）外推引起的误差。尽管有这些差异，但不同融合方案都调整了估计值，以更好地匹配研究区域的地面观测值。

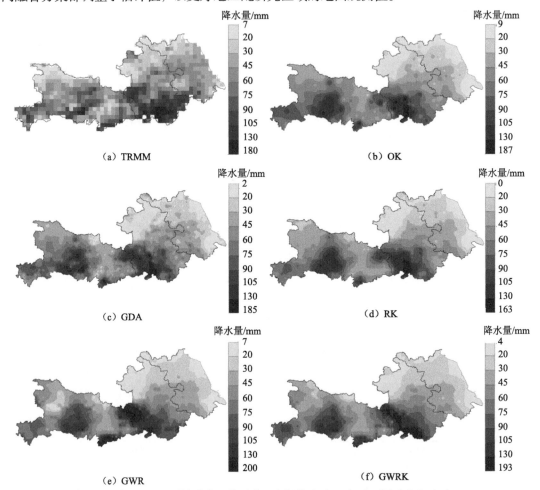

图 5.12　2013 年 5 月上旬 TRMM 反演降水、普通克里金插值法（OK）及不同融合方法（GDA、RK、GWR和 GWRK）融合降水空间分布

5.2.4　基于国家级地面气象站与 TRMM 降水数据融合的作物湿渍害遥感监测

为了了解利用融合生成的高分辨率降水数据对作物湿渍害进行监测的可用性及准确性，首先根据气象行业标准《冬小麦、油菜涝渍等级》（QX/T 107—2009），利用 GWRK 融合生成的 1km 旬降水量、常规站插值生成的 1km 旬降水日数和日照时数计算 2001 年、2002 年、2003 年、2010 年、2013 年和 2014 年的每年冬作物生长季（当年 10 月~次年 5 月）的每旬冬小麦 Q_w 值空间分布，再根据涝渍等级指标判断空间每个像元的湿渍害等级，分析冬小麦湿渍害可能发生的区域空间分布。表 5.5 为冬小麦湿渍害遥感监测结果准确度统计，其中遥感监测湿渍害台站数为在台站监测发生湿渍害的位置处融合降水数据也监测到湿渍害发生；图 5.13 显示了2001 年、2002 年、2003 年、2010 年、2013 年和 2014 年基于星地融合降水数据的冬小麦湿渍害空间分布与台站监测结果比较。从表 5.5 和图 5.13 可以看出，基于融合降水数据的湿渍害监测结

果不仅能够捕捉到大部分台站的湿渍害发生情况，同时也能整体反映整个空间范围的湿渍害分布情况。湿渍害发生与否的监测精度，除了 2013 年遥感监测湿渍害准确率为 74.70%外，其他年份准确率均在 90%以上，说明利用融合生成的高分辨率降水数据可用于监测作物湿渍害空间分布情况。因此，作者进一步利用融合生成的降水数据计算分析了研究区 2001 年、2002 年、2003 年、2010 年、2013 年和 2014 年油菜湿渍害空间分布，并基于获取的冬小麦和油菜湿渍害监测结果分别叠加 MODIS 提取的冬小麦和油菜种植面积监测研究区冬小麦和油菜湿渍害具体受灾面积。

表 5.5　冬小麦湿渍害遥感监测结果准确度统计表

年份	湿渍害台站数/个	遥感监测湿渍害台站数/个	准确率/%
2001	152	138	90.79
2002	171	161	94.15
2003	133	131	98.50
2010	125	120	96.00
2013	83	62	74.70
2014	67	62	92.54

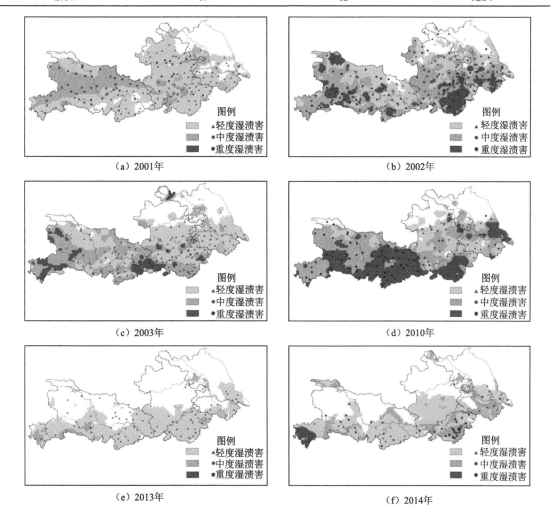

图 5.13　2001 年、2002 年、2003 年、2010 年、2013 年和 2014 年湖北省、安徽省和江苏省冬小麦湿渍害遥感监测空间分布与气象台站监测结果比较

图例中，左侧区域颜色为遥感监测，右侧图形符号为气象台站监测

表 5.6 和图 5.14 分别为 2001 年、2002 年、2003 年、2010 年、2013 年和 2014 年湖北省、安徽省和江苏省冬小麦和油菜湿渍害受灾面积统计及发生区域空间分布，可知这 6 年中大部分冬小麦和油菜种植区都发生了不同程度的湿渍害。2001 年主要发生轻度和中度湿渍害，中度湿渍害主要发生在湖北省北部，轻度湿渍害主要分布在湖北省襄阳、荆州、潜江、天门和孝感等地区，安徽省中部和淮河以北地区以及江苏省南部；2002 年在湖北省、安徽省北部和中部以及江苏省南部冬小麦和油菜种植区普遍发生了轻度及以上湿渍害，其中度和重度湿渍害主要分布在湖北省中部的冬小麦和油菜种植区，安徽省阜阳、蚌埠、滁州和安庆以及江苏省南通也有分布；2003 年在湖北省大部分区域发生了中度湿渍害，在安徽省阜阳、蚌埠、安庆、合肥和滁州等地区主要发生了轻度湿渍害，在江苏省南部发生了轻度及中度湿渍害；2010 年冬小麦和油菜重度湿渍害主要集中在湖北省的襄阳、荆州、潜江、天门和孝感以及江苏省的南部，安徽省主要发生了轻度及中度湿渍害，集中分布在安徽省阜阳、亳州和宿州南部以及沿淮河县市，江苏省扬州和泰州也有轻度和中度湿渍害分布；2013 年和 2014 年主要发生了轻度湿渍害，2013 年冬小麦和油菜种植区发生湿渍害的区域较少，主要分布在湖北省的荆州、潜江、荆门和天门以及江苏省的南通，2014 年的湿渍害发生区域比 2013 年大，除了湖北省的荆州、潜江、荆门和天门外，安徽省和江苏省南部冬小麦和油菜种植区也有湿渍害发生。这些监测结果与基于气象台站获取的研究区湿渍害情况（图 5.8）和前人研究的统计结果基本一致，张浩等（2015）对淮河流域冬小麦湿渍害的损失评估研究中表明 2002 年和 2003 年是淮河流域（包括安徽省和江苏省）的典型湿渍害年；刘志雄和肖莺（2012）研究表明包括湖北省的长江上游地区在 2002 年春季和 2003 年冬季偏涝；盛绍学等（2009）的冬小麦典型湿渍害实况统计显示 2001 年 12 月上中旬淮河北部地区发生了轻度湿渍害，2 月上旬和下旬淮河南部地区发生了湿渍害，2003 年淮河地区普遍发生了湿渍害。需要指出的是湖北省西南部和东南部以及安徽和江苏省南部在这 6 年中都普遍有湿渍害发生，只是冬小麦和油菜在这些区域的种植较少，利用 MODIS 提取的冬小麦和油菜在这些区域偏少，因此所监测的冬小麦和油菜受灾区域也偏少。但是本次的监测能够较好地反映不同年份冬小麦和油菜集中种植区的湿渍害情况。

表 5.6　遥感监测 2001 年、2002 年、2003 年、2010 年、2013 年、2014 年湖北省、安徽省和江苏省三省
冬小麦和油菜湿渍害受灾面积统计

年份	冬小麦受灾面积/10^3hm^2			油菜受灾面积/10^3hm^2		
	湖北省	安徽省	江苏省	湖北省	安徽省	江苏省
2001	679.30	1509.80	444.40	449.40	687.30	293.60
2002	583.20	1041.90	736.30	1134.20	478.89	411.80
2003	547.20	504.70	629.00	1188.03	847.03	503.24
2010	739.50	1173.20	860.70	982.34	473.55	351.59
2013	681.30	22.50	461.40	191.72	11.10	87.54
2014	497.00	400.40	504.00	197.17	186.58	52.91

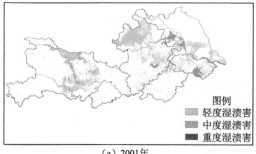

图例　轻度湿渍害　中度湿渍害　重度湿渍害

（a）2001 年　　　　　　　　　　　　　（b）2002 年

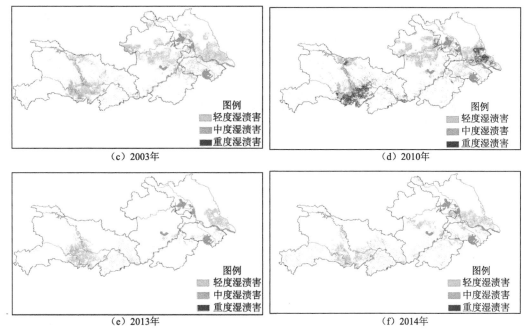

图 5.14　2001 年、2002 年、2003 年、2010 年、2013 年和 2014 年湖北省、安徽省和江苏省冬小麦和油菜湿渍害发生区域遥感监测结果

5.3　基于区域自动站与 TRMM 降水数据融合的作物湿渍害监测方法

如 5.2.3 节所述，基于国家级地面气象观测站实测数据与 TRMM 反演降水数据融合的降水空间估计模型，整体表现良好，但是在站点稀疏的区域表现相对较差。为了进一步分析站点密度对数据融合精度的影响，确定站点最优分布密度，降低观测成本，根据 76 个和 920 个区域自动气象站两种站网密度下普通克里金插值法和不同融合方法估计降水空间分布的表现，探讨降水空间估计的不确定性特征。着重分析在一定的雨量站网密度条件下，相对于空间插值模型，降水融合模型是否能够进一步提高估计精度，即降水信息融合的"净效应"，进一步研究利用区域自动站降水数据与卫星反演降水数据在作物湿渍害监测中的应用。

5.3.1　区域自动站观测与 TRMM 降水数据融合方法研究

近年来，我国逐步建立和完善了自动气象观测网，雨量计观测站网密度逐步加大，截至 2009 年底，我国已建国家级地面气象观测站及区域自动气象观测站超过 30000 个，站点密度已居国际先进行列，大大提高了降水过程的预报水平，尤其是强降水事件的预报水平。全国分布有 2000 多个国家级地面气象观测站，常年有人值守，其建立考虑了气候条件的代表性和空间分布上的广泛性；区域自动气象站建在县级以下的乡镇地区，无人值守，但定期会有人员对自动传感器进行一定的检查和维护，其分布与人口密度、面雨量、环境条件以及行政位置等有关，目的是为了提供地方的预警服务（任芝花等，2010）。区域自动气象站观测资料从 2006 年开始逐步实时上传，提供逐小时观测资料，已经应用到天气分析中。Luo 等（2010）

研究发现，经过质量控制后的江淮地区区域自动站逐时降水观测资料可用于检验模型模拟的高分辨率降水信息。同时质量控制后的高密度区域降水资料还可以捕捉小尺度的降水特征，揭示强降水过程，但如何利用区域自动站观测数据与卫星反演的降水数据融合，并进行作物湿渍害监测，则鲜有报道。

本节所采用的安徽省 1039 个区域自动气象站的 2013 年 1 月～2014 年 8 月日降水资料由安徽省气象信息中心提供，该资料经过了包括气候学界限检查、区域界限检查、时间一致性检查和空间一致性检查等严格的质量控制。考虑到设备故障等因素的影响，将 2013 年 1 月～2014 年 8 月区域自动气象站日降水缺测超过 20 天的站点去除，保留了 1025 个，其中的 105 个站点用于验证，剩余的 920 个站点作为训练样本进行融合。为了保证验证点在研究区大致均匀分布，同样通过 K 均值聚类的方式选出 105 个站点作为验证点对融合结果进行分析，区域自动气象站空间分布如图 5.15 所示，可以看出虽然区域自动气象站在整个安徽省覆盖较为密集，但是在西部山区及中部部分区域仍然存在部分 TRMM 0.25º×0.25º 格点内没有站点分布的情况。

为了使数据具有可比性，从 920 个区域自动气象站中选择 76 个距离国家级地面气象观测站最近的站点作为"国家级地面气象观测站"，两种站网密度分别用 S0（76 个）和 S1（920 个）表示。

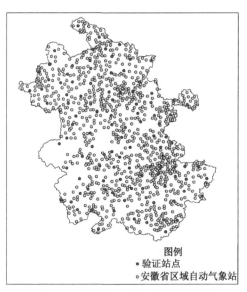

图 5.15　安徽省区域自动气象站分布

表 5.7 显示了在两种雨量计密度（S0、S1）下普通克里金差插值法和不同融合方法获取的 2013 年 1 月～2014 年 8 月所有旬的空间精度指标平均统计值。统计结果表明随着研究区站点密度的增大，普通克里金插值法和 4 种融合方法对旬降水空间估计结果都有很大提高，融合后的旬降水量与地面雨量计实测点的差距减小，两者之间的空间分布一致性增大。均方根误差（RMSE）从 12.62～14.02mm 减小到 9.81～10.46mm，平均偏差（BIAS）有少量减小，且均表现为负值，相关系数（R）从 0.735～0.803 提高到 0.851～0.875，除 GWR 外的其他不同方法的平均偏差都有所提高，但提高较小，且都表现为接近零的负偏差。

表 5.7　2013 年 1 月～2014 年 8 月两种站网密度下（S0、S1）旬降水融合精度指标统计

估计方法	RMSE/mm		BIAS		R	
	S0	S1	S0	S1	S0	S1
TRMM	24.68		3.88		0.553	
OK	12.99	10.29	−0.96	−0.78	0.782	0.868
GDA	14.02	10.46	−0.89	**−0.73**	0.735	0.851
RK	12.91	10.20	−0.83	−0.74	0.792	0.868
GWR	13.77	10.34	**−0.74**	−0.75	0.761	0.858
GWRK	**12.62**	**9.81**	−0.77	−0.74	**0.803**	**0.875**

注：表中加粗的统计值表示最优。

在两种站网密度下，地理加权回归克里金法（GWRK）的表现都是最好的，地理差值分析法（GDA）整体表现最差，但是相比低站网密度 S0 的表现，在高站网密度 S1 下地理差值分析法（GDA）提高最为明显，这是因为依靠卫星反演降水作为背景场，结合背景场与地面观测站点差值进行融合的 GDA 方法，其融合结果比其他方法更加依赖于卫星反演降水，在站点稀疏的情况下，背景场与地面站点观测差值不能充分反映卫星反演降水偏差的空间分布特征，其对卫星反演降水的校正也有限；而在站点密集的情况下，地理差值能较好地反映卫星降水数据偏差空间分布，融合的效果也会大幅度提升，融合降水值与地面观测值也越接近。

当站点较少时，地理加权回归法（GWR）的融合结果与地理加权回归克里金法（GWRK）的差距比站点密集时大，说明残差普通克里金插值起的作用较大，在大部分时间可以一定程度有效地提升融合结果，2013 年 1 月～2014 年 8 月共 60 旬中只有 12 旬无须再进行残差克里金插值，其余 48 旬需要通过残差克里金插值提高融合精度；即使是在站点较密集的情况下，利用地理加权回归法（GWR）的融合结果表明，2013 年 1 月～2014 年 8 月共 60 旬中也只有 26 旬无须再进行残差克里金插值。GWRK 结合 GWR 考虑变量之间空间非平稳性的优势，使其在不同站网密度下都表现最好。相比站点较少的情况（76 个区域站），使用高密度雨量计（920 个区域自动站）进行的插值及融合，其不同方法之间融合结果的差距明显减小，尤其是回归克里金法（RK）和普通克里金插值法（OK）的 RMSE 和 R 都与地理加权回归克里金法（GWRK）极为接近，考虑到地理加权回归克里金法（GWRK）的计算量及复杂性，在站点高密集分布的区域可以直接采用普通克里金插值法或者回归克里金法获取旬降水空间分布信息。

综上可知，在整个地面雨量站网观测-卫星反演降水信息所组成的系统中，雨量站网越密集，降水的细节信息越丰富，相应的降水融合模型的局部精度也越高。但和单纯采用雨量站网观测数据进行空间插值类似，随着地面站网密度不断增加，地面降水观测信息在整个雨量站网观测-卫星反演降水信息系统中将居于绝对支配地位，而卫星反演降水信息的重要性不断下降，降水信息融合方案的精度将渐近于仅采用雨量站网观测数据插值的精度。

同样以 2013 年 5 月上旬为例，图 5.16 显示了采用普通克里金插值法（OK）及地理差值分析法（GDA）、回归克里金法（RK）和地理加权回归克里金法（GWRK）三种不同融合方法融合生成的 2013 年 5 月上旬安徽省降水空间分布。对比国家级地面气象观测站插值和融合生成的旬降水空间分布（图 5.12）可知，结合更多站点信息的融合结果能更好地反映降水局地信息，在站点密集的情况下不同方法获取的降水空间分布类似，RK 和 GWRK 获取的降水空间分布信息更加平滑。在安徽省西部金寨县和霍山县接壤的山区，没有国家级地面气象观

测站分布，通过国家级地面气象观测站插值无法捕捉到空间降水量级较大的值，这是因为普通克里金插值法是通过周围站点预测未知点的值，然而受环境影响，雨量计通常设在山脚等便于维护的地方，在山顶的情况很少；受海拔的影响，降水在高海拔区域往往比周围低海拔区域站点多，如果周围站点观测的降水值低，那么通过这些站点预测的山里的降水值也会较低。卫星反演降水产品捕捉到了这样的降水分布情况，因此将卫星反演降水产品与地面站点融合可以获取更加合理的降水空间分布信息。

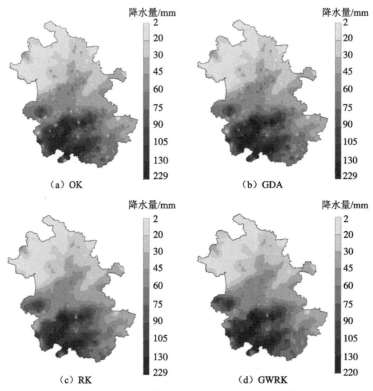

图 5.16　2013 年 5 月上旬安徽省 920 个区域站降水空间普通克里金插值法（OK）及不同融合方法
（GDA、RK 和 GWRK）融合降水空间分布

5.3.2　基于区域自动站观测与 TRMM 降水数据融合的作物湿渍害遥感监测

为了更好地监测湿渍害的发生发展情况，以安徽省为例，利用安徽省 1025 个区域自动站观测数据与 TRMM 降水数据融合生成的 2013 年 1 月～2014 年 8 月高质量、高分辨率旬降水空间数据，结合冬小麦和油菜涝渍等级指标对安徽省 2013 年 1～5 月及 2013～2014 年冬作物整个生长季的冬小麦和油菜不同生长发育阶段的湿渍害状况进行了监测。最后的监测结果表明，2013 年 1～5 月安徽省冬小麦湿渍害发生在冬小麦灌浆期，油菜湿渍害发生在蕾薹期；2014 年冬小麦越冬期和灌浆期、油菜的蕾薹期和灌浆期有湿渍害发生。图 5.17 是利用 Q_w 计算的 2013～2014 年安徽省冬小麦和油菜不同发育阶段湿渍害可能发生区域，可以看出 2013～2014 年冬小麦和油菜湿渍害以轻度为主。2013 年冬小麦灌浆期在安徽省湿渍害的可能发生区域主要分布在安庆和池州，油菜蕾薹期湿渍害的可能发生区域主要分布在长江以南地区；2014 年冬小麦越冬期淮河以南大部分地区都有轻度湿渍害，而冬小麦灌浆期主要是沿江地区，油菜蕾薹期和灌浆期的湿渍害可能发生区域主要集中在安徽省西部及西南部。

　　图 5.18 是利用计算所得的冬小麦和油菜湿渍害可能发生区域分别与所提取的冬小麦和油菜种植面积叠加所得的 2013～2014 年冬作物湿渍害实际分布。可以看出两年中冬小麦和油菜湿渍害的实际发生区域都很少，这主要是因为所监测的 2013～2014 年冬小麦和油菜湿渍害主要发生在南部和西部，而在安徽省这些区域的油菜和冬小麦种植都较少且分散，同时在这些地区所提取的冬小麦和油菜种植面积也偏低，在图 5.18 中反映的冬小麦和油菜湿渍害发生区较少。

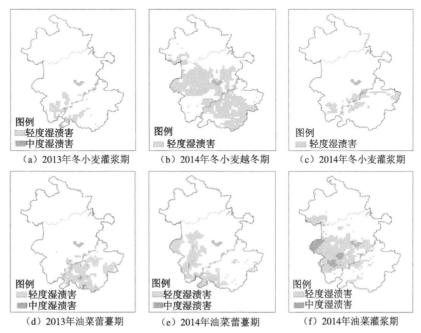

（a）2013年冬小麦灌浆期　　　　（b）2014年冬小麦越冬期　　　　（c）2014年冬小麦灌浆期

（d）2013年油菜蕾薹期　　　　（e）2014年油菜蕾薹期　　　　（f）2014年油菜灌浆期

图 5.17　2013～2014 年安徽省冬小麦和油菜不同发育阶段湿渍害可能发生区域遥感监测

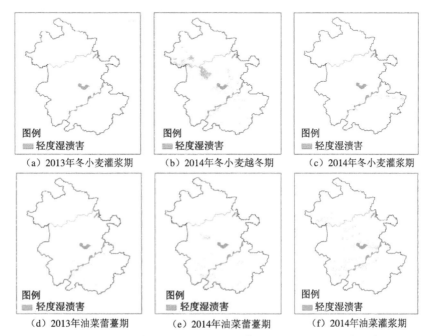

（a）2013年冬小麦灌浆期　　　　（b）2014年冬小麦越冬期　　　　（c）2014年冬小麦灌浆期

（d）2013年油菜蕾薹期　　　　（e）2014年油菜蕾薹期　　　　（f）2014年油菜灌浆期

图 5.18　2013～2014 年安徽省冬小麦和油菜不同发育阶段湿渍害遥感监测

5.4 小 结

　　本章从影响湿渍害最关键的气象因子——降水出发，基于冬小麦涝渍等级指标，利用国家级地面气象观测站，从县域尺度对研究区 1972～2014 年冬小麦湿渍害进行了一定的辨识。结果表明，20 世纪 70 年代前期和中期、80 年代和 90 年代湿渍害发生最为频繁，2004～2014 年湿渍害的发生有所减弱；1978 年、1979 年、2004 年和 2005 年发生湿渍害的区域最少，中度及以上湿渍害的典型年份主要有 1973 年、1974 年、1977 年、1984 年、1985 年、1986 年、1988 年、1991 年、1992 年、1993 年、1996 年、1998 年、2002 年、2003 年和 2010 年，约 85% 的湿渍害都发生在春季。值得注意的是基于台站和气象湿渍害指标计算的只是气象意义上的湿渍害情况，很多台站区并无作物种植，不会造成作物减产，因此实际有湿渍害发生的台站可能会比监测统计的要少，对于有冬小麦或油菜种植而无监测台站的地区，有无发生湿渍害则需要通过遥感技术进行进一步监测。

　　降水的时空变率比较大，气象台站观测降水只能反映观测点及邻近区域一定范围内的降水，基于降水量和日照时数计算的湿渍害等级指标，也只能反映单点及邻接有限范围的湿渍害状况，不能反映空间上连续的湿渍害分布状况。因此，结合地面雨量计观测单点精度高和卫星反演降水产品能提供空间上连续降水的优势，作者进一步研究了地表雨量观测与卫星反演降水信息的融合方法，利用地理差值分析法（GDA）、回归克里金法（RK）和地理加权回归克里金法（GWRK）分别构建了降水信息融合的定量模型，以地面观测站点普通克里金插值法为基准，对比不同融合方法与直接插值的净效应，总结提出降水信息融合推荐方案，以获取高质量、高分辨率的降水数据对研究区湿渍害空间分布进行监测。结果表明，相比原始 TRMM 降水精度，普通克里金插值法和 4 种融合方案对旬降水空间估计整体都有很大的提高。GWRK 要优于其他融合技术，RK 和 OK 的表现也较好，但是 OK 具有明显的区域性特征，在江苏省和安徽省站点较为密集的地区表现较好，在站点稀疏的山区有较大的均方根误差，这是由于该区域受地形等因素影响，降水空间变率大且站点稀疏，基于有限的观测站点拟合的变异函数模型（如指数、高斯和球面模型）的不确定性因为用于半方差计算的样本数量较少而增加，无法合理地表示降水空间变异性，基于区域站的融合也进一步证实了 OK 这样的一个特点；在两种（76 个区域站和 920 个区域站）雨量计密度下的融合结果表明，随着研究区的雨量计密度的增大，普通克里金插值法和 4 种融合方法对旬降水空间估计结果都有很大提高，不同方法之间融合结果的差距明显减小，尤其是 RK 和 OK 的 RMSE 和 R 都和 GWRK 极为接近；在整个地面雨量站网观测-卫星反演降水信息所组成的系统中，雨量站网越密集，降水的细节信息越丰富，相应的降水融合模型的局部精度也越高；GWRK 相对其他方法的优势在于，其考虑区域变量之间空间非平稳性的同时，利用普通克里金插值法对残差进行了一定的处理。当站点较少时，在 GWR 融合的基础上，残差普通克里金插值能在一定程度上有效提升融合结果，而在站点较密集的情况下利用 GWR 就可以达到较好的融合效果。

　　在 GWRK 融合生成的研究区 1km 降水空间分布数据基础上，基于冬小麦涝渍等级指标计算分析了 2001 年、2002 年、2003 年、2010 年、2013 年和 2014 年的冬小麦湿渍害空间分布，对比气象站点的监测结果表明基于融合降水数据的湿渍害监测结果具有较高的准确率，不仅能够捕捉到大部分台站的湿渍害发生情况，同时也能反映整个空间范围的湿渍害分布情况，可利用融合生成的高分辨率降水数据监测作物湿渍害空间分布情况。基于获取的 2001 年、2002

年、2003 年、2010 年、2013 年和 2014 年冬小麦和油菜湿渍害监测结果分别叠加 MODIS 提取的冬小麦和油菜种植面积湿渍害监测结果，表明 2001 年、2002 年、2003 年和 2010 年湿渍害情况较 2013 年和 2014 年要严重，冬小麦和油菜湿渍害受灾面积达约 $4×10^6 hm^2$，湿渍害发生区域与前人的研究较为吻合。基于融合降水数据的湿渍害遥感监测方法具有稳定的技术可行性，能有效地反映研究区作物湿渍害空间分布特征。

参 考 文 献

黄敬峰, 王秀珍, 王福民. 2013. 水稻卫星遥感不确定性研究. 杭州: 浙江大学出版社.

刘志雄, 肖莺. 2012. 长江上游旱涝指标及其变化特征分析. 长江流域资源与环境, 21(3): 310-314.

任芝花, 赵平, 张强, 等. 2010. 适用于全国自动站小时降水资料的质量控制方法. 气象, 36(7): 123-132.

盛绍学, 石磊, 张玉龙. 2009. 江淮地区冬小麦渍害指标与风险评估模型研究. 中国农学通报, 25(19): 263-268.

盛绍学, 霍治国, 石磊. 2010. 江淮地区小麦涝渍灾害风险评估与区划. 生态学杂志, 29(5): 985-990.

隋学艳, 王汝娟, 姚慧敏, 等. 2014. 农业气象灾害遥感监测研究进展. 中国农学通报, (17): 284-288.

韦芬芬, 汤剑平, 惠品宏. 2013. 基于雨量计的高分辨率格点降水数据与 TRMM 卫星反演降水数据在亚洲区域的比较. 南京大学学报(自然科学版), 49(03): 320-330.

吴风波, 汤剑平. 2011. 城市化对 2008 年 8 月 25 日上海一次特大暴雨的影响. 南京大学学报(自然科学版), (1): 71-81.

张浩, 马晓群, 彭妮, 等. 2015. 淮河流域冬小麦涝渍灾害损失评估研究. 气象与环境学报, 31(6): 123-129.

Adhikary S K, Yilmaz A G, Muttil N. 2015. Optimal design of rain gauge network in the Middle Yarra River catchment, Australia. Hydrological Processes, 29(11):2582-2599.

Aghakouchak A, Behrangi A, Sorooshian S, et al. 2011. Evaluation of satellit egauge network in the Mipitation rates across the central United States. Journal of Geophysical Research Atmospheres, 116: 3-25.

Baik J, Park J, Ryu D, et al. 2016. Geospatial blending to improve spatial mapping of precipitation with high spatial resolution by merging satellite-based and ground-based data. Hydrological Processes, 30(16): 2789-2803.

Cheema M J M, Bastiaanssen W G M. 2012. Local calibration of remotely sensed rainfall from the TRMM satellite for different periods and spatial scales in the Indus Basin. International Journal of Remote Sensing, 33(8): 2603-2627.

Chen Y, Ebert E E, Walsh K J E, et al. 2013. Evaluation of TRMM 3B42 precipitation estimates of tropical cyclone rainfall using PACRAIN data. Journal of Geophysical Research Atmospheres 118(5): 2184-2196.

Fotheringham A S, Brunsdon C, Charlton M. 2002. Geographically weighted regression: The analysis of spatially varying relationships. American Journal of Agricultural Economics,86(2): 554-556.

Hengl T, Heuvelink G B M, Stein A. 2004. A generic framework for spatial prediction of soil variables based on regression-kriging. Geoderma, 120(1-2): 75-93.

Kidd C, Kniveton D R, Todd M C, et al. 2003. Satellite rainfall estimation using combined passive microwave and infrared algorithms. Journal of Hydrometeorology, 4(6): 1088.

Kumar S, Lal R, Liu D. 2012. A geographically weighted regression kriging approach for mapping soil organic carbon stock. Geoderma, s 189-190(6): 627-634.

Kummerow C, Barnes W, Kozu T, et al. 1998. The Tropical Rainfall Measuring Mission (TRMM) sensor package. Journal of Atmospheric and Oceanic Technology, 15(3): 809-817.

Kyriakidis P C. 2004. A geostatistical framework for area-to-point spatial interpolation. Geographical Analysis, 36(3): 259-289.

Kyriakidis P C, Yoo E H. 2005. Geostatistical prediction and simulation of point values from areal data. Geographical Analysis, 37(2): 124-151.

Legates D R, Willmott C J. 1990. Mean seasonal and spatial variability in gauge-corrected, global precipitation. International Journal of Climatology, 10(2): 111-127.

Li M, Shao Q. 2010. An improved statistical approach to merge satellite rainfall estimates and raingauge data. Journal of Hydrology, 385(1-4): 51-64.

Lu N M, You R, Zhang W J. 2004. A fusing technique with satellite precipitation estimate and raingauge data. Acta Meteorologica Sinica, 18(2): 141-146.

Luo Y, Wang Y, Wang H, et al. 2010. Modeling convective-stratiform precipitation processes on a MeiYu front with the Weather Research and Forecasting model: Comparison with observations and sensitivity to cloud microphysics parameterizations. Journal of Geophysical Research, 115(115): 311-319.

Sieck L C, Burges S J, Steiner M.2007. Correction to "Challenges in obtaining reliable measurements of point rainfall". Water Resources Research, 43(1): 35.

Volkmann T H M, Lyon S W, Gupta H V, et al. 2010. Multicriteria design of rain gauge networks for flash flood prediction in semiarid catchments with complex terrain. Water Resources Research, 46(11): 2387-2392.

Xie P P, Arkin P A. 1997. Global precipitation: A 17-year monthly analysis based on gauge observations, satellite estimates, and numerical model outputs. Bulletin of the American Meteorological Society, 78(11): 2539-2558.

第6章　基于星地多源土壤水分含量数据的作物湿渍害遥感监测方法研究

土壤水分含量是冬小麦和油菜等冬作物的湿渍害评估指标体系中的重要组成部分，是进行湿渍害监测、预警和风险评估不可或缺的指标。微波遥感和光学遥感是遥感反演地表土壤水分含量的重要技术手段，微波遥感技术具有受云雨天气影响小的优点（Woodhouse，2005），可以用其获取研究区内接近地表全覆盖的高时间分辨率数据集，但其空间分辨率较低；光学遥感具有相对较高的空间分辨率，却易受云雨天气影响，其影像中经常存在像元缺失的情况，往往使得该类数据的时间连续性较差。因此，利用微波遥感技术反演的土壤水分含量数据是否能反映研究区作物湿渍害宏观时空分布特征是本章需要回答的首要问题；利用光学遥感卫星数据对被动微波所反演的土壤水分含量数据做降尺度处理进而获得高时空分辨率、地表全覆盖的土壤水分含量数据集是当前土壤水分含量遥感的研究热点，其结果在作物湿渍害的监测与评估中的应用是本章需要回答的另一个问题。

6.1　基于主动微波遥感土壤水分含量数据的作物湿渍害宏观遥感监测方法研究

随着微波遥感技术的发展，利用微波遥感技术所反演的地表土壤水分含量数据集的精度不断提高，目前已经有多种星载微波辐射计或散射计可以提供接近全球范围的地表土壤水分含量反演数据产品，如 ERS-1/2、ASCAT、AMSR-E、AMSR-2、SMOS、SMAP 等系列产品（Wagner and Scipal, 2000；Kerr et al., 2001；Njoku et al., 2003；Entekhabi et al., 2010；郑有飞等，2017）。其中 ERS-1/2 SCAT、MetOp ASCAT 传感器观测的遥感数据均为基于主动微波技术的散射计（雷达）观测数据。与 AMSR-E、AMSR-2、SMOS、SMAP 等被动微波辐射计直接接收地面物体辐射的微波信号不同，散射计向地面物体发射微波信号再接收其反射信号并成像。当前向公共开放的散射计土壤水分含量产品，其开始提供数据的年代普遍早于被动微波辐射计产品，适合早期的湿渍害研究。本节将以 ERS-1/2 和 ASCAT 反演的土壤水分含量数据产品为例，探讨利用主动微波遥感技术所反演的地表土壤水分含量数据进行作物生长季的湿渍害评估和过程监测的可行性。

6.1.1　基于主动微波遥感土壤水分含量数据的作物湿渍害识别方法研究

ERS-1 和 ERS-2 卫星由欧洲航天局研发，分别于 1991 年 7 月和 1995 年 4 月发射升空。ERS-1 和 ERS-2 上搭载的 AMI（active microwave instrument）散射计是真实孔径雷达，工作频率为 5.3GHz，能够提供 VV 极化、时间分辨率为 3~4d、空间分辨率约为 50km 的星上观测数据。ERS-1/2 土壤水分含量数据由维也纳技术大学发布，通过搭载于 ERS-1/2 上的 AMI 散射计资料，利用 TU-Wien 变化检测算法计算得到（Wagner et al.，1999a，1999b，1999c）。该算法假设在长时间序列下，控制雷达后向散射系数变化的主要自变量是土壤水分含量，土壤水分含量的极干和极湿状态分别对应后向散射系数的最小值与最大值，而其他状态下的土壤水分含量值则可以根据由极干和极湿条件下拟合的关于后向散射系数的线性关系公式来求解。ERS-1/2 土壤水分含量数据从 1991 年 7 月开始观测，至 2007 年止，但 2000 年之后的数据普遍像元缺失严重，无法使用，因此只采用 1991 年 7 月~2000 年 12 月的数据集。ERS-1/2 土壤水分含量数据以网络通用格式存储，包含表层土壤水分含量、GPI（grid point index）、经度、纬度、时间等多个参数数据。

　　ASCAT 土壤水分含量数据由欧洲气象卫星应用组织（European Organisation for the Exploitation of Meteorological Satellites，EUMETSAT）发布，通过搭载于欧洲气象业务化卫星 METOP-A/B 上的 ASCAT 高级散射计资料，根据 TU-Wien 变化检测算法计算得到（Bartails et al.，2007；Naeimi et al.，2009）。METOP-A 和 METOP-B 卫星分别于 2006 年 10 月 19 日和 2012 年 9 月 17 日发射升空，作为 ERS-1/2 的“继承者”，ASCAT 传感器与 ERS-1/2 的 AMI 传感器的设计参数类似，都是真实孔径雷达。它的工作频率为 5.22GHz，提供 VV 极化，时间分辨率为 1~2d 的星上观测数据。ASCAT 土壤水分含量数据来源于 EUMETSAT，数据存储方式与 ERS-1/2 一致，为网络通用格式。关于 ERS-1/2 和 ASCAT 土壤水分含量数据产品的详细介绍可参考二者各自的产品说明书（ESR-1/2 土壤水分含量数据产品说明书：ERS-1/2 AMI 50km Soil Moisture Time Series Product User Manual，ASCAT 土壤水分含量数据产品说明书：ASCAT Soil Moisture Product Handbook）。

　　根据本书盆栽和小区试验结果，结合前人的研究及业务服务应用，本小节研究以土壤相对湿度大于 90%并持续天数达到 10d、达到 15d、达到 20d 分别作为判定轻度湿渍害、中度湿渍害、重度湿渍害发生的临界条件。统计冬作物生长季（当年 11 月 1 日~次年 5 月 31 日）研究区域土壤相对湿度大于 90%的连续天数，以土壤相对湿度大于 90%并持续不少于 10d 为一次湿渍害发生过程。图 6.1 为 1991~2000 年冬作物生长季 ERS-1/2 土壤相对湿度大于 90%的连续天数空间分布图，由图可知，1994~1995 年、1998~1999 年和 1999~2000 年冬作物生长季内基本没有发生湿渍害，而 1991~1992 年、1995~1996 年冬作物生长季内发生大面积湿渍害，其他年份部分地区有湿渍害发生。

　　ASCAT 土壤水分含量数据观测起始于 2007 年 1 月 1 日，持续至 2014 年 12 月 31 日。统计当年 11 月 1 日~次年 5 月 31 日研究区域内土壤相对湿度大于 90%的连续天数。图 6.2 为 2007~2014 年冬作物生长季 ASCAT 土壤相对湿度大于 90%的连续天数空间分布图，由图可以看出 2010~2011 年冬作物生长季内基本没有湿渍害发生，2009~2010 年、2013~2014 年冬作物生长季内有大范围湿渍害发生，2007~2008 年、2008~2009 年、2011~2012 年、2012~2013 年冬作物生长季内，部分地区有湿渍害发生。

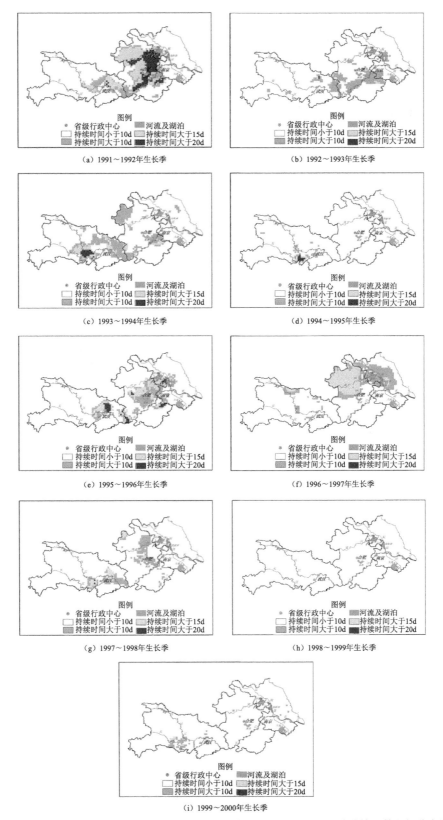

图 6.1　1991～2000 年冬作物生长季 ERS-1/2 土壤相对湿度大于 90%的连续天数空间分布图

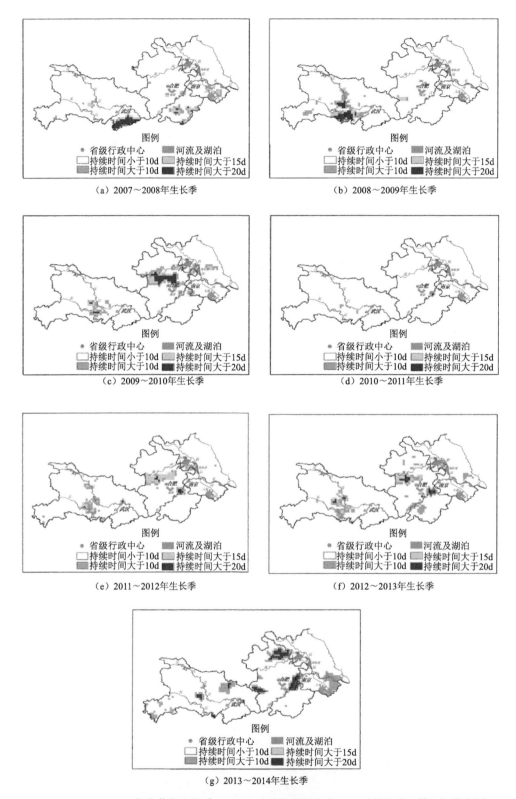

图 6.2　2007～2014 年冬作物生长季 ASCAT 土壤相对湿度大于 90%的连续天数空间分布图

6.1.2　基于主动微波土壤水分含量数据的冬作物湿渍害发生过程监测方法研究

本小节以 1991~1992 年、1993~1994 年和 2009~2010 年冬作物生长季为例（图 6.3~图 6.5），分析利用主动微波遥感数据反演的土壤水分含量大于 90%并持续不少于 10d 的湿渍害持续过程（这里指生长季内持续日期最长的单次持续过程）的开始、结束和持续时间，从而监测整个生长季内湿渍害的发生、发展和变化过程。

由图 6.3 可知，1991~1992 年冬季作物生长季内，湖北省天门市、仙桃市、孝感市、武汉市、鄂州市、黄冈市，安徽省合肥市、滁州市、铜陵市、池州市、芜湖市、马鞍山市、亳州市，江苏省南京市、淮安市、扬州市等地区发生湿渍害。其中，湖北省鄂州市第一次过程从 1992 年 1 月 30 日左右开始，到 1992 年 3 月 7 日左右结束，连续 38d 出现土壤水分含量大于 90%，对当地作物造成严重湿渍害；仙桃市、黄冈市土壤水分含量从 1992 年 3 月 7 日左右至 4 月 15 日左右一直高于 90%；孝感市、武汉市从 1992 年 3 月 15 日左右至 4 月 15 日左右的土壤水分含量一直大于 90%。安徽省的铜陵市、池州市、芜湖市、马鞍山市等地区，从 1992

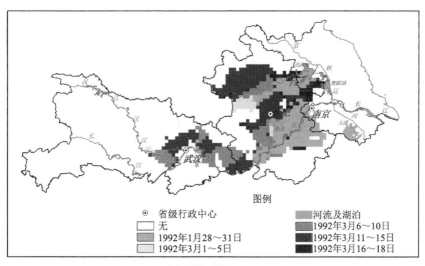

（a）开始时间

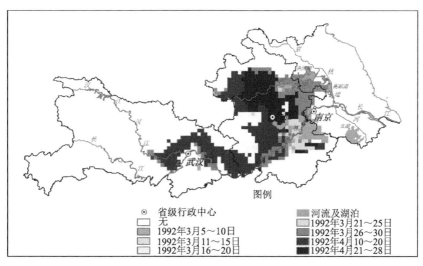

（b）结束时间

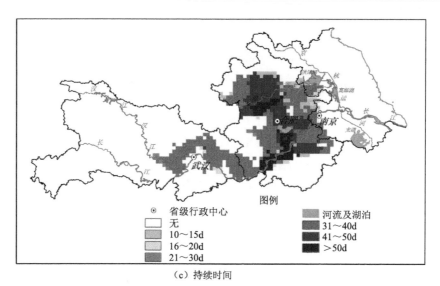

（c）持续时间

图 6.3　1991～1992 年冬作物生长季 ERS 土壤水分含量大于 90%的开始、结束和持续时间

年 1 月 30 日左右开始，土壤水分含量大于 90%，大部分地区至 1992 年 3 月 7 日左右结束，部分地区如池州市南部，至 1992 年 4 月 10 日左右结束；合肥市、滁州市、亳州市等地湿渍害开始时间为 1992 年 3 月 13 日左右，持续至 1992 年 4 月 25 日左右。江苏省仅淮安市、南京市、扬州市等部分地区有湿渍害，淮安市的湿渍害开始时间为 1992 年 1 月 31 日左右，持续至 1992 年 3 月 26 日左右。扬州市的湿渍害开始时间为 1992 年 3 月 15 日左右，持续至 1992 年 3 月 28 日左右。南京市西部地区湿渍害开始时间为 1992 年 1 月 30 日左右，持续至 1992 年 3 月 5 日左右。

　　图 6.4 表明 1993～1994 年冬季作物生长季内，湖北省潜江市、天门市、仙桃市、荆州市、孝感市、鄂州市、黄冈市，安徽省阜阳市、亳州市、淮北市、马鞍山市、芜湖市，江苏省盐城市等地区发生湿渍害。其中湖北省大部分地区湿渍害开始时间为 1993 年 11 月 5 日左右，持续至 1993 年 11 月 20 日左右；荆州市、仙桃市等地湿渍害由 1993 年 11 月 5 日左右持续至 12 月 5 日左右；鄂州市部分地区湿渍害开始时间为 1994 年 2 月 5 日左右，持续至 1994 年

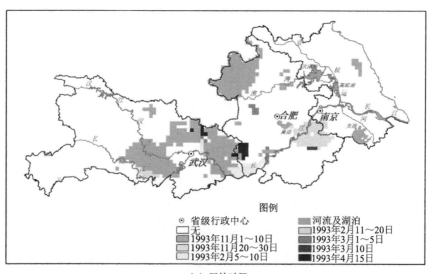

（a）开始时间

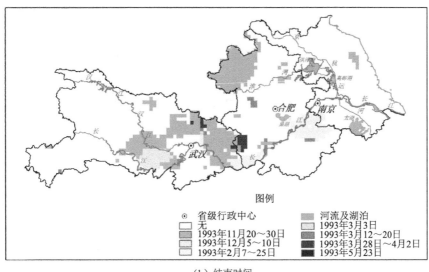

（b）结束时间

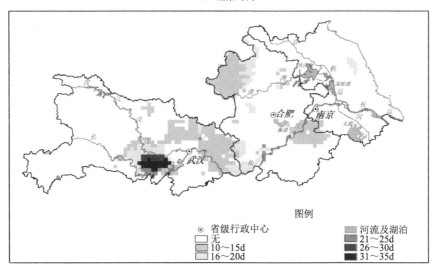

（c）持续时间

图 6.4　1993～1994 年冬作物生长 ERS-1/2 土壤水分含量大于 90%的开始、结束和持续时间

2 月 17 日左右。安徽省北部阜阳市、亳州市等地区，湿渍害开始时间为 1993 年 11 月 5 日左右，持续至 1993 年 11 月 20 日左右；马鞍山市、芜湖市等地区，湿渍害开始时间为 1994 年 2 月 20 日左右，持续至 1994 年 3 月 3 日。江苏省盐城市发生湿渍害，湿渍害开始时间为 1993 年 11 月 5 日左右，持续至 1993 年 11 月 21 日左右。

　　图 6.5 表明，在 2009～2010 年冬作物生长季内，湖北省荆州市、潜江市、仙桃市，安徽省淮南市、滁州市、六安市、合肥市，江苏省盐城市南部及淮安市等地区发生湿渍害。湖北省的湿渍害主要开始时间为 2009 年 12 月 1 日左右，持续至 2009 年 12 月 12 日左右，其中潜江市北部部分地区湿渍害开始于 2010 年 4 月 12 日左右，持续至 2010 年 5 月 1 日左右。安徽省北部大部分地区湿渍害开始时间为 2009 年 11 月 15 日左右，持续至 2009 年 12 月 4 日左右，六安市部分地区湿渍害开始时间为 2009 年 12 月 1 日左右，持续至 2009 年 12 月 15 日左右。江苏省湿渍害主要开始时间集中在 2009 年 11 月 15 日左右，持续至 2009 年 11 月 30 日左右。

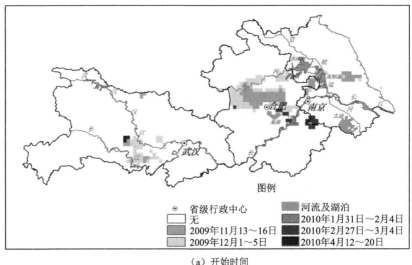

（a）开始时间

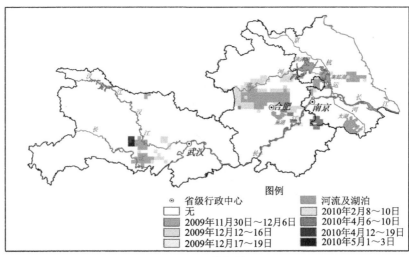

（b）结束时间

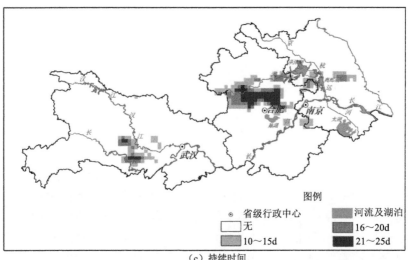

（c）持续时间

图 6.5　2009～2010 年冬作物生长季 ASCAT 土壤水分含量大于 90% 的开始、结束和持续时间

以 2009～2010 年冬作物生长季为例，选择两个典型的像元 a、b。像元的空间位置分布如图 6.6 所示。典型像元 a 为遭受湿渍害较为严重的像元；典型像元 b 为无湿渍害的像元。

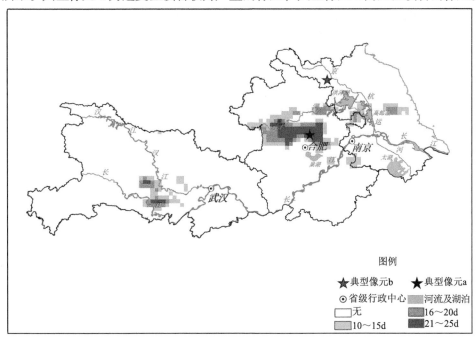

图 6.6　2009～2010 年冬作物生长季内湿渍害较为严重的典型像元 a 和无湿渍害的典型像元 b 的空间位置

根据像元的空间位置，提取典型像元 a 和典型像元 b 在 2009～2010 年冬作物生长季内土壤水分含量的时间序列变化曲线（图 6.7）。

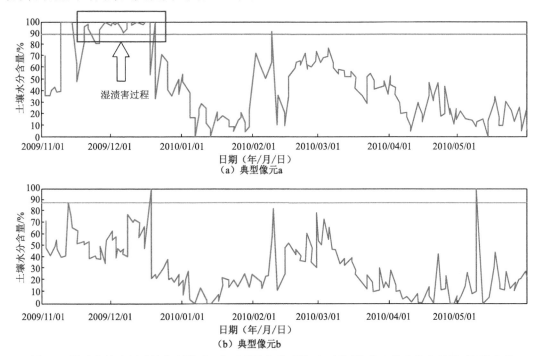

图 6.7　湿渍害较为严重的典型像元 a 和无湿渍害典型像元 b 同时期的土壤水分含量随时间的变化

从图 6.7 可以看出，典型像元 a 从 2009 年 11 月 13 日左右开始，土壤水分含量一直大于 90%，持续至 2009 年 12 月 6 日左右。土壤水分含量大于 90% 的持续时间超过了 20d，认定这个过程为一个重度湿渍害的过程，即典型像元 a 发生了重度湿渍害。典型像元 b 在整个作物生长季内，土壤水分含量大于 90% 的持续天数都小于 10d，判定典型像元 b 未发生湿渍害。

6.2　基于被动微波和光学热红外遥感土壤水分含量数据融合的冬作物湿渍害监测方法研究

和主动微波遥感接收自身发射后再反射回卫星的微波信号不同，被动微波遥感技术是通过微波辐射计直接接收来自地表物体发射的微波信号来反演土壤水分含量等地球表面参数的。本小节将以 AMSR-E 和 AMSR2 被动微波辐射计为例，探究使用被动微波土壤水分含量产品和以该产品为基础进行多源卫星数据融合得到的降尺度土壤水分含量数据对冬作物的湿渍害进行大区域尺度监测的可行性。AMSR-E 辐射计是由 NASA 和日本宇宙航空研究开发机构（Japan Aerospace Exploration Agency，JAXA）联合开发的全球观测被动微波辐射计，搭载在 NASA 的 Aqua 卫星上。AMSR-E 辐射计从 2002 年 5 月开始运行并接收对地观测数据，2011 年 10 月 3 日由于润滑系统老化的原因，AMSR-E 传感器停止发送数据并脱离 Aqua 卫星。AMSR2 被动微波辐射计则是 AMSR-E 的下一代辐射计，由 JAXA 独立开发并搭载在 JAXA 发射的 GCOM-W1 卫星之上，该卫星在 2012 年 5 月发射升空，AMSR2 则从 2012 年 7 月开始向全球共享观测数据。

和 ERS-1/2 相比，AMSR-E 和 AMSR2 土壤水分含量产品的时空分辨率均更高，2～3d 能重复覆盖研究区一次，空间分辨率约为 0.25°×0.25°。然而，这样的空间分辨率依然不能满足精细化监测服务要求；光学和热红外遥感手段反演的土壤水分含量数据虽然在空间分辨率（1km 左右）和时间分辨率（与 AMSR-E 相似）上都可以满足需求，但此类数据容易受云雨天气的影响，进而使影像产生严重的像元缺失，因此，通常需要利用光学及热红外遥感数据对被动微波遥感所观测并反演的土壤水分含量产品进行降尺度处理，进而获得更高时空分辨率的对研究区接近全覆盖的地表土壤水分含量数据集，以满足应用要求。

荷兰阿姆斯特丹自由大学开发的 LPRM（land parameter retrieval model）算法（Owe et al.，2001，2008）是 AMSR 系列辐射计反演土壤水分含量的常用算法之一，该算法的精度在大量前人研究中已被广泛认可（De Jeu et al.，2008；Draper et al.，2009b；Rüdiger et al.，2009；Brocca et al.，2011；Chen et al.，2013）。以 LPRM 算法为基础反演，得到的 AMSR-E 和 AMSR2 系列全球土壤水分含量数据目前都已面向公众免费下载（http://search.eathdata.nasa.gov，2019/06/18）。同时，该产品的算法模型在实际应用中也对 AMSR-E 和 AMSR2 两套传感器的系统偏差做了校正研究（Parinussa et al.，2015），保证了两个传感器各自反演的土壤水分含量值在反演精度上具有较高一致性。本节利用此套数据集开展被动微波土壤水分含量的降尺度研究，根据前述内容研究时间被限定在 2002～2016 年中每年 11 月～次年 5 月的冬作物生长季（不包括2011～2012 生长季）。AMSR 系列土壤水分含量产品分为升轨产品（13：30 过境）和降轨产品（1：30 过境），前人研究认为和降轨模式相比，升轨过境时间的地表土壤在不同深度的辐射亮温强度不够均一稳定，在大多数情况下会导致升轨产品最终的反演精度小于降轨产品（Draper et al.，2009b；Gruhier et al.，2010）。因此本节以下内容所提到的微波土壤水分含量产品将仅以理论上精度更高的降轨产品为例。

6.2.1　AMSR 系列被动微波遥感土壤水分含量产品的降尺度方法研究

在可见光和近红外的光谱范围内，遥感领域常用植被指数对土壤水分含量进行反演，其原理在于土壤上层覆盖植被的生长状况直接受到土壤水分含量的控制，因此植被的光谱变化和土壤水分含量的大小存在着密切关系。具体而言，利用植被反射光谱在红光和近红外两个波段处反射率数值的差异所构建的某些形式的植被指数，往往与土壤水分含量有着较强的相关性。利用植被指数反映土壤水分含量的缺点在于该方法在时间上会有一定的滞后性，并且只适用于植被覆盖度较大的时空区间；在植被覆盖度较小的区域，土壤水分含量的反演精度往往会因为植被光谱在表征土壤水分变化上的作用被夸大而受到影响。

热红外遥感技术是反演土壤水分含量的另外一个重要的遥感技术手段。相比近红外和可见光光谱波段对土壤水分含量变化的响应需要根据植被生理的变化来间接表征，热红外光谱对土壤水分含量变化的响应有着更加明晰的物理解释，其机理源于土壤水分含量变化对土壤热惯量、地表土水混合体的介电常数以及热红外波段发射率的潜在影响。土壤热惯量是土壤的一种特性，可近似视为干土热惯量与水热惯量的线性叠加，故其数值大小主要与地表土壤类型和土壤含水量相关。由于水的高比热容和高汽化热特性，在土质相同的情况下，土壤热惯量与土壤水分含量成正比，即地表温度日较差与土壤水分含量大小成反比。遥感技术中，通常将卫星昼夜的过境温度之差，定义为温度日较差，利用遥感传感器观测的热红外数据便可获得土壤温度日较差，这使得在遥感层面上使用热惯量法反演地表土壤水分含量成为可能（邢文渊，2006）。Pohn 等（1974）利用温度昼夜变化模型，将热红外波段获取的地表温度日较差和热通量模型相结合来估测土壤水分含量；Kahle 等（1976）首次提出了热惯量的概念；之后，随着热容量制图卫星（HCMM）的成功发射和 NOAA、TIROSS 系列气象卫星的相继投入使用，基于热红外遥感的土壤水分含量反演与监测的方法技术体系得到了快速的发展和更加广泛的应用（王丽莉，2008）。

综上所述，可见光、近红外和热红外遥感可以分别依据各自对地表植被变化或土体热惯量（土体温度）的变化来实现对地表土壤水分含量变化状况的表征，因此，将土壤水分含量表达为植被指数 NDVI 和地表温度 T_s 的数学函数关系式，理论上可以实现对地表土壤水分含量更加准确的反演，这里用到的数学关系式形式如下：

$$\text{SSM} = \sum_{i=0}^{n} n \sum_{j=0}^{n} a_{ij} \text{NDVI}^{(i)} T_s^{(j)} \tag{6.1}$$

式中，SSM 为地表土壤水分含量；a 为待拟合系数。

后来的研究（Chauhan et al., 2003）证明，如果在上述公式引入地表反照率 Albedo 参数，可以进一步加强地表土壤水分含量和由其他各地表参数所构建函数之间的相关性，即

$$\text{SSM} = \sum_{i=0}^{n} \sum_{j=0}^{n} \sum_{k=0}^{n} a_{ijk} \text{NDVI}^{*(i)} T_s^{*(j)} \text{Albedo}^{*(k)} \tag{6.2}$$

式中，$M^{(*)} = \dfrac{M - M_{\min}}{M_{\max} - M_{\min}}$，$M$ 代表 NDVI、T_s 和 Albedo，$M_{\min}$ 和 $M_{\max}$ 分别代表该参数在研究区相应研究时段内的最小值和最大值。

本小节以下内容便是基于式（6.2）探究利用光学和热红外遥感数据对 AMSR 系列被动微波遥感土壤水分含量数据进行空间降尺度的适合方法，以期获得高时空分辨率的地表土壤水分含量数据。降尺度需要获取高时间和高空间分辨率的植被指数、地表温度（LST）和地表反

照率数据。本小节中的 NDVI 数据采用 Aqua MODIS 传感器观测并反演的 MYD13A1 16d 合成产品；地表温度的反演数据为同一传感器上的 MYD11A1 逐日地表温度（LST）数据集；地表反照率数据采用 Aqua/Terra MODIS 双传感器观测并反演的 MCD43B3 16d 合成产品，所有数据空间分辨率均为 1km。

6.2.1.1　MODIS-LST 缺失像元的插值研究

湖北省、安徽省和江苏省的大部分地区地处秦岭—淮河以南的亚热带地区，年降水量一般大于 700mm，每年有多天会处于云雨天气之下。图 6.8 给出了湖北省、安徽省和江苏省的研究区分别在 2004 年、2007 年和 2010 年的午夜时刻由 Aqua MODIS 传感器探测到的全年 1km 分辨率晴空像元频数的空间分布，如该图所示，研究区偏北部地区每年的晴空天数偏多，但是每年中出现的最大晴空天数也没有超过 213d，而南部长江中下游地区每年的晴空天数更是少到只有 100d 左右。对于光学遥感逐日产品（本小节指 MODIS LST 产品）而言，大量的光学遥感像元缺失严重，影响了利用光学数据对微波遥感反演的土壤水分含量数据的降尺度效果。因此在降尺度工作前需要先采用合适的方法，对研究时间段内存在大量 LST 像元缺失的逐日 LST 影像进行空间插值，使影像能够覆盖研究区的绝大部分地区。

Yu 等（2015）研究发现，在具有相似时空环境特征（季节、海拔、植被地貌等）的区域内，不同像元所代表地表结构单元 LST 的取值具有高度相似性。根据这一结论，假设两个间隔较近的时间点 t 和 t_0，各自有一幅 LST 影像 T_t 和 T_{t0}，t_0 时刻有对应的 NDVI 影像 V_0，相应研究区的高程影像直接用 DEM 表示，则 T_t 应与其他上述影像之间存在某种稳定的函数关系：

$$T_t = f(T_{t0}, V_0, \text{DEM}) \qquad (6.3)$$

本小节假定式（6.3）中函数 f 为线性模型，即可得到：

$$T_t = a_0 \times T_{t0} + a_1 \times V_0 + a_2 \times \text{DEM} + b \qquad (6.4)$$

式中，a_0、a_1、a_2 以及 b 均为线性模型的系数。利用 t 和 t_0 时刻的 LST 影像中所有空间位置对应的晴空像元值，即可对这些回归系数进行拟合求解并构建回归模型，再用回归模型和 t_0 时刻的 LST 影像及其他辅助影像完成对 t 时刻 LST 影像中缺失像元的插补。本小节将 2003～2016 年所有受云雨影响导致像元缺失百分比小于 10% 的 LST 影像作为上述式（6.3）和式（6.4）里的 t_0 参考影像，具体的 t_0 影像的日期分布见表 6.1。

表 6.1　湖北省、安徽省、江苏省覆盖地区 MODIS 像元缺失百分比小于 10% 的 LST 影像每年的具体日序值分布（2003～2016 年）

年份	像元缺失百分比小于 10% 的 LST 影像所对应当年的日序值	参考影像总数/个
2003	83,87,88,104,105,120,300	7
2004	44,45,68,69,74,92,94,110,126,205,209,282,322,323,339,342,343	17
2005	53,92,93,96,115,126,174,179,223,252,298,329,330	13
2006	74,88,118,139,168,169,221,305,307,310,311,312,355	13
2007	29,86,87,126,309,327	6
2008	70,85,114,116,121,122,140,287,333,334,335,336,343,344,351	15
2009	41,42,73,74,110,289,326,327	8
2010	17,50,51,69,71,77,116,121,143,303,309,312,313,315,336,337,342,355	18
2011	35,54,107,108,109,114,115,136	8
2012	73,91,258,305,309,316,317,318	8
2013	46,53,64,66,67,96,104,115,116,132,140,218,258,259,261,263,272,283,284,285,286,295,297,298,320,322,323,328,335	29
2014	69,73,74,85,120,263,275,278,279,282,287,296,297,298,317,323,363	17
2015	42,274,287,293,294,305,359	7
2016	57,86,87,168,169,204,205,206,207,210,240,245,315,343	14

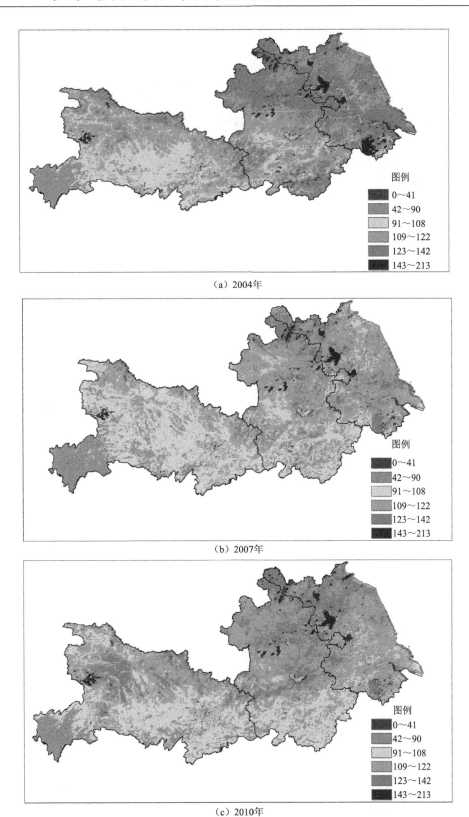

（a）2004年

（b）2007年

（c）2010年

图 6.8　湖北省、安徽省、江苏省地区由 Aqua MODIS 传感器探测到的全年晴空像元频数的空间分布图

考虑到季节变化对时空环境特征的影响可能会降低式（6.4）的适用性，t 和 t_0 的日期差应尽量缩小。在本小节中，限制 $|t-t_0| \leqslant 30\text{d}$，对于有多景影像满足条件的情形，则选择时间距离更小的 t_0 作为参考影像日期。对于如 2003 年或 2007 年这种无法做到每月至少一景参考影像的情形，则需要在该年的最邻近年份（包括前一年和后一年）的相同日期附近按照上述原则挑选参考影像作为替代方案。如果最邻近的两个年份依然没有满足条件的影像，则继续向周边最邻近年份外推，直到获得满足 $|t-t_0| \leqslant 30\text{d}$ 的 t_0 影像。根据此方法可以完成 2003～2016 年所有 Aqua MODIS LST 逐日影像的空间插值，从而使得每张影像的空间覆盖度均不小于 90%。对于大部分影像的插值结果而言，其效果如图 6.9 所示，可以看出在插值得到的 LST 影像中，插值像元与原始 MODIS 像元的连接边界并不明显，整张影像的 LST 取值分布具有较高的空间连续性，这在一定程度上反映了所使用的 LST 插值模型具有较强的稳定性和可靠性。使用插值后的 LST 影像作为被动微波土壤水分含量数据进行空间降尺度所需要的输入参数，完成对后者进行降尺度处理。

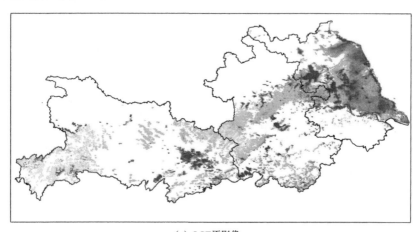

(a) LST 原影像

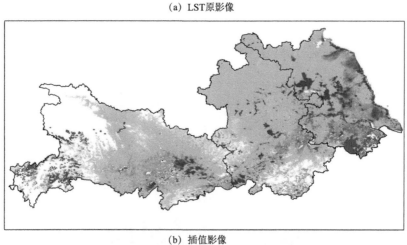

(b) 插值影像

图 6.9　2004 年 10 月 17 日湖北省、安徽省和江苏省夜间 LST 原影像与插值影像的对比图
地表温度为热力学温度（单位为 K）；部分山地地区（坡度>5°）和河湖（NDVI<0）未作显示

6.2.1.2　土壤水分含量数据的降尺度方法和结果分析

依据式（6.2）所表达的微波反演土壤水分含量数据和该公式中各个光学遥感参数之间的函数关系来开展微波遥感土壤水分含量的空间降尺度，其中，最高次幂 n 设定为 $n=2$。首先将 LST、NDVI 和 Albedo 的 1km 影像数据按照"在空间对应微波像元内取平均值"的方法全部重采样成 AMSR 系列微波土壤水分含量数据的 25km 像元尺度，然后对式（6.2）进行系数拟合（插值得到的 LST 像元不参与拟合，微波像元内 1km 像元数量少于 200 个的重采样结果不参与拟合）。式（6.2）的本质是依据蒸散发机理得到的经验公式，在蒸散发过程中各个输入参量的影响权重会因时间（季节）的不同而有所不同，因此原则上在对公式系数进行拟合时应将每天的数据分别拟合，即每个日期拥有一套独立的拟合系数。考虑到每日拟合条件下样本数量的限制，以及 AMSR 影像在研究区所处的中纬度地带大约每两天完成一次对研究区的全覆盖观测，作者采用从每年 1 月 1 日起每两天做一次拟合的策略。图 6.10 给出了其中部分时段的拟合结果对比图，4 个时段的拟合决定系数（R^2）均高于 0.7，表明整体拟合精度较为良好。图 6.11 给出了 2010 年 1 月 1 日～12 月 29 日各个时间段（随机抽取部分日期时段）的 R^2 的时间序列，可以看出虽然时间序列存在较为明显的波动，但是绝大多数情况下 $R^2>0.4$。这表明该方法在该时间范围内依然具有较高的可使用性。图 6.12 给出了 2003 年 1 月 17 日的降尺度结果与原 ASMR-E 微波土壤水分含量数据的分布，可以看出降尺度之后的结果在空间变化趋势上与原图保持一致，而且展现出了地表土壤水分含量的空间变异细节信息。

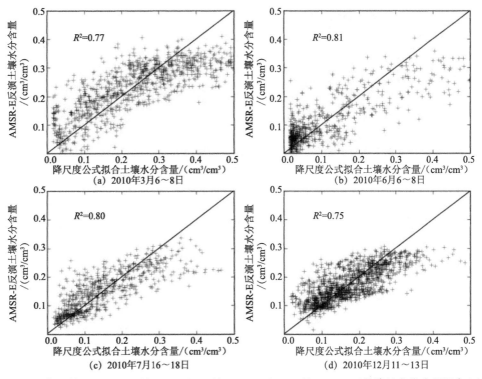

图 6.10　2010 年 3 月 6~8 日、6 月 6~8 日、7 月 16~18 日、12 月 11~13 日的降尺度公式所拟合土壤水分含量和 AMSR-E 反演土壤水分含量的对比图

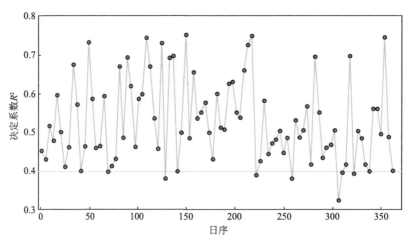

图 6.11 2010 年 1 月 1 日～12 月 29 日（随机抽取部分日期时段）的降尺度公式对微波土壤水分含量数据拟合效果的评估结果（决定系数，R^2）时间序列图

$R^2=0.4$ 的分界线用蓝线标出，可看出绝大多数日期段的决定系数大于 0.4

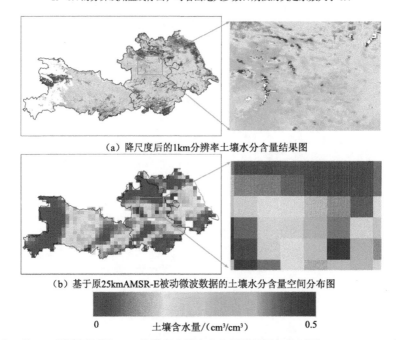

（a）降尺度后的1km分辨率土壤水分含量结果图

（b）基于原25kmAMSR-E被动微波数据的土壤水分含量空间分布图

0 土壤含水量/（cm³/cm³） 0.5

图 6.12 2003 年 1 月 17 日降尺度后的 1km 分辨率土壤水分含量结果图与基于原 25km AMSR-E 被动微波数据的土壤水分含量空间分布图

在（a）中坡度>5°（山体阴影）、NDVI<0（完全水面）、NDVI>0.8（完全植被被覆盖）的像元均已省去

利用安徽省和江苏省境内的 38 个土壤水分自动观测站的站点数据作为参考数据来进行精度验证（图 6.13）。这些土壤水分观测站均在 2009～2010 年完成建站，最晚则是从 2011 年 1月 1 日起开始观测每日逐小时的地表竖直向下 10～100cm 多个不同深度的土壤水分含量值。因此本小节的验证将以 2011 年 1 月 1 日～5 月 31 日的数据集为例。为了对应 AMSR-E 和 MODIS 传感器，通常限制在地表以下 2cm 深度以内的观测数据，选取各站点实测地表以下 0～10cm 深度范围土壤水分含量作为参照数据，验证各站点对应的 1km MODIS 像元内的降尺度土壤水分含量值。根据 Aqua 卫星降轨模式数据在研究区的过境时间大约为当地时间 1∶30 这

一特点,需要将自动站点每日 1：00 和 2：00 的观测数据做平均处理,从而与遥感数据在时间上较好地匹配。

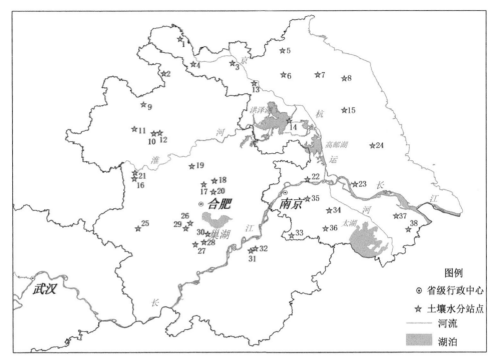

图 6.13　土壤水分含量验证站点空间分布图

对遥感降尺度数据集的时间序列用"五日滑动窗口平均法"做平滑处理,并将所有由遥感手段获取的土壤水分含量 θ_{RS} 重新标定到站点观测的土壤相对湿度 θ_r 的计量空间之下,标定后的遥感土壤相对湿度 θ'_{RS} 被表示为

$$\theta'_{RS}(\%) = (\theta_{RS} - \overline{\theta_{RS}}) \times [s(\theta_r) / s(\theta_{RS})] + \overline{\theta_r} \qquad (6.5)$$

式中, $\overline{\theta}$ 和 s 分别为序列数据的平均值和标准差。

然后,使用 2011 年 1 月 1 日~5 月 31 日所有有 AMSR-E 影像像元覆盖的日期(一般为隔日产生一个有效日期)来构建各个像元对应站点的日期序列,将以站点和卫星数据时间序列计算的决定系数(R^2)和 RMSE 的大小作为评价降尺度算法精度的标准。

图 6.14 给出了图 6.13 中全部 38 个站点(相对应于各自的站点号)的降尺度土壤相对湿度时间序列和站点观测土壤相对湿度时间序列经过数据比较后的决定系数(R^2)和 RMSE,可以看到在所有站点的评价结果当中,大部分站点的 R^2 值都超过 0.5,最高 R^2 值已经超过 0.8,而绝大多数站点的 RMSE 集中在 10%~15%。图 6.15 则给出了其中随机挑选的三个站点(序号分别为第 5 号、第 23 号和第 27 号站点)的精度评价结果。三个站点的统计评价结果都给出了不低于 0.6 的 R^2 和不高于 15%的均方根误差(RMSE)。从站点观测数据和卫星降尺度数据的时间序列来看,两种时间序列数据的大致变化走势保持一致,表明使用该降尺度方法在湖北省、安徽省、江苏省地区获得的 1km 空间分辨率的地表土壤相对湿度数据的精度可靠。

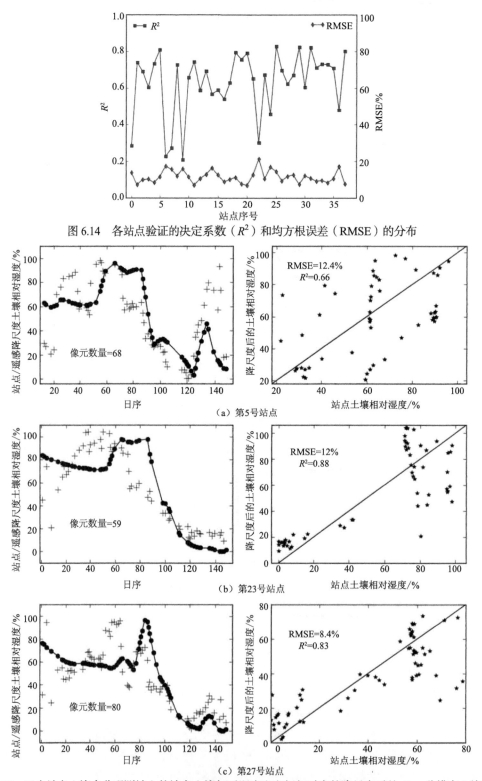

图 6.14　各站点验证的决定系数（R^2）和均方根误差（RMSE）的分布

（a）第5号站点

（b）第23号站点

（c）第27号站点

图 6.15　三个站点土壤水分观测站上的站点土壤相对湿度和空间相对应的降尺度后的 1km 分辨率土壤相对湿度数据集的结果对比图

左列图为 2011 年 1 月 1 日～5 月 31 日的站点和遥感降尺度土壤相对湿度数据的时间序列对比图，实心圆圈连线表示站点序列，十字符号表示遥感数据序列；右列图为两种数据对应的散点分布图，实线代表 1:1 线

6.2.2　基于被动微波和光学热红外遥感土壤水分数据融合的作物湿渍害监测方法研究

利用降尺度得到的 1km 分辨率地表土壤水分含量数据集对湖北省、安徽省、江苏省的农田研究区内历年的湿渍害发生状况进行监测，以检验该数据集在农田湿渍害监测方面的适用性。监测方法流程如图 6.16 所示，首先利用降尺度后的 1km 分辨率每日的地表土壤水分含量数据集计算每个像元的地表土壤相对湿度；然后根据前人研究得出的冬作物湿渍害受灾等级判定标准，利用已经计算得到的地表土壤相对湿度数据集对研究区内历年的湿渍害受灾等级进行监测和制图；再对受灾典型年份进行湿渍害的发生过程监测并进行灾害开始及结束日期的空间分布制图；最后对监测结果进行分析、评价。

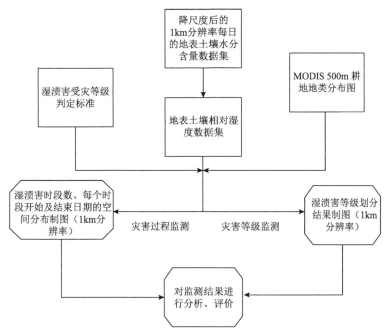

图 6.16　利用降尺度地表土壤水分含量数据集进行冬作物湿渍害监测的方法流程图

本小节在 2003～2011 年使用 AMSR-E 微波土壤水分数据集进行空间降尺度得到较高分辨率的土壤水分含量数据集；而 2013～2016 年则使用 AMSR2 数据集作为降尺度的微波土壤水分数据集。每年具体的监测时间段为冬作物的生长季全季，在本小节中设定为上一年的 11 月 1 日～当年的 5 月 31 日。

6.2.2.1　地表土壤相对湿度的计算

冬作物湿渍害发生的直接原因是在其生长季的某一段或几段特定时间内土壤水分含量持续在接近或超过田间持水量阈值的较高水分含量区间内。田间持水量是反映土壤层内可供植物利用的最大含水量。它是指地下水较深和排水良好的土地经充分灌水或降水后，允许水分下渗，并且防止水分蒸发，经过一段时间后，土壤剖面所能维持较稳定的土壤水分含量。不同质地的土壤，随着土壤颗粒大小的变化，其颗粒的黏着力、通气透水性都会发生变化，其田间持水量也会有所不同。有前人研究发现，当土壤质地分别为黏土、壤土和沙壤土时，测得的平均田间持水量分别为 25.3%、24.6% 和 17.5%（钟诚等，2014），即不同质地的土壤背景下植物对实际土壤水分含量的需求临界值是不同的。结合湿渍害的概念和实际意义,可以认为导致湿渍害发生的土壤水分含量临界值应该也和植物对土壤水分含量的需求临界值(田间持水量)相关,也就是和土壤质地相关。AMSR 微波以及由它降尺度得到的地表土壤水分含量的本质都是土壤表层附近单位体积土壤内的水分体积占比,表征的是单位体积土壤内所含水分的绝对量大小。考虑到每个像元下垫面对应的土壤质地属性(这里的属性包括土壤黏粒和沙粒比例,以及土壤容积密度)可能不同,在湿渍害监测时,应先将 AMSR 降尺度后的地表土壤体积水分含量(单位为 cm^3/cm^3)数据集转换为基于各个像元的土壤相对湿度数据集,再使用后者展开研究区湿渍害的监测工作。以 SM_{re-i} 和 SM_{ab-i} 分别表示像元 i 的土壤相对湿度以及土壤体积水分含量,$SM_{ab-i-max}$ 和 $SM_{ab-i-min}$ 分别表示像元 i 在整个研究时间段内的最大值和最小值,则土壤相对湿度 SM_{re-i} 可以由下式表达:

$$SM_{re-i} = \frac{SM_{ab-i} - SM_{ab-i-min}}{SM_{ab-i-max} - SM_{ab-i-min}} \times 100\% \qquad (6.6)$$

6.2.2.2　基于遥感降尺度地表土壤相对湿度数据集的湿渍害受灾等级监测

通过湿渍害定义以及 6.2.2.1 节论述可知,湿渍害发生的严重程度与平均土壤相对湿度值和高湿度值的持续时间都有很高的相关性。本小节引用毛留喜和魏丽(2015)对湿渍害灾害等级的划定标准来展开基于遥感数据的湿渍害监测。具体的灾害等级判定标准见表 6.2。

表 6.2　湿渍害灾害等级判定标准(毛留喜和魏丽,2015)

湿渍害等级	平均土壤相对湿度/%	冬作物生长季内持续天数/d
轻度	91~95	15~20
	96~99	10~15
中度	91~95	20~25
	96~99	15~20
重度	91~95	>25
	96~99	>20

研究区从 2002~2003 年到 2010~2011 年以及 2012~2013 年到 2015~2016 年每年冬作物生长季(当年的 11 月~次年 5 月)的湿渍害等级空间分布如图 6.17 所示。由表 6.3 可知,在 2011 年之前,2002~2003 年,2005~2006 年和 2006~2007 年的湿渍害总受灾面积均超过了农田总面积的 40%,这与前人的研究中关于 2011 年之前在该研究区出现的典型湿渍害年份的描述基本契合(盛绍学等,2009;毛留喜和魏丽,2015)。此外统计显示自 2013~2014 年冬作物生长季至 2015~2016 年生长季期间湿渍害发生的强度都明显高于往年均值,总体受灾面积占研究区农田总面积百分比都在 45% 以上,尤其 2013~2014 年生长季的总体受灾面积将近 80%。总结所有以上年份的受灾情况可以发现,主要受灾地区分布于安徽省淮河以南的中部及中部偏南地区、江苏省偏南部以及偏西部地区和湖北省江汉平原及周边地区,这些地区也同样与前人研究中所划定的湿渍害高风险地区基本吻合(吴洪颜等,2012;张淑贞等,2011;盛绍学等,2010)。

6.2.2.3　基于遥感降尺度地表土壤相对湿度数据集的湿渍害发生过程监测

湿渍害发生过程的监测示范仅以 2002~2003 年冬作物生长季为例。根据前人研究总结(毛留喜和魏丽,2015),本小节以 10d 作为一个湿渍害持续过程持续天数的最低阈值,含义解析如图 6.18 所示,并在研究时间段内提取各个像元上的湿渍害持续过程的具体数量,结果如

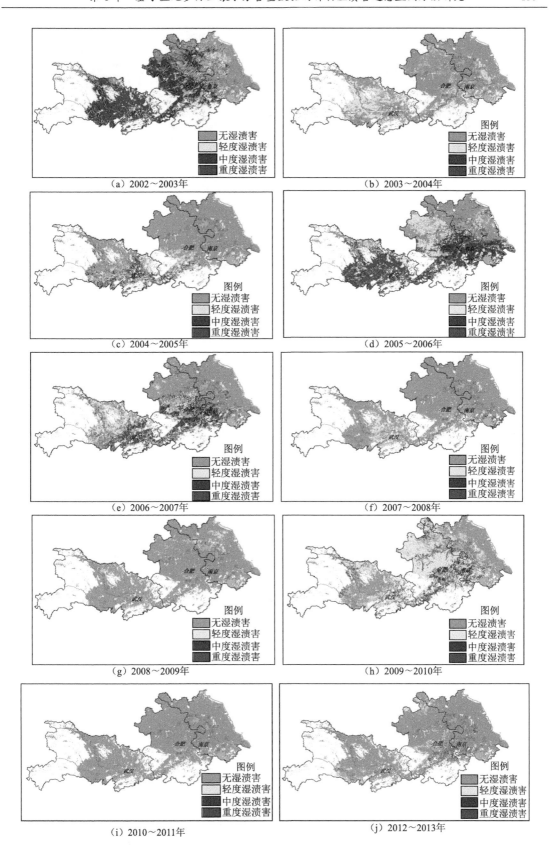

（a）2002～2003年

（b）2003～2004年

（c）2004～2005年

（d）2005～2006年

（e）2006～2007年

（f）2007～2008年

（g）2008～2009年

（h）2009～2010年

（i）2010～2011年

（j）2012～2013年

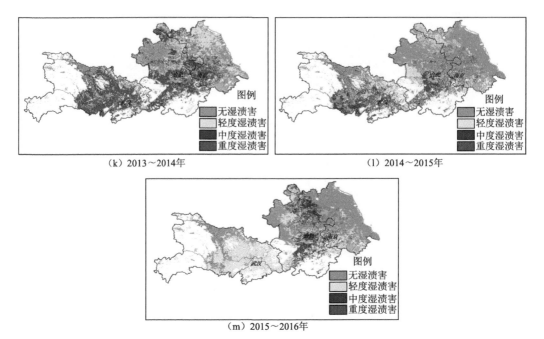

（k）2013～2014年　　　　　　　　（l）2014～2015年

（m）2015～2016年

图 6.17　从 2002～2003 年到 2010～2011 年以及 2012～2013 年到 2015～2016 年研究区内的
湿渍害等级空间分布图

表 6.3　利用遥感数据监测湿渍害得到的研究区内历年冬作物湿渍害受灾（轻度、中度、重度湿渍害）面积占
研究区农田总面积的百分比统计

时期	受灾面积占研究区农田总面积的百分比/%			
	轻度湿渍害	中度湿渍害	重度湿渍害	总体
2002～2003 年	12.92	15.01	40.18	68.11
2003～2004 年	22.52	0.05	0.90	23.47
2004～2005 年	14.02	1.17	9.89	25.08
2005～2006 年	22.74	8.77	38.63	70.13
2006～2007 年	21.29	4.94	21.56	47.79
2007～2008 年	9.88	1.08	1.02	11.99
2008～2009 年	5.10	0.32	0.94	6.37
2009～2010 年	48.99	0.02	16.03	65.04
2010～2011 年	2.53	0.03	0.96	3.52
2012～2013 年	9.08	0.85	2.48	12.41
2013～2014 年	30.46	0.75	48.78	79.99
2014～2015 年	26.43	3.80	15.96	46.18
2015～2016 年	39.36	8.25	5.31	52.92

图 6.19 所示，可以看出在这个冬作物生长季内，研究区里的受灾像元对应的农田下垫面上分
别经历了 1～2 个日期连续的湿渍害持续过程。基于这一结果，图 6.20 和图 6.21 则分别给出
了这两个湿渍害持续时段各自开始与结束时间的空间分布，图中显示研究区在 2002～2003 年
的冬作物生长季里，长时间（≥10d）的高湿度（土壤相对湿度≥90%）连续时段主要发生在

1 月下旬～3 月上旬的时间段里，湖北省江汉平原地区、安徽省东北部及江苏省西北部交界的湿渍害过程开始时间普遍较早，集中在 1 月下旬～2 月上旬，并且有部分地区经过了两个互相分离的湿渍害持续过程。而其他地区所经历的湿渍害受灾过程则集中在 2 月上旬～3 月上旬，且大部分地区只经历了一个湿渍害持续过程。

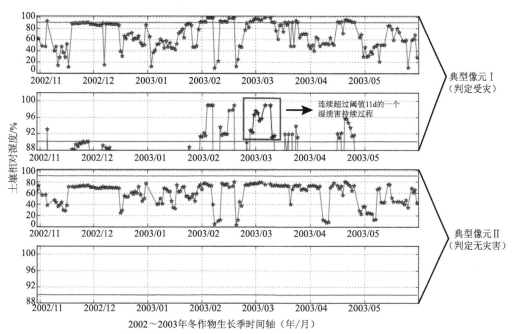

图 6.18 随机挑选的两个典型像元 I（判定受灾）和 II（判定无灾害）在 2002～2003 年冬作物生长季里的土壤相对湿度时间序列对比图

每个像元的序列图用 Y 轴区间为[0,100%]和[88,100%]在各典型像元的上、下两张子图分别表示。土壤相对湿度为 90%的阈值用红线表示，判定像元受灾的湿渍害持续时段（土壤相对湿度≥90%连续不少于 10d）用蓝色序列强调并用红框框出

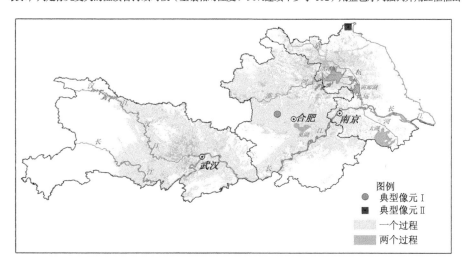

图 6.19 2002 年 11 月～2003 年 5 月冬作物湿渍害持续过程（每个过程满足在连续不少于 10d 的持续期内其土壤相对湿度≥90%）数量空间分布图

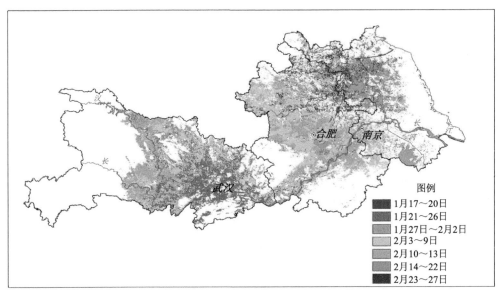

(a) 第一个持续过程开始时间

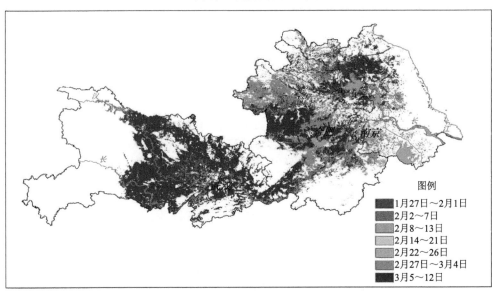

(b) 第一个持续过程结束时间

图 6.20　2002 年 11 月～2003 年 5 月冬作物湿渍害第一个持续过程的开始和结束时间

　　总体来说，以上展示的各个湿渍害监测结果图在一定程度上表明了使用光学类遥感数据对被动微波观测数据进行降尺度反演得到的土壤水分数据集在监测湿渍害发生的应用中比较有效。随着近年来更加专业的被动微波土壤水分含量探测传感器的升空运行，如 SMOS、SMAP 等，具有更高反演精度的降尺度（中、高空间分辨率）地表土壤水分含量数据集的获取也成为可能。这些都为使用遥感数据在大范围空间内监测冬作物湿渍害的发生提供了更好的条件。利用遥感反演土壤水分数据监测农作物湿渍害的研究尚处于最初阶段，前人的相关研究及可供现阶段采纳的监测指标的数量都相对较少，未来的研究应考虑如何更加紧密地结合气象领域关于湿渍害的监测指标来进一步优化遥感尺度层面的监测指标，进而在大尺度区域内使用高时空分辨率的遥感土壤水分数据集对冬作物湿渍害的发生做出更加精确、高效的监测。

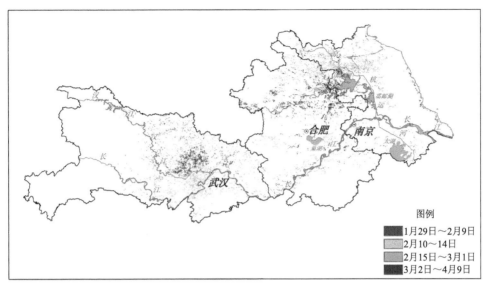

(a) 第二个持续过程开始时间

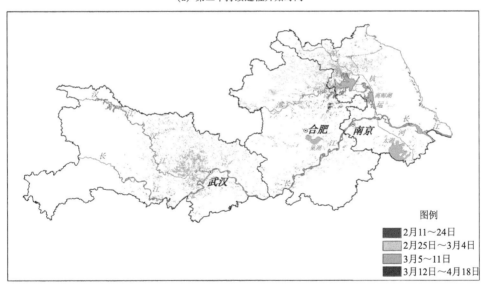

(b) 第二个持续过程结束时间

图 6.21　2002 年 11 月～2003 年 5 月冬作物湿渍害第二个持续过程的开始和结束时间

6.3　小　　结

本章使用主动微波遥感数据、被动微波遥感数据、光学卫星遥感数据和地面观测数据，研究基于星地多源土壤水分数据的冬作物湿渍害监测方法。通过 ERS-1/2 和 ASCAT 土壤水分含量数据，以土壤相对湿度大于 90%，持续天数达到 10d、达到 15d、达到 20d 为标准，对 1992～2000 年和 2007～2014 年的研究区域，划分了在各个时期的湿渍害等级，并实现了对湿渍害的开始、结束及持续时间进行空间监测和制图，这对于构建研究湿渍害的发生和相关监测方法的长时间序列遥感数据集，具有重要意义。

AMSR-E、AMSR-2 被动微波观测反演的土壤水分含量数据产品时间分辨率高，但空间分辨率低；相反，利用光学和热红外遥感反演的土壤水分含量数据空间分辨率高，但容易受到云雨天气影响，为了获得高时空分辨率的土壤水分含量数据，利用光学和热红外遥感数据集对被动微波反演地表土壤水分含量数据集进行空间降尺度处理，获得 1km 空间分辨率、1～3d 重访的地表土壤水分含量产品，验证结果表明，与对应地面站点在同时间段观测得到的土壤水分含量数据具有较为一致的时空变化规律。

根据前人研究得出的冬作物湿渍害受灾等级判定标准，利用星地多源数据融合得到的土壤相对湿度数据集，获得研究区内历年的湿渍害受灾等级分布图，对典型湿渍害年（2002～2003 年）进行湿渍害发生的过程监测并得到灾害开始及结束时间的空间分布图。历年的湿渍害受灾分级结果图所表现的湿渍害发生的空间分布规律与前人的相关研究结论总体一致，而对受灾持续时段开始及结束时间的监测则展示了高时空分辨率的遥感土壤水分含量数据集对已经实际发生或潜在的湿渍害事件具有较高敏感性，该数据集对灾害过程关键时间节点的及时捕捉有利于改进现有的灾害预警机制。

参 考 文 献

毛留喜, 魏丽. 2015. 大宗作物气象服务手册. 北京: 气象出版社.

盛绍学, 石磊, 张玉龙. 2009. 江淮地区冬小麦渍害指标与风险评估模型研究. 中国农学通报, 25(19): 263-268.

盛绍学, 霍治国, 石磊. 2010. 江淮地区小麦涝渍灾害风险评估与区划. 生态学杂志, (5): 985-990.

王丽莉. 2008. 利用 MODIS 数据反演土壤含水量.东北师范大学硕士学位论文.

吴洪颜, 高苹, 徐为根, 等. 2012. 江苏省冬小麦湿渍害的风险区划. 生态学报, 32(6): 1871-1879.

邢文渊. 2006. 基于 MODIS 影像数据反演干旱区土壤湿度方法研究. 新疆大学硕士学位论文.

张淑贞, 朱建强, 杨威, 等. 2011. 江汉平原小麦湿害分析及其防控措施. 湖北农业科学, 50(19): 3916-3920.

赵军, 任皓晨, 赵传燕, 等. 2009. 黑河流域土壤含水量遥感反演及不同地类土壤水分效应分析. 干旱区资源与环境, 23(8): 139-144.

郑有飞, 黄图南, 段长春, 等. 2017. 微波遥感土壤湿度反演算法及产品研究进展. 江苏农业科学, 45(5): 1-7.

钟诚, 张军保, 韩晓明, 等. 2014. 不同土壤质地田间持水量实验成果分析. 东北水利水电, 32(5): 65-67.

Al-Yaari A, Wigneron J P, Ducharne A, et al. 2014. Global-scale evaluation of two satellite-based passive microwave soil moisture datasets (SMOS and AMSR-E) with respect to Land Data Assimilation System estimates. Remote Sensing of Environment, 149: 181-195.

Bartails Z, Wagner W, Naeimi V, et al. 2007. Initial soil moisture retrievals from the METOP-A Advanced Scatterometer. Geophysical Research Letters, 34(20): 1-5.

Brocca L, Hasenauer S, Lacava T, et al. 2011. Soil moisture estimation through ASCAT and AMSR-E sensors: An intercomparison and validation study across Europe. Remote Sensing of Environment, 115: 3390-3408.

Carlson T N, Gillies R R, Perry E M. 1994. A method to make use of thermal infrared temperature and NDVI measurements to infer surface soil water content and fractional vegetation cover. Remote Sensing Reviews, 9: 161-173.

Champagne C, Mcnairn H, Berg A A. 2011. Monitoring agricultural soil moisture extremes in Canada using passive microwave remote sensing. Remote Sensing of Environment, 115: 2434-2444.

Chauhan N S, Miller S, Ardanuy P. 2003. Spaceborne soil moisture estimation at high resolution: a microwave-optical/IR synergistic approach. International Journal of Remote Sensing, 24: 4599-4622.

Chen Y, Yang K, Qin J, et al. 2013. Evaluation of AMSR-Eretrievals and GLDAS simulations against observations of a soil moisture network on the central Tibetan Plateau. Journal of Geophysical Research Atmospheres, 118:

4466-4475.

Davis D T, Chen Z, Hwang J N, et al. 1995. Solving inverse problems by Bayesian iterative inversion of a forward model with applications to parameter mapping using SMMR remote sensing data. IEEE Transactions on Geoscience and Remote Sensing, 33(5): 1182-1193.

De Jeu R A M, Wagner W, Holmes T R H, et al. 2008. Global soil moisture patterns observed by space borne microwave radiometers and scatterometers. Surveys in Geophysics, 29: 399-420.

Draper C S, Mahfouf J F, Walker J P. 2009a. An EKF assimilation of AMSR-E soil moisture into the ISBA land surface scheme. Journal of Geophysical Research Atmospheres, 114: D20104.

Draper C S, Walker J P, Steinle P J, et al. 2009b. An evaluation of AMSR-E derived soil moisture over Australia. Remote Sensing of Environment, 113: 703-710.

Entekhabi D, Njoku E G, O'Neill P E, et al. 2010. The Soil Moisture Active Passive (SMAP) Mission. Proceedings of the IEEE, 98:704-716.

Gouweleeuw B T, M Van Dijk A I J, Guerschman J P, et al. 2012. Space-based passive microwave soil moisture retrievals and the correction for a dynamic open water fraction. Hydrology and Earth System Sciences, 16: 1635-1645.

Gruhier C, De Rosnay P, Hasenauer S, et al. 2010. Soil moisture active and passive microwave products: intercomparison and evaluation over a Sahelian site. Hydrology and Earth System Sciences, 14: 141-156.

Ines A V M, Das N N, Hansen J W, et al. 2013. Assimilation of remotely sensed soil moisture and vegetation with a crop simulation model for maize yield prediction. Remote Sensing of Environment, 138: 149-164.

Jackson T J. 1993. Measuring surface soil-moisture using passive microwave remote-sensing. Hydrological Processes, 7: 139-152.

Jackson T J, Schmugge T J. 1991. Vegetation effects on the microwave emission of soils. Remote Sensing of Environment, 36(3): 203-212.

Jackson T J, Schmugge T J, Wang J R. 1982. Passive microwave sensing of soil-moisture under vegetation canopies. Water Resources Research, 18: 1137-1142.

Jones L A, Kimball J S, Podest E, et al. 2009. A method for deriving land surface moisture, vegetation optical depth, and open water fraction from AMSR-E. Gape Town: IEEE International Geoscience and Remote Sensing Symposium.

Kahle A B, Gillespie A R, Goetz A F. 1976. Thermal inertia imaging: A new geologic mapping tool. Geophysical Research Letters, 3: 26-28.

Keer Y H, Waldteufel P, Wigneron J P, et al. 2001. Soil moisture retrieval from space: The Soil Moisture and Ocean Salinity (SMOS) mission. IEEE Transactions on Geoscience and Remote Sensing, 39:1729-1735.

Koike T, Nakamura Y, Kaihotsu I, et al. 2004. Development of an Advanced Microwave Scanning Radiometer (AMSR-E) algorithm of soil moisture and vegetation water content. Annual Journal of Hydraulic Engineering, JSCE, 48: 217-222.

Massari C, Brocca L, Barbetta S, et al. 2014. Using globally available soil moisture indicators for flood modelling in Mediterranean catchments. Hydrology and Earth System Sciences, 18: 839-853.

Mo T, Choudhury B J, Schmugge T J, et al. 1982. A model for microwave emission from vegetation-covered fields. Journal of Geophysical Research Oceans, 87: 1229-1237.

Naeimi V, Scipal K, Bartails Z, et al. 2009. An Improved Soil Moisture Retrieval Algorithm for ERS and METOP Scatterometer Observations. IEEE Transactions on Geoscience and Remote Sensing, 47(7):1999-2013.

Njoku E G, Chan S K. 2006. Vegetation and surface roughness effects on AMSR-E land observations. Remote Sensing of Environment, 100: 190-199.

Njoku E G, Jackson T J, Lakshmi V, et al. 2003. Soil moisture retrieval from AMSR-E. IEEE Transactions on Geoscience and Remote Sensing, 41:215-229.

Owe M, De Jeu R, Walker J. 2001. A methodology for surface soil moisture and vegetation optical depth retrieval using the microwave polarization difference index. IEEE Transactions on Geoscience and Remote Sensing, 39: 1643-1654.

Owe M, De Jeu R, Holmes T. 2008. Multisensor historical climatology of satellite-derived global land surface moisture. Journal of Geophysical Research Earth Surface, 113: 196-199.

Parinussa R M, Holmes T R H, Wanders N, et al. 2015. A preliminary study toward consistent soil moisture from AMSR2. Journal of Hydrometeorology, 16: 932-947.

Pohn H, Offield T, Watson K. 1974. Thermal inertia mapping from satellites discrimination of geologic units in Oman. Journal of Research of U S Geological Survey, 2(2): 147-158.

Rüdiger C, Calvet J C, Gruhier C, et al. 2009. An intercomparison of ERS-Scat and AMSR-E soil moisture observations with model simulations over France. Journal of Hydrometeorology, 10(2): 431-447.

Wagner W, Scipal K. 2000. Large-scale soil moisture mapping in western Africa using the ERS scatterometer. IEEE Transactions on Geoscience and Remote Sensing, 38(4):1777-1782.

Wagner W, Lemoine Gg, Borgeaud M, et al. 1999a. A study of vegetation cover effects on ERS scatterometer data. IEEE Transaction on Geoscience and Remote Sensing, 37(2):938-948.

Wagner W, Lemoine Gg, Rott H. 1999b. A method for estimating soil moisture from ERS scatterometer and soil data. Remote Sensing of Environment, 70(2):191-207.

Wagner W, Noll J d, Borgeaud M, et al. 1999c. Monitoring soil moisture over the Canadian Prairies with the ERS scatterometer. IEEE Transactions on Geoscience and Remote Sensing, 37(1):206-216.

Woodhouse I H.2005. Introduction to microwave remote sensing. Photogrammetric Record, 24(126):E64-E74.

Xue Y, Cracknell A. 1995. Advanced thermal inertia modelling. International Journal of Remote Sensing, 16: 431-446.

Yu W, Nan Z, Wang Z, et al. 2015. An effective interpolation method for MODIS land surface temperature on the Qinghai-Tibet Plateau. IEEE Journal of Selected Topics in Applied Earth Observations and Remote Sensing, 8(9): 4539-4550.

第 7 章　作物湿渍害预报方法研究

本章首先尝试用太平洋海温场和大气环流特征量进行冬小麦春季湿渍害指数预报、利用中国气象局陆面数据同化系统（CMA Land Data Assimilation System，CLDAS）的土壤水分含量数据作为基础，结合精细化数值天气预报进行 5～7d 的湿渍害预报。

7.1　春季湿渍害评估指数的海温预报模型

根据海气相互作用原理（章基嘉和葛玲，1983；沙万英和李克让，1991；宗海锋等，2005；高辉，2006；姚素香和张耀存，2006；郑建萌等，2007；李秋林，2008），海温的变化将不仅影响大气环流系统的变化，而且对降水、温度等地面气象要素的变化也具有十分重要的影响，是温度、降水等气候预测的关键因素。春季湿渍害发生、发展与连阴雨密切相关。根据连阴雨发生的过程长短及次数，可以间接确定湿渍害发生与否。那么，作为长江中下游地区春季常见的天气过程，连阴雨是受稳定的、大尺度的环流背景影响，与太平洋海温存在必然联系。

7.1.1　春季连阴雨与太平洋海温相关分析

本节所用的 1961～2015 年逐日降水量、降水日数、日照时数等气象资料均来自江苏省气象信息中心，其中淮北地区有 20 个站、江淮之间有 29 个站、苏南地区有 19 个站。1961～2015 年太平洋（10°S～50°N，120°E～80°W）5°×5°共 286 个格点的海平面温度资料来自国家气候中心。

连阴雨的划分标准如下（项瑛等，2011），①5d 及以上的连阴雨过程定义为一次连阴雨过程，日雨量（前一日 20 时～当日 20 时）达 0.1mm 的日数与过程总日数的比率达 70%或以上，若含无雨日，该日的日照时数在 5h 以下；②连续 3d 无 0.1 mm 及以上降水，则作为连阴雨结束；③一次过程的总雨量必须在 10.0mm 以上；④春季连阴雨指 3 月 1 日～5 月 31 日出现的连阴雨。

7.1.1.1　春季连阴雨时空分布特征

统计江苏省连阴雨历年资料，从地理分布上看，淮北地区发生连阴雨的次数明显少于苏南地区，淮北地区 14～35 次，发生频率为 25.5%～63.6%；江淮之间 35～89 次，发生频率为 63.6%～161.8%；苏南地区 49～114 次，发生频率为 89.1%～207.3%（表 7.1）。连续 15d 以上的连阴雨，1961 年以来淮北地区仅在 1964 年出现一次，苏南地区为 10 年一遇。从连阴雨的过程看，淮北地区的连阴雨一般不会单独出现，往往是由苏南地区连阴雨的北扩而形成。

表 7.1　1961～2015 年春季连阴雨发生频率

地区	淮北地区				江淮之间					苏南地区			
城市	徐州	连云港	宿迁	淮阴	盐城	扬州	泰州	南通	南京	镇江	常州	无锡	苏州
总次数	21	14	28	35	35	66	59	89	73	49	93	107	114
频率/%	38.2	25.5	50.9	63.6	63.6	120	107.3	161.8	132.7	89.1	169.1	194.5	207.3

图 7.1 反映了江苏省徐州、淮安、南京和苏州在 1961～2015 年春季连阴雨发生次数的趋势变化，4 站的变化趋势基本一致，说明了在时间分布上苏南和淮北的规律是相同的。其中高值点分别位于 1963 年、1976 年、1991 年、1998 年和 2002 年，但数值大小从南到北逐渐减少，也印证了连阴雨的地理分布特征。

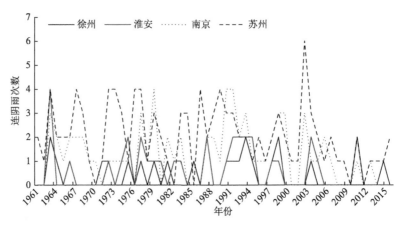

图 7.1　江苏省徐州、淮安、南京和苏州在 1961～2015 年春季发生连阴雨次数

7.1.1.2　春季连阴雨与前期太平洋海温的相关普查

为寻找江苏省春季连阴雨的前期强信号区，尝试了解赤道太平洋海温对春季连阴雨的影响（吴洪颜等，2003，2004），对江苏省 3 个地区的当年春季连阴雨指标（发生次数）与上一年 1 月～当年 3 月共 15 个月海温场资料进行计算，分析了资料的相关系数，根据邻近原则，寻找相关区（图 7.2），红色为正相关区，蓝色为负相关区。结果发现春季连阴雨对上一年 3 月～当年 3 月的太平洋海温响应明显，不仅在赤道东太平洋存在较大范围正相关区，而且在西北太平洋附近有负相关区。同时发现，高相关海温区的大小随时间波动明显，自上一年 6 月开始相关海区的面积呈上升趋势，在上一年 12 月达到极值，然后逐渐下降（图 7.3），这表明江苏省春季连阴雨的发生与太平洋海温场存在响应关系，海温场的影响区随季节不同而发生变化。同时，江淮之间和苏南地区响应的海区明显大于淮北地区。

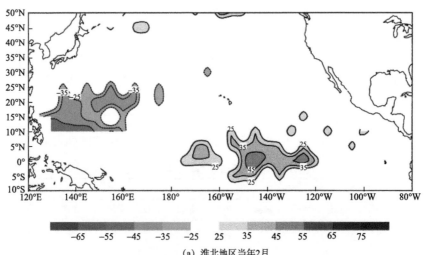

(a) 淮北地区当年2月

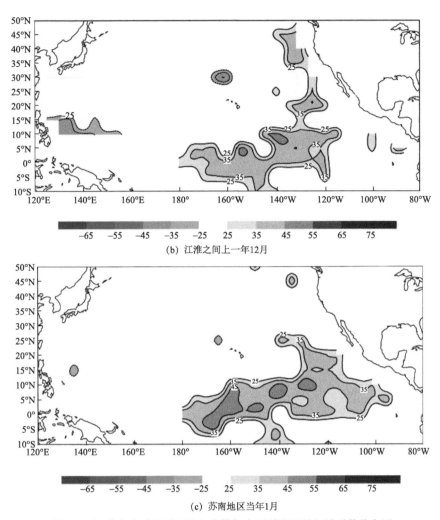

(b) 江淮之间上一年12月

(c) 苏南地区当年1月

图 7.2 江苏省春季连阴雨发生次数与太平洋海温的相关系数分布图

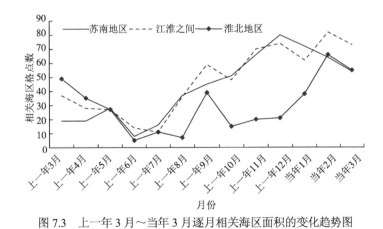

图 7.3 上一年 3 月～当年 3 月逐月相关海区面积的变化趋势图

7.1.1.3 春季连阴雨与太平洋海温异常的显著性检验

太平洋海温与江苏省春季降水既然存在响应，那么表征海温异常的厄尔尼诺（El Niño）、拉尼娜（La Nina）事件与连阴雨的关系则需进一步检验。1961 年以来受恩索（ENSO）现象影响的年份有 12 次厄尔尼诺和 13 次拉尼娜事件，其中厄尔尼诺年包括 1963 年、1965 年、1968 年、1972 年、1982 年、1986（1987）年、1991 年、1994 年、1997 年、2002 年、2006 年、2009 年。拉尼娜年包括 1961 年、1962 年、1964 年、1967 年、1970（1971）年、1973（1975）年、1983（1985）年、1988 年、1995 年、1998（1999）年、2007 年、2010 年、2011 年，括号内年份表示恩索事件持续超过两个冬季，该年冬季继续受恩索影响。为检验恩索现象的滞后影响年和非恩索年江苏省春季连阴雨的显著性，采用 t 检验：

$$t = \frac{\overline{x_1} - \overline{x_2}}{\sqrt{n_1 s_1^2 + n_2 s_2^2}} \sqrt{\frac{n_1 n_2 (n_1 + n_2 - 2)}{n_1 + n_2}} \tag{7.1}$$

式中，$\overline{x_1}$ 是受恩索事件影响的次年连阴雨次数；s_1^2 是受恩索事件影响的次年连阴雨次数的方差；n_1 是受恩索事件影响的样本数；$\overline{x_2}$ 是未受恩索事件影响的次年连阴雨次数；s_2^2 是未受恩索事件影响的次年连阴雨次数的方差；n_2 是未受恩索事件影响的样本数。

用式（7.1）计算厄尔尼诺年和非厄尔尼诺年与次年江苏省春季连阴雨发生次数的 t 检验值，$t_{全省}$=2.941，$t_{苏南}$=3.0758，$t > t_\alpha = 2.672$，通过 α=0.01 的显著性检验。

拉尼娜年和非拉尼娜年与次年江苏省春季连阴雨发生次数的 t 检验值表明，$t_{全省}$=−1.1872，$t_{苏南}$=−1.1518，$t_{江淮}$=−1.3213，均未通过显著性检验。

又分别计算了当年前期海温异常与春季连阴雨的相关系数（表 7.2），多通过 α=0.05 水平的显著性检验，其中江淮之间以及全省春季连阴雨发生次数与厄尔尼诺事件的响应显著水平达到 α=0.01。

表 7.2　恩索事件与当年江苏春季连阴雨发生次数的相关分析

恩索事件	淮北地区	江淮之间	苏南地区	全省
厄尔尼诺事件	0.2365	0.2744	0.2354	0.2719
拉尼娜事件	−0.1953	−0.2740	−0.2008	−0.2458

从以上的检验结果可知，江苏省春季连阴雨发生的次数受恩索现象的滞后影响显著，其中与厄尔尼诺事件呈正相关，与上一年拉尼娜事件无显著关系。厄尔尼诺事件对当年江苏春季连阴雨发生次数呈正效应，拉尼娜事件对当年江苏省春季连阴雨呈负效应。

7.1.2　春季湿渍害评估指数的海温预报模型构建

为了寻找长江中下游地区冬小麦春季湿渍害发生的前期强信号区，分别计算了湿渍害灾损风险区划的 3 个区（Ⅰ区=风险高值区；Ⅱ区=风险中值区；Ⅲ区=风险低值区）的当年平均冬小麦春季湿渍害指数与上一年 1 月～当年 3 月的各月海温的相关系数（吴洪颜等，2016）。受篇幅限制，每个区选取两个高相关系数图为例（图 7.4），详细分析 3 个区的当年冬小麦春季湿渍害指数与太平洋海温的相关性。Ⅰ区冬小麦春季湿渍害指数与上一年9 月～当年 3 月太平洋海温均存在高相关区（指相关系数 ≥0.35 或 ≤−0.35，通过 0.05 显著性检验），上一年 9～10 月在西太平洋 10°N 以北存在显著负相关，高相关中心均在 0.35 以上，其中上一年 9 月[图 7.4（a）]负相关区域位于 20°N～30°N，135°E～180°E；上一年 11月～当年 3 月，东太平洋存在显著正相关，上一年 11 月正相关区位于赤道东太平洋 10°N 附近，相关系数≥0.45，上一年 12～当年 3 月，高相关区域逐渐西南移，当年 2 月[图 7.4（b）]高相关区域位于 5°N～5°S，100°W～180°。对于Ⅱ区，冬小麦春季湿渍害指数与上一年 11 月～当年 2 月东太平洋海温均存在高相关区（指相关系数≥0.35 或≤-0.35，通过 0.05 显著性检验），上一年 11 月[图 7.4（c）]高相关区中心位于 15°N 附近，上一年 12 月～当年 2 月[图 7.4（d）]高相关区均位于赤道附近。对于Ⅲ区，高相关区域均位于西太平洋，其中上一年 9 月[图 7.4（e）]存在显著负相关，相关区域位于 20°N～30°N，140°E～165°E，当年 2～3 月存在显著正相关，高相关区位于 30°N～35°N，其中当年 3 月[图 7.4（f）]的高值中心位于 30°N～40°N，160°E～180°。由此可见，冬小麦春季湿渍害发生与太平洋海温关系密切，但对于不同的分区，其海温影响关键区和影响时段均存在差异。

利用以上计算和分析结果，为了避免相关的偶然性，根据场相关分析原理，剔除单个或连续 2、3 个高相关的因子，以存在连续 4 个以上相关显著格点的海区作为 1 个相关显著区，取区内格点海温的平均值作为 1 个预测因子。

如何选择出相关显著、稳定且独立的预报因子是回归预报的关键和基础。由于自变量与因变量之间存在着不同形式（线性、非线性）的相关关系，如果单用相关区格点海温的平均值作为自变量，那么所建立的预测模型拟合和预报效果不一定达到最佳。因此，将相关区内格点海温的平均值进行最优化处理（汤志成和高苹，1989；汤志成和孙涵，1992；潘敖大等，2010）。表 7.3 是海温预测因子经过线性和最优化因子处理后的相关系数，可以看出海温预报因子经过最优化转换后与预报量的相关性明显提高。此外，预报因子在建模前还需进行稳定性、独立性检验，剔除不稳定因子，保证模型的平稳性。

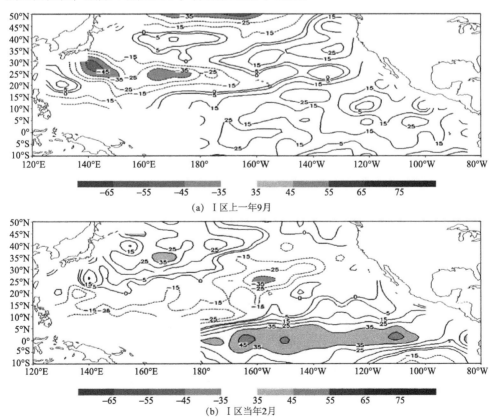

(a) Ⅰ区上一年9月

(b) Ⅰ区当年2月

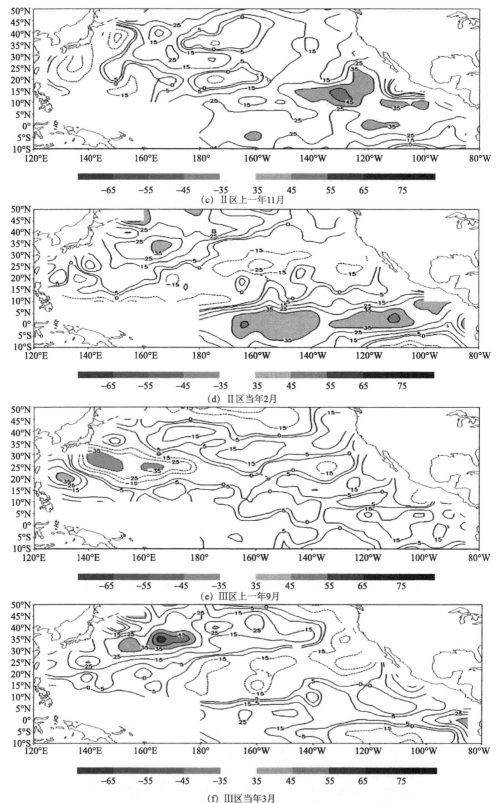

(c) Ⅱ区上一年11月

(d) Ⅱ区当年2月

(e) Ⅲ区上一年9月

(f) Ⅲ区当年3月

图 7.4 长江中下游冬小麦春季湿渍害评估指数与太平洋海温的相关系数

相关系数值已扩大 100 倍，填色区域是指相关系数通过了 0.05 显著性检验

表 7.3　经过线性和最优化处理后海温预报因子的相关系数

海温预报因子	X_1	X_2	X_3	X_4	X_5	X_6	X_7	X_8	…
线性处理	0.44	0.43	0.43	0.36	−0.51	−0.49	−0.34	−0.43	…
最优化处理	0.45	0.51	−0.47	0.41	−0.53	−0.53	0.53	0.53	…

用经过最优化处理、稳定性、独立性检验后的高相关区海温作为预报因子：$X_1' = (|X_1 - 295.8|/26.2 + 0.5)^{-5.05}$，$X_1$ 为上一年 4 月 0°N～5°N，170°W～180° 中 5 个网格点海区的温度平均值，单相关系数为 0.41；$X_2' = (|X_2 - 265.9|/11.9 + 0.5)^{-3.59}$，$X_2$ 为上一年 5 月 15°N～20°N，105°W～120°W 中 4 个网格点海区的温度平均值，单相关系数为 0.60；$X_3' = (|X_3 - 293.3|/20.8 + 0.5)^{-1.21}$，$X_3$ 为上一年 6 月 10°N～15°N，155°E～165°E 中 4 个网格点海区的温度平均值，单相关系数为 0.47；$X_4' = (|X_4 - 288.7|/14.3 + 0.5)^{-10}$，$X_4$ 为上一年 8 月 5°N～5°S，155°W～180° 中 8 个网格点海区的温度平均值，单相关系数为 0.49；$X_5' = (|X_5 - 296.6|/17.8 + 0.5)^{1.27}$，$X_5$ 为上一年 12 月 10°N，130°E～145°E 中 4 个网格点海区的温度平均值，单相关系数为−0.40；$X_6' = (|X_6 - 159.8|/19.4 + 0.5)^{1.38}$，$X_6$ 为当年 3 月 30°N～35°N，150°E～175°E 中 7 个网格点海区的温度平均值，单相关系数为 0.48；$X_7' = (|X_7 - 253.7|/37.5 + 0.5)^{-5.20}$，$X_7$ 为当年 3 月 5°N～10°S，80°W～95°W 中 6 个网格点海区的温度平均值，单相关系数为−0.55。利用逐步回归方法（张启锐，1988），建立冬小麦春季湿渍害评估指数的海温预报模型（表 7.4），从表中可以看出，3 个区的预报模型均达到 0.01 极显著水平。

表 7.4　长江中下游冬小麦湿渍害评估指数的海温预报模型

模型	F 值	R
Ⅰ区：$Y = -1.170X_1' + 0.123X_2' + 0.136X_3' - 0.561$	33.616（$F_{0.01}$=3.27）[*]	0.881[**]
Ⅱ区：$Y = 0.012X_1' + 0.058X_2' + 0.184X_3' + 0.001X_4' + 0.279X_5' + 0.421X_6' - 0.016\,X_7' - 0.288$	26.982（$F_{0.01}$=3.10）[*]	0.940[**]
Ⅲ区：$Y = -0.007X_1' - 0.516X_2' - 0.629X_3' - 3.496X_4' + 5.220$	28.111（$F_{0.01}$=2.97）[*]	0.895[**]

[*]表示为模型通过信度 0.01 的显著检验。
[**]表示为模型的复相关系数。

利用上述预报模型进行回代检验，对湿渍害评估指数的海温预报模型进行模拟，图 7.5 分别给出三个区域海温预报模型的拟合情况。可以看出，模型的历史拟合效果较好。

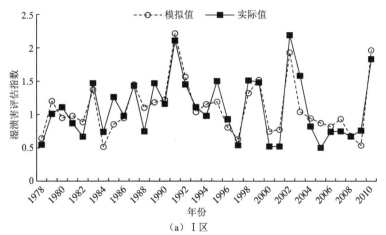

（a）Ⅰ区

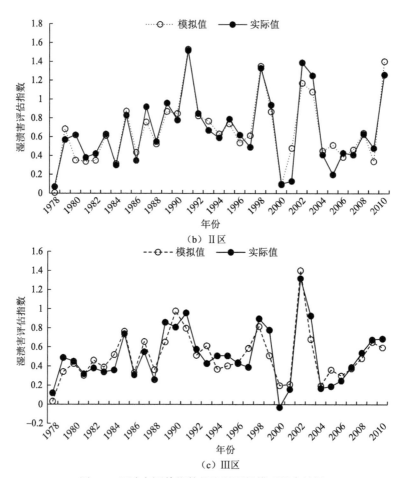

图 7.5　湿渍害评估指数的海温预报模型拟合效果

7.1.3　海温预报模型预报实况检验

以江苏省为例，利用海温预报模型做 2011～2015 年冬小麦春季湿渍害评估指数预测（表 7.5），结果显示预报结论与实况基本吻合，仅 2014 年出现漏报，因苏南地区局部降水偏多，出现湿渍害，而其他年份预报与实况都是一致的。其中，2011 年 3 月开始，全省降水偏少，至 5 月初，全省各站降水量均为近 60 年来最小值，淮北高亢地区出现旱情，三个分区预测的湿渍害指数均小于 0；2012 年 1～2 月苏南地区出现阴雨寡照天气，导致农田土壤过湿，对冬小麦、油菜及露地蔬菜等生长发育不利。进入 3 月直至夏收前，天气状况良好，晴雨相间，无强降水过程，预测指标为负值但明显大于 2011 年，冬小麦未出现湿渍害；2015 年 3 月 17 日起，江苏全省出现了一次明显的降水过程，淮河以南地区降水量较大，其中沿江部分地区出现暴雨，由于该区前期降水偏多，大部分地区土壤偏湿，低洼田块已发生湿渍害，与预报结果基本一致。由此可见，采用该预测模型对冬小麦春季湿渍害的预报是可行的。

表 7.5　2011～2015 年江苏省冬小麦春季湿渍害评估指数预测值、预测结果与灾情实况

年份	2011	2012	2013	2014	2015
Ⅰ区	−1.9	−0.17	−0.35	−0.07	1.1

续表

年份	2011	2012	2013	2014	2015
II区	−0.5	−0.01	−0.27	−0.12	0.68
III区	−2.5	−0.05	−0.15	0.04	−0.16
预测结果	无湿渍害	无湿渍害	无湿渍害	无湿渍害	有湿渍害
灾情实况	春旱	晴雨相间	淮北干旱南部晴雨相间	苏南地区局部湿渍害	淮河以南局部湿渍害

7.2　春季湿渍害评估指数环流特征量预报模型

1968～1975 年，因迁站、仪器更换以及其他原因，气象资料的代表性不好，且 1978 年以后大气环流年代际发生大幅度调整，故本节仅选取 1978～2010 年资料进行建模。

大气环流是指大范围空气运行的现象，它的水平尺度在 1000km 以上，垂直尺度在 10km 以上，时间尺度在 105s 以上。这种大范围的空气运行不仅制约着大范围天气的变化，而且是气候形成的基本因素之一。本节将影响我国天气过程的 74 项 500hPa 大气环流特征量（包括不同区域副热带高压面积和强度指数、极涡面积指数、纬向环流指数、经向环流指数、南方涛动指数、东亚槽强度和位置等）作为自变量，应用场相关分析方法及最优化相关处理技术，寻找表征冬小麦春季湿渍害发生的最佳环流特征因子，在此基础上，根据春季湿渍害风险区划的结果分三个区域分别建立长江中下游冬小麦春季湿渍害监测评估指数的环流预报模型。考虑资料来源和预报时效，选取上一年 1 月～当年 2 月的环流特征量进行相关分析。

7.2.1　春季湿渍害评估指数与大气环流特征量的相关分析

本节仍采用最优化因子相关技术对环流因子进行处理，挑选一批与冬小麦春季湿渍害发生极其显著相关、稳定性强、因子间相互独立、可靠的大气环流特征量作为预报因子。

首先对普查出环流预报因子进行膨化处理，然后再进行最优化普查（潘敖大等，2010）。

因子 X 的线性和非线性[含单调的和非单调的单峰（谷）型]化处理可归纳为一种通用变换形式：

$$Q = (|X - b| / B + 0.5)^a \qquad (7.2)$$

式中，a、b 为待定参数，且 $X_{min} \leqslant b \leqslant X_{max}$，$B = \max(X_{max} - b, \ b - X_{min})$。经上式变换后，$Q$ 与 Y（Y 为因变量）必为单调关系，且（$|X - b| / B + 0.5$）的值在区间[0.5，1.5]内变化。对于单峰（谷）型关系的因子，为了避免 X 在最低或最高值附近出现的个别样本的偶然误差影响，b 的取值以 $X_{min} + (X_{max} - X_{min}) / 4 \leqslant b \leqslant X_{max} - (X_{max} - X_{min}) / 4$ 为宜。至于 a 值，根据实际工作经验（汤志承和高苹，1996），一般在（−10，−1/10）和（1/10，10）两个区间内取值，效果较好。待定变量 a、b 可用最优化技术求出。令目标函数为

$$f(a, b) = 1 - R^2 = \min \qquad (7.3)$$

式中，R 为 a、b 取一定值时，Q 与 Y 的相关系数。应用二维寻优的变量转换思路将其分解为一元问题逐步处理。

因此，经过上述方法处理普查后获得的因子，是一批与因变量相关最显著的因子。

　　通过相关普查方法可以找到相关显著因子，但它不能保证选择到的因子与因变量之间相关的平稳性。所以，还应对所选因子用滑动相关检验法进行稳定性检验，以淘汰掉一些相关程度前好后差或波动变化较大的因子，保证所选因子与冬小麦春季湿渍害评估指数之间具有稳定、显著的相关关系。从表7.6中可见，经稳定性检验后，3个分区的预报因子锐减。且剩余预报因子与湿渍害评估指数的相关性达到0.001极显著水平（表7.7）。分析还发现，冬小麦春季湿渍害发生与全球副高各种指数相关密切。

表7.6　长江中下游3个分区的预报因子检验情况

分区	I区	II区	III区
检验前因子数/个	45	52	42
检验后因子数/个	23	21	22

表7.7　长江中下游冬小麦湿渍害I区的相关因子内容、时段、函数形式和相关系数

内容	时段	函数形式	R
太平洋副高面积指数	上一年8月值	$(\lvert X-24.0\rvert/8.0+0.5)^{-2.02}$	0.754^{**}
大西洋副高强度指数	上一年8月值	$(\lvert X-98.0\rvert/66.0+0.5)^{-2.44}$	0.710^{**}
西太平洋副高北界	上一年10~11月平均值	$(\lvert X-25.7\rvert/3.7+0.5)^{1.30}$	0.658^{**}
北半球副高北界	上一年8~10月平均值	$(\lvert X-8.0\rvert/12.0+0.5)^{-1.34}$	0.621^{**}
北美副高强度指数	上一年12月~当年1月平均值	$(\lvert X-7.04\rvert/8.9+0.5)^{-0.75}$	0.615^{**}
大西洋副高强度指数	上一年7~8月平均值	$(\lvert X-53.2\rvert/45.3+0.5)^{2.55}$	0.599^{**}
北半球副高北界	上一年3~4月平均值	$(\lvert X-13.0\rvert/6.0+0.5)^{-0.75}$	0.598^{**}
大西洋副高面积指数	上一年7~8月平均值	$(\lvert X-19.06\rvert/5.44+0.5)^{1.50}$	-0.578^{**}
太平洋副高北界	上一年10~11月平均值	$(\lvert X-24.22\rvert/4.72+0.5)^{-3.00}$	-0.550^{**}
大西洋欧洲环流型C	上一年3月值	$(\lvert X-4.80\rvert/19.20+0.5)^{-2.99}$	-0.511^{*}

*表示因子通过信度0.005的显著检验。
**表示因子通过信度0.001的显著检验。

7.2.2　春季湿渍害评估指数的环流预报模型构建

　　为了提高统计回归模型的可预报性，需要估计预报模型的系数，对于最小二乘法拟合来说，如果自变量数据矩阵$X_{n\times p}$中有多元共线性存在，则系数就无法估计。为了解决这一问题，可选用主成分识别法进行因子的独立性检验，剔除共线性因子。在达到$\alpha=0.01$信度水平的相关显著因子中分别剔除复共线性因子，可以认为剩下的因子是分别与各站春季湿渍害评估指数相关显著、稳定并且相对独立的因子。

　　因为已考虑了因子相关的最优化、显著性、稳定性和独立性，所以由自变量组合的联立方程可以达到非奇异。以I区为例，从保留下来的相关环流因子中筛选出贡献最大的因子，$X_1'=(\lvert X_1-3.37\rvert/3.63+0.5)^{-2.00}$，$X_1$为南海副高面积指数上一年3~4月的平均值，单相关系数为-0.497；$X_2'=(\lvert X_2-7.04\rvert/8.9+0.5)^{-0.75}$，$X_2$为北美副高强度指数上一年12月~当年1月

平均值，单相关系数为-0.615；$X_3' = (|X_3 - 19.06|)/5.44 + 0.5)^{1.50}$，$X_3$为大西洋副高面积指数上一年 7～8 月平均值，单相关系数为-0.578；$X_4' = (|X_4 - 24.22|/4.72 + 0.5)^{-3.00}$，$X_4$为太平洋副高北界上一年 10～11 月平均值，单相关系数为-0.550；$X_5' = (|X_5 - 331.2|/72.2 + 0.5)^{-0.75}$，$X_5$为北半球区极涡强度指数上一年 1 月的值，单相关系数为-0.464；$X_6' = (|X_6 - 4.80|/19.20 + 0.5)^{-2.99}$，$X_6$为大西洋欧洲环流型 C 上一年 3 月的值，单相关系数为-0.511。利用逐步回归方法（张启锐，1988），建立稳定可靠的预报模型，从表 7.8 中可以看出，3 个区的预报模型均达到 0.01 极显著水平。

表 7.8　长江中下游湿渍害指数的环流预报模型

模型	F 值	R
Ⅰ区：$Y = -0.132X_1' + 0.668X_2' + 0.226X_3' + 0.067X_4' + 0.422X_5' + 0.072\ X_6' - 0.796$	30.419（$F_{0.01} = 3.27$）*	0.936**
Ⅱ区：$Y = 0.145X_1' + 0.104X_2' - 0.214X_3' - 0.028X_4' + 0.067X_5' - 0.181\ X_6' + 0.048\ X_7' + 0.569$	29.274（$F_{0.01} = 3.10$）*	0.944**
Ⅲ区：$Y = 0.193X_1' - 0.033X_2' - 0.160X_3' + 0.616X_4' + 0.226X_5' + 0.042\ X_6'$ $- 0.269X_7' + 0.0259X_8' - 0.024$	32.483（$F_{0.01} = 2.97$）*	0.957**

*表示模型通过信度 0.01 的显著检验。
**表示模型的复相关系数。

7.2.3　环流特征量预报模型拟合效果检验

利用上述预报模型进行回代检验，对长江中下游冬小麦春季湿渍害评估指数的环流模型进行模拟，图 7.6 分别给出了长江中下游冬小麦春季湿渍害评估指数环流预报模型的拟合情况。可以看出，模型的历史拟合效果较好。

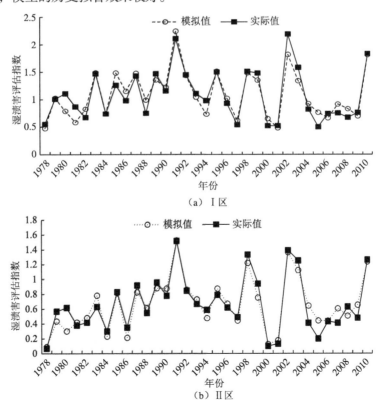

（a）Ⅰ区

（b）Ⅱ区

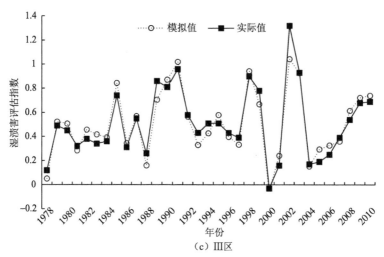

图 7.6　长江中下游冬小麦湿渍害评估指数的环流预报模型模拟情况

7.3　基于CLDAS土壤水分含量数据与天气预报产品的湿渍害预报方法

湿渍害的形成与发展是一个非常复杂的过程，牵涉的因子除气象要素外，还包括地下水位、土壤质地、作物品种、田间管理等（刘洪和金庆之，2005）。已有的湿渍害预报方法相关研究仍比较薄弱，刘洪和金庆之（2005）在油菜生长模型（rape growth model，RAMOD）的基础上，镶嵌以降水量、降水日数、日照时数等为自变量的湿渍害影响评估模块，开展了油菜湿渍害预报研究。其中湿渍害影响评估模型为统计模型，且需要整个油菜生长季的气象数据，油菜湿渍害预报结果受输入变量影响比较大，如利用区域气候模式（regional climate model，RCM）的天气预测值作为 RAMOD 的输入，结果不甚理想。鉴于此，以订正后的 CLDAS 土壤湿度作为当前土壤湿度，利用未来一周天气预报数据作为输入变量，驱动土壤水分模型开展土壤水分预报，结合油菜湿渍害指标，开展油菜湿渍害预报是当前可行方法之一。

7.3.1　CLDAS 土壤水分含量数据与精细化数值天气预报产品介绍

CLDAS 利用数据融合与同化技术，对地面观测数据、卫星遥感资料和数值模式产品等多源数据进行融合同化，可以提供逐小时、空间分辨率为 0.0625°×0.0625°的土壤湿度等数据，利用土壤属性数据库将该数据换算为相对湿度，进行质量检验和订正后，结合基于土壤湿度的油菜湿渍害指标，可开展油菜湿渍害监测。

7.3.1.1　CLDAS 土壤水分含量数据及其订正模型

表 7.9 利用 2008～2011 年观测数据分月计算油菜生长季 CLDAS 和地面观测站 0～10cm、10～40cm 体积含水量的相关系数、平均绝对误差、平均偏差、均方根误差。可以看出，在油菜生长季，CLDAS 与地面站点 0～10cm 体积含水量存在极显著正相关，相关系数除 1 月外，其他各月在 0.566～0.738，平均绝对误差为 0.040～0.065cm³/cm³，均方根误差为 0.055～0.079cm³/cm³；CLDAS 与地面站点 10～40cm 体积含水量除 1 月无显著相关关系外，其他月份均存在极显著线性相关关系，相关系数在 0.327～0.542，平均绝对误差为 0.050～0.073cm³/cm³，均方根误差为 0.061～0.131cm³/cm³。

表 7.9 湖北省 CLDAS 土壤体积含水量与观测值统计特征

时间	0～10cm 体积含水量				10～40cm 体积含水量			
	相关系数	平均绝对误差 /（cm³/cm³）	平均相对误差 /（cm³/cm³）	均方根误差 /（cm³/cm³）	相关系数	平均绝对误差 /（cm³/cm³）	平均相对误差 /（cm³/cm³）	均方根误差 /（cm³/cm³）
上一年 10 月	0.676**	0.053	19.550	0.058	0.466**	0.053	16.715	0.067
上一年 11 月	0.634**	0.045	14.636	0.055	0.382**	0.058	17.148	0.071
上一年 12 月	0.695**	0.051	17.193	0.060	0.357**	0.060	17.711	0.072
当年 1 月	0.283**	0.065	21.553	0.079	0.007	0.073	19.478	0.131
当年 2 月	0.675**	0.058	18.634	0.069	0.327**	0.064	18.967	0.077
当年 3 月	0.566**	0.052	17.015	0.065	0.335**	0.059	17.842	0.071
当年 4 月	0.623**	0.047	17.965	0.059	0.489**	0.052	16.392	0.061
当年 5 月	0.738**	0.040	15.022	0.060	0.542**	0.050	16.285	0.059

**表示体积含水量通过 0.01 极显著检验。

CLDAS 土壤湿度有效性检验分析结果表明，CLDAS 土壤湿度与观测土壤湿度呈显著正相关，但存在一定偏差，且不同月份偏差存在差异。因此，CLDAS 用于油菜湿渍害监测前需对 CLDAS 土壤湿度进行订正。湖北省蕾薹期—成熟期一般在 2～5 月，利用 2008～2011 年观测数据分月建立 2～5 月 CLDAS 土壤体积含水量订正模型，散点图及订正模型如图 7.7 所示。

利用 2012～2013 年观测资料对订正模型订正结果进行独立样本检验并换算至相对湿度，分析订正土壤湿度与观测土壤湿度的误差见表 7.10，订正后 2012 年 2～5 月 CLDAS 土壤相对湿度与观测结果平均绝对误差为 3.468%～8.110%，平均相对误差为 4.089%～10.898%，均方根误差为 4.254%～9.330%；2013 年 2～5 月 CLDAS 土壤相对湿度与观测结果平均绝对误差为 5.840%～10.489%，平均相对误差为 6.350%～13.649%，均方根误差为 7.206%～11.893%。

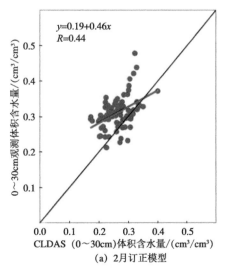

(a) 2月订正模型

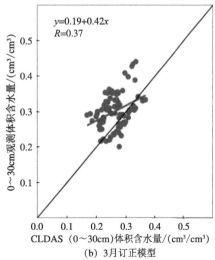

(b) 3月订正模型

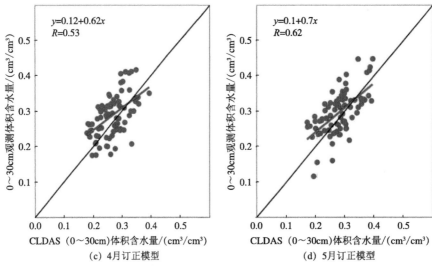

图 7.7　CLDAS 与地面观测 0～30cm 土壤体积含水量散点图及订正模型

表 7.10　湖北省 CLDAS 土壤相对湿度与观测值统计特征　　　　　　　　（单位：%）

月份	2012 年			2013 年		
	平均绝对误差	平均相对误差	均方根误差	平均绝对误差	平均相对误差	均方根误差
2	3.468	4.089	4.254	5.840	6.350	7.206
3	6.944	8.134	8.300	10.489	13.649	11.893
4	8.054	10.898	9.330	7.995	11.598	10.033
5	8.110	9.950	9.001	6.686	8.185	7.041

　　根据订正方程，推算湖北省代表站点（荆州）历年油菜湿渍害易发时段（当年 12 月～次年 5 月）逐日 0～30cm 土壤相对湿度，如图 7.8 所示，经订正后的土壤湿度更接近实际观测

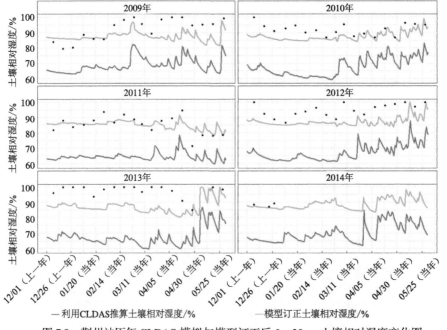

图 7.8　荆州站历年 CLDAS 模拟与模型订正后 0～30cm 土壤相对湿度变化图

值，除 2013 年模型订正值明显小于观测值外，其他各年模型订正值与观测土壤湿度变化趋势基本一致，误差在可接受范围内。

利用订正模型得到的 2009～2014 年 2～5 月逐日 0～30cm 土壤相对湿度，结合油菜湿渍害监测指标和油菜生育期观测数据得到 2010～2014 年油菜湿渍害发生时段及等级，见表 7.11。结果表明，①2014 年荆州油菜角果期于 4 月 11～28 日出现了近 18d 的湿渍害，达到严重湿渍害等级，同年《作物生育状况观测记录年报表（荆州）》[①]记录 4 月 10～27 日出现湿渍害，油菜茎秆、角果为淡褐色，茎秆软腐，纵裂，30%器官受害，监测结果与该报表记录观测记录吻合；②2010～2014 年蕾薹期未出现湿渍害，2010 年、2012 年和 2014 年开花期出现轻微湿渍害，2010～2013 年角果期出现轻、中度湿渍害，由于湿渍害时间短，受害症状不明显，所以在《作物生育状况观测记录年报表（荆州）》未见记载。

表 7.11　代表站点（荆州）历年油菜湿渍害监测结果

年份	蕾薹期	开花期	角果期
2010	无	3 月 31 日（轻）	4 月 20～22 日（中）
2011	无	无	4 月 15 日（轻）
2012	无	3 月 22 日（轻）	5 月 12～14 日（中）
2013	无	无	5 月 6～10 日（中）
2014	无	3 月 28 日（轻）	4 月 11～12 日、4 月 14～28 日（严重）

图 7.9 为湖北省 2014 年 4～5 月部分日期油菜湿渍害监测空间分布图。4～5 月湖北省油菜处于角果期，4 月 10 日监测显示仅地势低洼地达到严重湿渍害标准，4 月 12 日湖北省西北部、西南部、东北部分地区出现轻度湿渍害，随着湿渍害范围逐步扩大，程度逐渐加强，至 4 月 28 日湿渍害范围和程度均达到最大。随后湿渍害程度减弱，湿渍害范围缩小。5 月 9 日监测显示仅湖北省西北地区湿渍害比当地 4 月 10 日时严重，其他大部分地区与 4 月 10 日相当；5 月 10 日开始湿渍害再次发展，湖北省大部分油菜于 5 月上中旬收割，成熟收割期江汉平原、湖北省东部地区再次出现轻度湿渍害。

对比 CLDAS 湖北省 2014 年 4～5 月部分日期油菜湿渍害监测空间分布图与湖北省 2014 年 4 月 10～28 日、5 月 9～15 日降水量空间分布图（图 7.9、图 7.10）可见，4 月 10～28 日湖北省出现连续降水，湿渍害扩大区域主要在湖北省东北部、中部丘陵区、西南部等降水较多区域；5 月 9～15 日湿渍害扩大区域主要在湖北省东南部、西北部、江汉平原南部等降水较多区域。以上两个过程的湿渍害监测结果表明，基于 CLDAS 监测的湿渍害时空变化与降水时空分布具有较好的一致性，能反映出湿渍害对主要致灾因子——降水的响应；同时，CLDAS 监测的湿渍害并非连片发展，而是由点到面的发展，表现出湿渍害发生受孕灾环境的影响，如地势低洼、土壤透水性差时，土壤更易受渍等特征。由此可见，利用 CLDAS 土壤水分可以监测油菜湿渍害发展趋势，与基于降水量、日照时数等气象资料湿渍害监测方法相比更直观，空间分辨率更高。

① 为湖北省气象档案馆内部资料，2014 年出版。

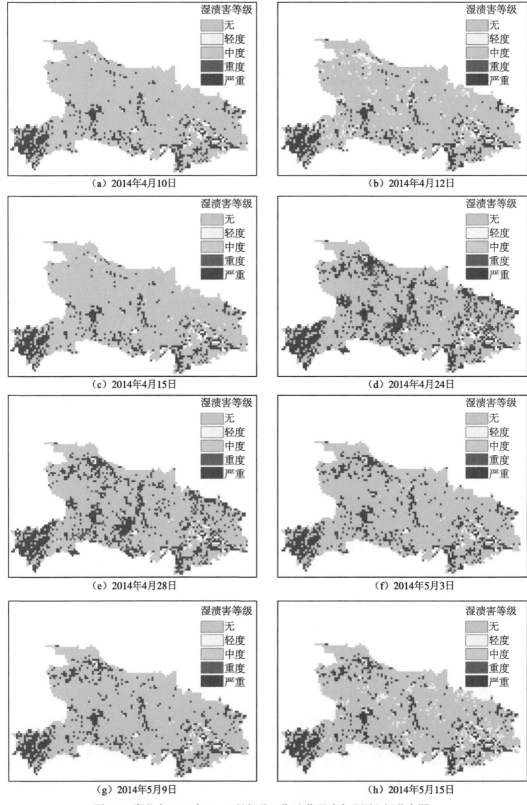

图 7.9　湖北省 2014 年 4～5 月部分日期油菜湿渍害监测空间分布图

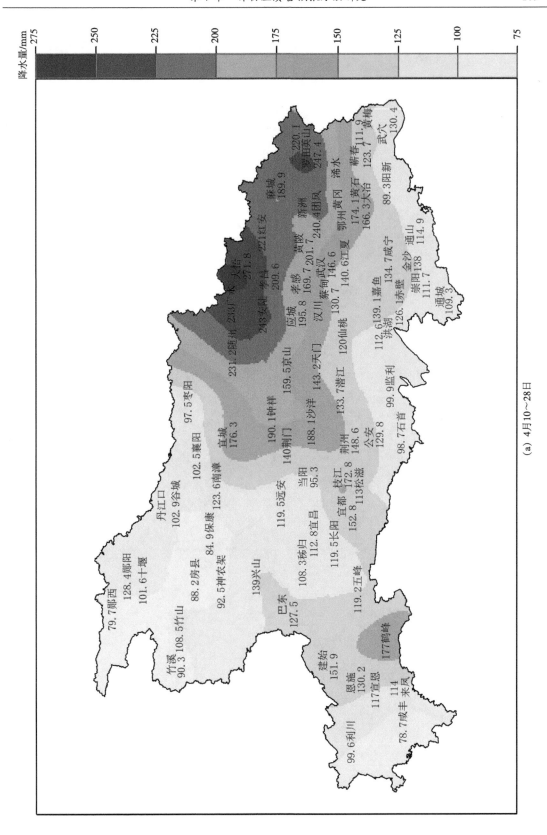

(a) 4月10～28日

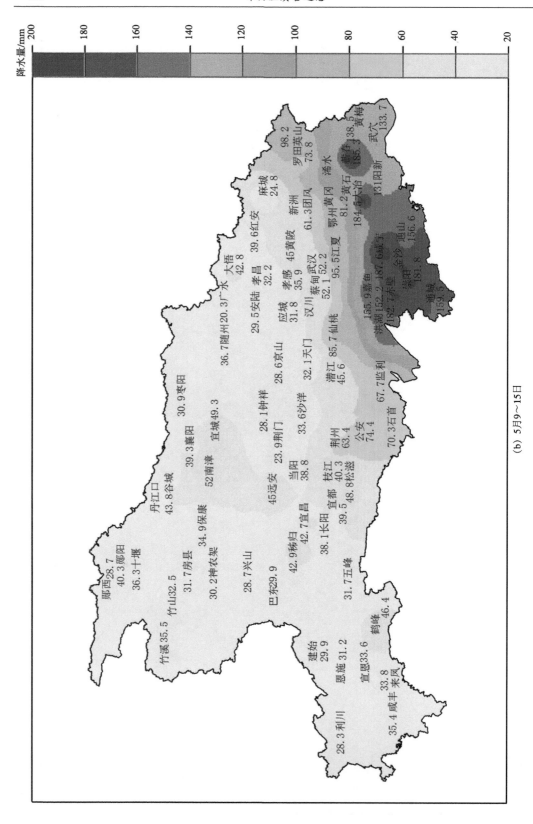

图7.10　湖北省2014年4月10~28日、5月9~15日降水量空间分布图

(b) 5月9~15日

7.3.1.2　精细化城镇天气预报产品

精细化城镇天气预报产品为 2008 年中国气象局根据预报业务的实际情况和预报服务需求，对全国城镇天气预报业务流程调整后进行三级制作两级订正的精细化城镇天气预报产品。它是由国家气象中心制作全国县级以上城镇指导预报，各省根据国家气象中心指导产品制作省内县级以上城镇的指导预报产品，各市（州）、直辖市（区）气象局在国家级指导预报和省级指导预报的基础上订正或制作本市（州、区）范围县级以上城镇天气预报。预报要素包含最高和最低气温、风向、风速及天气现象等，预报时效为未来一周，时间精度包括 6h、12h、24h 三种。

7.3.2　土壤水分预报模型

土壤水分预报模型大致有土壤水分平衡模型（王仰仁等，2009；彭亮，2004）、土壤水分动力学模型（胡继超等，2004）、遥感监测模型（陈怀亮等，2004）、神经网络模型及经验统计模型（李涵茂等，2012）等。其中，土壤水分平衡模型物理意义明确、适用范围广、计算简便，表层土壤的第 $t+1$ 天土壤含水量 W_{t+1} 可表示为（尹正杰等，2009；王春林等，2011；环海军等，2016）

$$W_{t+1} = W_t + P + I - \mathrm{ET} \qquad (7.4)$$

式中，I 为灌溉量，一般无灌溉，则取为 0；ET 为实际蒸散量，$\mathrm{ET} = K_c \mathrm{ET}_0$，$K_c$ 为作物系数，ET_0 通过 Penman-Monteith 公式计算；P 为有效降水量，指任一降水过程中入渗并能存在根系的雨量，利用美国农业部土壤保持局推荐的有效降水量分析方法得出：

$$P = \begin{cases} \dfrac{P_0(4.17 - 0.2P_0)}{4.17}, & P_0 < 8.3\mathrm{mm/d} \\ 4.17 + 0.1P_0, & P_0 \geqslant 8.3\mathrm{mm/d} \end{cases} \qquad (7.5)$$

式中，P_0 为日降水量。

7.3.3　作物湿渍害预报案例分析

利用 2017 年 5 月 7 日 08 时～8 日 08 时逐小时土壤体积含水量数据、土壤容重、田间持水量数据计算得到 5 月 7 日平均土壤相对湿度，提取未来一周城镇天气预报，将平均气温、风速、降水量空间插值到与 CLDAS 相同格点，以上资料作为输入驱动土壤水分预报模型，预报未来一周土壤水分含量，并结合油菜角果期湿渍害指标，预计 5 月 11～14 日油菜湿渍害主要发生在湖北省西南部的西侧、东部部分地区，其中 5 月 14 日湖北省东部湿渍害范围将明显缩小（图 7.11）。

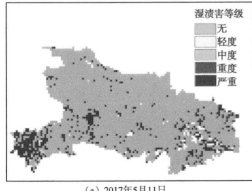
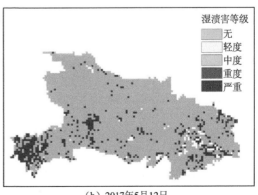

（a）2017年5月11日　　　　　　　　　　　（b）2017年5月12日

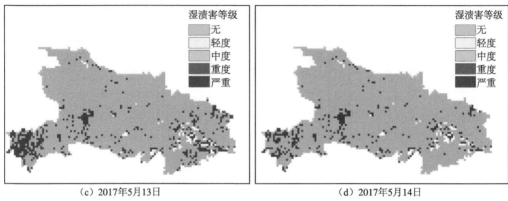

图 7.11　2017 年 5 月 7 日预报 5 月 11～14 日湖北省油菜湿渍害分布图

7.4　小　　结

本章首先介绍了基于太平洋海温、大气环流特征量的长江中下游地区春季湿渍害评估指数预报模型；其次以湖北省为例介绍了基于 CLDAS、精细化数值天气预报的油菜湿渍害预报方法；最后分别介绍了基于阴雨过程的湿渍害灾损评估方法和基于遥感数据与生物模型的损失评估方法。

（1）江苏省春季连阴雨的发生与太平洋海温场存在响应关系，海温场的响应区随季节不同而发生变化，春季连阴雨发生的次数受恩索现象的滞后影响显著，其中与厄尔尼诺事件呈正相关，与上年拉尼娜事件无显著关系。

（2）长江中下游冬小麦春季湿渍害发生与太平洋海温关系密切，但对于不同的分区，其海温影响关键区和影响时段均存在差异，利用逐步回归方法分区建立基于海温的冬小麦春季湿渍害评估指数预报模型，通过显著性检验，历史拟合和实况预报效果较好。

（3）长江中下游冬小麦春季湿渍害发生与各种全球副高指数相关密切，选用最优化因子相关分析、主成分识别法等技术方法对环流因子进行相关性、稳定性和独立性处理，建立基于环流特征量的冬小麦春季湿渍害评估指数预报模型，通过显著性检验，历史拟合效果较好。

（4）以 CLDAS 土壤水分数据与精细化数值天气预报产品驱动土壤水分预报方程预报未来一周土壤水分含量，结合基于土壤水分的油菜湿渍害指标制作精细化的油菜湿渍害预警产品，可用于油菜湿渍害预警业务，对其他作物湿渍害预警具有一定参考意义。

参 考 文 献

陈怀亮, 徐祥德, 刘玉洁, 等. 2004. 基于遥感和区域气候模式的土壤水分预报方法研究. 北京: 中国气象学会 2004 年年会.

高辉. 2006. 淮河夏季降水与赤道东太平洋海温对应关系的年代际变化. 应用气象学报, 17(1): 11-19.

胡继超, 曹卫星, 罗卫红. 2004. 渍水麦田土壤水分动态模型研究. 应用气象学报, 15(1): 41-50.

环海军, 杨再强, 刘岩, 等. 2016. 基于自动观测站的鲁中地区土壤水分变化规律及精细化预报模型的研究. 气象科学, 36(6):834-842.

李涵茂, 方丽, 贺京, 等. 2012. 基于前期降水量和蒸发量的土壤湿度预测研究. 中国农学通报, 28(14): 252-257.

李秋林. 2008. 北太平洋海温与江淮流域汛期流量的关系研究. 气象与减灾研究, 31(2): 62-64.

刘洪, 金之庆. 2005. 江淮平原油菜渍害预报模型. 江苏农业学报, 21(2): 86-91.

潘敖大, 高苹, 刘梅, 等. 2010. 基于海温的江苏省水稻高温热害预测模式. 应用生态学报, 21(1): 136-144.

彭亮. 2004. 田间土壤水分模拟模型研究. 新疆农业大学硕士学位论文.

沙万英, 李克让. 1991. 赤道东太平洋海温在副热带高压预报上的应用. 地理研究, 10(2): 60-67.

汤志成, 高苹. 1989. 江苏省单季晚稻产量预报的分段加权动态模式. 气象, 15(11): 30-34.

汤志成, 高苹. 1996. 作物产量预报系统.中国农业气象, 17(2): 49-52.

汤志成, 孙涵. 1992. 最优化因子处理及加权多重回归模型. 气象学报, 50 (4): 514-517.

王春林, 郭晶, 陈慧华, 等. 2011. 基于土壤水分模拟的干旱动态监测指标及其适用性. 生态学杂志, 30(2): 401-407.

王仰仁, 孙书洪, 叶澜涛, 等. 2009. 农田土壤水分二区模型的研究. 水利学报, 40(8): 904-909.

吴洪颜, 武金岗, 高苹. 2003. 江苏省春季连阴雨和太平洋海温的响应关系研究.防灾减灾工程学报, 23(4): 78-83.

吴洪颜, 武金岗, 赵凯, 等.2004. 用海温作江苏省春季连阴雨的预报模型.科技通报, (6): 512-516.

吴洪颜, 曹璐, 李娟, 等. 2016. 长江中下游冬小麦春季湿渍害灾损风险评估. 长江流域环境与资源, 25(8): 1279-1286.

项瑛, 程婷, 王可法, 等. 2011. 江苏省连阴雨过程时空分布特征分析. 气象科学, 31(增刊): 36-39.

姚素香, 张耀存. 2006. 江淮流域梅雨期雨量的变化特征及其与太平洋海温的相关关系及年代际差异. 南京大学学报(自然科学), 42(3): 298-305.

尹正杰, 黄薇, 陈进. 2009. 基于土壤墒情模拟的农业干旱动态评估. 灌溉排水学报, 28(3): 5-8.

张启锐. 1988. 实用回归分析. 北京: 地质出版社.

章基嘉, 葛玲. 1983. 中长期天气预报基础. 北京: 气象出版社.

郑建萌, 朱红梅, 曹杰.2007. 云南 5 月雨量与全球海温的关系分析研究.云南大学学报(自然科学版), 29(2): 160-166.

宗海锋, 张庆云, 彭京备. 2005. 长江流域梅雨的多尺度特征及其与全球海温的关系. 气候与环境研究, 10(1): 101-114.

第8章 作物湿渍害风险评估

本章从农田土壤水分平衡原理出发,基于作物需水量构建湿渍害动态判别指数;分析研究区内春季湿渍害时空分布规律;建立长江中下游地区冬小麦(油菜)春季湿渍害灾损风险评估模型,进行灾害影响评估和等级区域的科学划分,为各影响区冬小麦(油菜)安全生产提供决策依据。这对长江中下游地区冬小麦(油菜)春季湿渍害防御规划、种植布局调整均有着十分重要的意义。

8.1 研究区冬小麦和油菜种植分布及生产概况

湖北、安徽、江苏三省包含了长江中下游麦区和部分黄淮麦区,其位于108°21′E~122°E,27°50′N~35°20′N,西起巫山东麓,东到黄海、东海之滨,北接黄淮平原,南至江南丘陵及沿江平原,东西长约1000km,南北宽200~600km,主要由两湖平原、江汉平原、苏皖沿江平原、里下河平原及长江三角洲平原5块平原组成,区内河湖众多、水网密布,长江、淮河、汉江、赣江贯穿其中。农业一年两熟或三熟,素有"鱼米之乡"之称。

8.1.1 冬小麦种植和生产概况

根据气候特点和种植制度的要求,研究区为冬麦区,部分地区也种春麦。沿江、沿海地区适宜发展优质弱筋小麦,是我国唯一的弱筋小麦生产基地,在全国占有绝对优势;其他地区则适宜发展中、强筋小麦。从地理分布上将研究区冬小麦种植地区主要划分为淮北(苏)、江淮(苏)、苏南、淮北(皖)、江淮(皖)、江南(皖)、鄂东北、鄂东南、江汉平原及鄂西北10个区,湖北省的西南部地区少有小麦种植(图8.1)。

其中,安徽省冬小麦种植面积最大,跨黄淮和长江中下游平原两大麦区,常年种植面积超过 $2 \times 10^6 hm^2$。种植区主要集中在淮河以北和江淮中北部地区,即32°N~34°N。淮河以北是属于北方冬麦区的黄淮麦区,常年播种面积在 $1.33 \times 10^6 hm^2$ 以上,占全省小麦面积2/3,小麦是当地的首要粮食作物,以春性和半冬性中强筋白粒小麦为主;江淮中北部地区属于南方冬麦区的长江中下游麦区,小麦地位逊于水稻,栽培面积约 $0.67 \times 10^6 hm^2$,占全省小麦面积1/3,以春性或弱春性的红粒小麦为主。

江苏省冬小麦种植面积仅次于安徽省,常年播种 $2 \times 10^6 hm^2$ 左右,由于地处南北过渡地带,以淮河—苏北灌溉总渠为界,分属两大类型,淮河以北属北方冬麦区黄淮平原生态型,淮河以南属南方冬麦区长江中下游平原生态型。不同地区冬小麦品质存在较大的差异,淮河以北具有北方冬小麦的特性,具有中筋、强筋白粒小麦品质,淮河以南则具有南方冬小麦的显著特点,具有中筋、弱筋红粒小麦品质。具体划分为淮北中筋(强筋)白粒小麦品质区、里下河中筋红粒小麦品质区、沿江沿海弱筋红(白)粒小麦品质区。

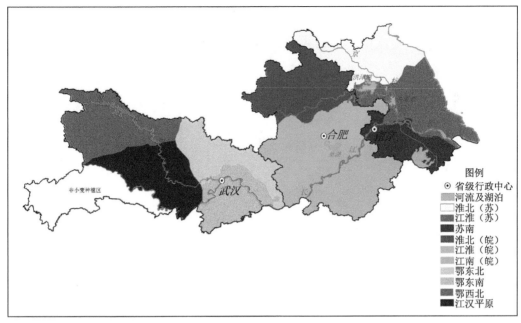

图 8.1　研究区冬小麦种植地理分区概况

　　湖北省在三个省份中的冬小麦种植面积最小，常年种植面积为 $1 \times 10^6 \mathrm{hm}^2$ 左右，且在长江中下游麦区中单产处于较低水平。品种布局上，鄂中北部（31°N 以北）地区，大力发展半冬性或春性白粒中筋小麦；31°N 以南地区则以中弱筋红粒小麦为主，并适当种植大麦以减少赤霉病和穗发芽等危害的发生。鄂西南地区少有小麦种植，农作物以玉米、水稻、薯类为主。

8.1.2　油菜种植和生产概况

　　长江流域冬油菜种植区占我国油菜种植总面积的 82.2%，总产量占 83.5%，既是我国油菜的主产区，也是世界上最大的油菜生产带，其菜籽总产量占世界菜籽总量的 25%（1996 年）。其中湖北省油菜种植面积和产量都是全国第一位，种植区域分布在江汉平原和鄂东地区，包括荆州、荆门、襄阳、宜昌、孝感、黄冈、黄石等地区，种植面积约为 $1.1 \times 10^6 \mathrm{hm}^2$（2001～2013 年）；安徽省油菜种植面积及产量仅次于湖北省，居全国第二位，主要种植区集中在六安、合肥、滁州、巢湖、芜湖、安庆、宣城等地区，基本在淮河以南及沿长江一带，总面积约为 $0.6 \times 10^6 \mathrm{hm}^2$（2011 年）；江苏省油菜种植区域主要集中在长江以北，包括盐城、扬州、泰州、南通、南京等丘陵地区，油菜是江苏省仅次于水稻、小麦的第三大作物，是江苏省的主要油料作物，种植面积接近 $0.5 \times 10^6 \mathrm{hm}^2$（2001～2015 年）。

8.2　冬小麦和油菜春季湿渍害气象风险区划

　　利用 1961～2010 年逐日气象资料、冬小麦和油菜产量资料、1∶25 万的基础地理信息数据和灾情数据，以县级行政分区单位，分离冬小麦和油菜的气象产量，构建基于月时间尺度气象湿渍害判别指数；探索研究区内冬小麦和油菜春季湿渍害时空分布规律；建立长江中下游地区冬小麦和油菜春季湿渍害灾损气象风险评估模型，进行气象灾害影响评估和等级区域的科学划分。

8.2.1 气象产量提取

在作物产量数据处理过程中，通常将实际产量 y 分离为依社会整体生产水平而变化的趋势产量 y_t、随历年气象条件变化而变化的气候产量 y_w 以及随机误差 ε 三部分，随机误差 ε 可忽略不计。

$$y = y_t + y_w + \varepsilon \tag{8.1}$$

农业生产技术水平是随着社会发展变化的，但是，在不同历史阶段，生产技术水平变化引起产量增减的速率是不同的。有的阶段增长较快，有的阶段增长缓慢，再加之生产技术以外的其他非自然因素影响，使趋势产量多半表现为非线性趋势，很难以一种简单的线性函数来模拟。常用趋势产量的模拟方法有直线滑动平均、正交多项式、灰色系统 GM(1,1) 模型等，本小节则采用灰色系统 GM(1,1) 模型来拟合趋势产量（汤志成和高苹，1996）。该方法将实际产量序列逐步滑动分段，对每段使用灰色系统相应的各年多个模拟值进行平均，以模拟趋势产量。

设有一产量原始序列：

$$y^{(0)} = \{y^{(0)}(j)\} \qquad (j = 1, 2, \cdots, n) \tag{8.2}$$

按步长 q（$<n$）进行逐步滑动分段，则每段（i）原始序列为

$$y_i^{(0)}(t) = \{y_i^{(0)}(i), y_i^{(0)}(i+1), \cdots, y_i^{(0)}(i+q-1)\}$$
$$(i = 1, 2, 3, \cdots, n-q+1; t = i, i+1, \cdots, i+q-1) \tag{8.3}$$

对每段（i）的数据序列根据 GM（1,1）模型的数学方法作累加，生成序列：

$$y_i^{(1)}(t) = \sum_{m=i}^{t} y_i^{(0)}(m) \tag{8.4}$$

建立白化形式的微分方程：

$$\frac{\mathrm{d}y_i^{(1)}}{\mathrm{d}t} + a_i y_i^{(1)} = u_i \tag{8.5}$$

用最小二乘法求解参数 a_i、u_i，再求取时间响应函数：

$$y_i^{(1)}(t+1) = [y_i^{(0)}(i) - u_i / a_i] \mathrm{e}^{-a_i t} + u_i / a_i \tag{8.6}$$

同时可得到其微分回代计算值 $\hat{y}_i^{(1)}(t+1)$，经累减生成：

$$\hat{y}_i^{(0)}(t+1) = \hat{y}_i^{(1)}(t+1) - \hat{y}_i^{(1)}(t) \tag{8.7}$$

获取原始序列的拟合值 $\hat{y}_i^{(0)}(t+1)$，即经过 GM（1,1）模型处理后的第 i 段数据序列。

显然在 $t+1$ 时刻有 P_i+1 个 $\hat{y}_i^{(0)}(t+1)$ 值时，$t+1$ 时刻的 $\hat{y}_i^{(0)}(t+1)$ 平均数为

$$\hat{y}_i = (1 / P_{t+1}) \sum_{i=1}^{P_{t+1}} \hat{y}_i^{(0)}(t+1) \tag{8.8}$$
$$(t = 0, 1, 2, 3, \cdots, n-1; i = 1, 2, \cdots, n-q+1)$$

其中

$$P_{t+1} = \begin{cases} t+1, & t+1 < q \\ q, & q \leqslant t+1 \leqslant n-q+1 \\ n-(t+1)-1, & t+1 > n-q+1 \end{cases} \tag{8.9}$$

根据式（8.8）便可算得历年趋势产量拟合值。比较滑动步长 q 的变化，经反复试验比较，发现滑动步长 $q=7$ 时分离的趋势产量最好，由此，得到趋势产量 y_t 的曲线（图 8.2，以南京市为例）。

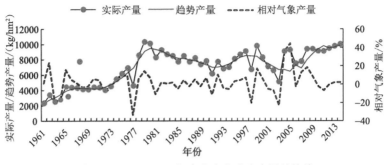

图 8.2　1961～2014 年南京市冬小麦产量趋势线

求得 y_t 后，由式（8.1）可得气候产量 y_w，为进一步消除生产力增长对气候产量 y_w 的干扰，使用式（8.10）计算相对气象产量 y_R：

$$y_R = \frac{y_w}{y_t} \times 100\% \tag{8.10}$$

8.2.2　湿渍害气象风险评估模型

黄毓华等（2000）、马晓群等（2003）、中国气象局（2009）提出的阴湿系数及改进 Q 指数在湿渍害的监测业务中应用效果很好。然而，考虑到研究区内水资源丰富、河网密布，大部分地区春季降水量超过冬小麦（油菜）需水量，加之地下水位高，土壤偏湿（金之庆等，2001），利用常年降水值参与计算，会漏掉部分轻度湿渍害。因此，在不计地下水补给和渗漏情况下，选用作物需水量替代常年降水值，修订阴湿系数以提高湿渍害 Q_i 指数的判别精度和适用性。

$$Q_i = \frac{(P - ET_c)}{ET_c} - \frac{(S - S_0)}{S_0} \tag{8.11}$$

式中，P 为时段降水量；S 为时段日照时数；S_0 为时段可照时数；ET_c 为时段作物需水量，即蒸发蒸腾量。

目前，最常用的作物蒸发蒸腾量 ET_c 的计算方法是通过某时段参考作物蒸发蒸腾量和作物系数来确定，即

$$ET_c = K_c \times ET_0 \tag{8.12}$$

式中，ET_0 为参考作物蒸发蒸腾量（康绍忠等，1994；孙爽等，2013）；K_c 为作物系数，受作物生育期、叶面积、气候条件、农业措施等多因素影响。从联合国粮食及农业组织推荐的《作物腾发量 作物需水量计算指南》（FAO—56）的表中可查出某种作物在特定标准条件下的作物系数 K_c（刘海军和康跃虎，2006；刘钰和 Pereira，2000；郝树荣等，2015），其中冬小麦：$K_{cini} = 0.7$（苗期），$K_{cfro} = 0.4$（越冬期），$K_{cmid} = 1.15$（生长中期），$K_{cend} = 0.4$（生

长后期）；油菜：$K_{cini}=0.89$（苗期），$K_{cmid}=1.10$（生长中期），$K_{cend}=0.35$（生长后期）。根据各地 3～5 月的气象资料和作物高度进行修订：

$$K_c = K_0 + \left[0.04(U_2-2)-0.004(RH_{min}-45)\right](\frac{h}{3})^{0.3} \tag{8.13}$$

式中，$RH_{min}=100\dfrac{\exp(\dfrac{17.27T_{min}}{237.3+T_{min}})}{\exp(\dfrac{17.27T_{max}}{237.3+T_{max}})}$，为最低相对湿度，$T_{max}$、$T_{min}$ 为日最高、最低气温；U_2 为 2m 高度平均风速；h 为作物高度（张恒敢和张继林，1999；吴洪颜等，2016）；K_0 为不同阶段标准作物系数。

通过作物相对气象产量与逐月 Q_i 指数的相关统计发现，不同时段的湿渍害对作物产量的响应有差异，中后期受灾风险高于前期。将 3 月、4 月、5 月的 Q 值以不同的权重合计作为春季湿渍害判别指数。

$$Q_s = aQ_3 + bQ_4 + cQ_5 \tag{8.14}$$

式中，Q_3、Q_4、Q_5 分别为 3 月、4 月、5 月的判别指数；a、b、c 值采用灰色关联度法获取（史培军，2005）。

对 1961～2010 年各站春季 Q_s 值和作物相对气象产量做相关分析发现，除鄂西北和淮北部分地区外，二者均呈显著负相关（表 8.1），即随着 Q_s 值增大，冬小麦产量呈显著下降趋势。进一步依据灾情资料逐年对比，发现各地区冬小麦（油菜）出现湿渍害的 Q_s 临界值存在一定差异。对冬小麦来说，在北部地区[包括淮北（苏）、淮北（皖）、鄂西北、鄂东北地区]春季 $Q_s \geq 0.3$ 时，即存在湿渍害，可能减产；江淮地区当 $Q_s \geq 0.4$ 时出现湿渍害；而长江以南地区[包括苏南、江南（皖）、江汉平原和鄂东南地区]春季 $Q_s \geq 0.5$ 时，冬小麦才会遭受湿渍害，而当 Q_s 值>1.0 时，冬小麦减产频率超过 80%。分析中还发现油菜的耐湿性要好于冬小麦，淮河以南地区（包括江淮（苏）、苏南、江南地区）监测指数超过 1.0 才可能出现湿渍害，而安徽和江苏的淮北地区也要达到 0.5 左右才出现油菜春季湿渍害（表 8.2）。因此，定义 Q_s 大于界限值且造成作物减产的年份为湿渍害灾年，如 1977 年、1989 年、1991 年、1998 年、2002 年均为典型湿渍害灾年。

表 8.1　江苏、安徽、湖北三省冬小麦春季湿渍害受灾 Q_s 值和相关系数（R）

江苏	Q_s	站名	R	安徽	Q_s	站名	R	湖北	Q_s	站名	R
淮北（苏）	≥0.3	丰县	-0.072	淮北（皖）	≥0.4	砀山	-0.212	鄂西北	≥0.3	竹溪	-0.155
		邳州	-0.443			淮南	0.035			竹山	0.139
江淮（苏）	≥0.4	淮安	-0.491	江淮（皖）	≥0.8	霍邱	-0.552	鄂东北	≥0.4	麻城	-0.331
										红安	-0.077
		建湖	-0.385			合肥	-0.534	鄂东南	≥0.4	鄂城	-0.439
										通山	-0.341
苏南	≥0.5	南京	-0.349	江南（皖）	≥1.0	芜湖	-0.257	江汉平原	≥0.4	荆门	-0.366
		溧水	-0.271			歙县	-0.463			洪湖	-0.4644

表 8.2 江苏、安徽、湖北三省油菜春季湿渍害受灾 Q_s 值

湖北	Q_s	安徽	Q_s	江苏	Q_s
鄂西北	0.42	淮北（皖）	0.71	淮北（苏）	0.89
鄂东北	0.58	江淮（皖）	1.2	江淮（苏）	1.0
江汉平原	0.7	江南（皖）	2.7	苏南	1.34
鄂东南	1.26	—	—	—	—
鄂西南	1.41	—	—	—	—

春季湿渍害造成作物减产风险的大小与灾害发生频率和灾损强度有关，参照农业上划分灾害年型的方法，将相对气象产量减产率按 < 10%、10%～20%、≥ 20% 分为三个等级，对应春季湿渍害轻度、中度、重度灾损。然后，依据各等级灾害发生频率和减产百分率构建湿渍害灾损风险强度指数（d），进而结合因湿渍害造成作物减产频率（f），确定灾损风险评估指数（RI）：

$$f_i = m_i / m , \qquad f_s = n_1 / n \times 100\% , \qquad f = m / n \qquad (8.15)$$

$$f_{\text{ratio}} = m / n_1 \times 100\% \qquad (8.16)$$

$$d = \sum_{i=1}^{3} J_i \times f_i \qquad (8.17)$$

$$\text{RI} = f \times d \qquad (8.18)$$

式中，n 为全样本数；m 为因灾减产年数（Q_s 大于临界值且减产的年份）；n_1 为受灾年数（Q_s 大于临界值）；m_i（i=1,2,3）为相应等级减产率出现年数；J_i =（5,15,25）为各等级减产率中值；f_i 为各等级减产率出现频率；f_s、f 分别为湿渍害发生频率、因灾减产频率；f_{ratio} 为湿渍害减产百分率。

8.2.3 冬小麦春季湿渍害气象风险区划

利用国家级地面气象观测站计算冬小麦春季湿渍害判别指数，分析其时空分布特征；然后利用分离的冬小麦气象产量结合灾情实况，计算因春季湿渍害引起的冬小麦减产百分率；在此基础上进行冬小麦春季湿渍害气象风险区划。

8.2.3.1 冬小麦春季湿渍害时空分布特征

根据气象资料反演 Q_s 指数（表 8.1）得到 1961 年以来研究区冬小麦春季湿渍害发生频率（图 8.3），除鄂西南非小麦种植区外，沿江江南麦区春季湿渍害发生频率最高超过 60%、局部大于 80%；江淮之间、鄂东北湿渍害发生频率在 40% < f_s ≤ 60%；其他地区湿渍害发生频率较低，在 40% 以下，其中江汉平原湿渍害发生频率不足 20%。

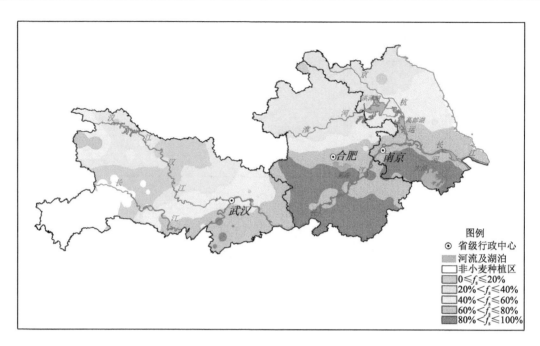

图 8.3　冬小麦春季湿渍害发生频率

统计安徽、湖北、江苏三省 20 世纪 60～90 年代以及 21 世纪初（2001～2010 年）冬小麦湿渍害发生的灾年次数（图 8.4），可见各省年代际间差别较为明显，综合来看，20 世纪 90 年代灾害发生最为频繁。其中，江苏冬小麦湿渍害在 20 世纪 90 年代发生最多，平均 7.6 次，为研究区内最高，在 20 世纪 70 年代最少；安徽在 20 世纪 60～70 年代冬小麦湿渍害影响较重，平均 6.5 次左右，21 世纪以后较少，约为 5.6 次；湖北 20 世纪 70 年代湿渍害最多，其次是 20 世纪 90 年代，2001～2010 年平均仅有 2.6 次。

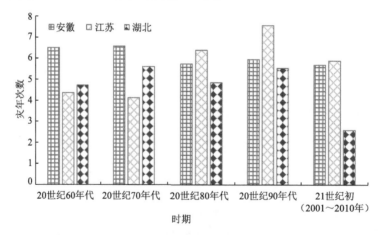

图 8.4　冬小麦春季湿渍害的年代际分布

从 1961～2010 年江苏冬小麦春季湿渍害发生范围（受灾站数，图 8.5）来看，在 1963 年、1964 年、1985 年、1991 年、1998 年以及 2003 年江苏冬小麦均发生了全省范围的湿渍害，而 1978 年和 2001 年春季则无湿渍害出现，其余年份则或多或少有局部麦田出现湿渍害。

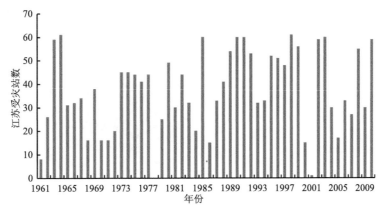

图 8.5　1961～2010 年江苏冬小麦春季湿渍害发生的站数

8.2.3.2　春季湿渍害对冬小麦产量影响

首先，计算湿渍害受灾年（Q_s 大于临界值）冬小麦出现减产的百分率[图 8.6、式（8.16）]，可见研究区内超过 50%的湿渍害受灾年会造成冬小麦减产。其中，沿淮淮北、江汉平原和鄂东地区的减产百分率最高，达 60%以上；鄂西北以及淮北局部地区的减产百分率低于 40%，说明该区春季降雨对冬小麦产量的影响较小，渍涝灾害少见；其他大部分地区减产比在 $40\% < f_{ratio} \leqslant 60\%$。

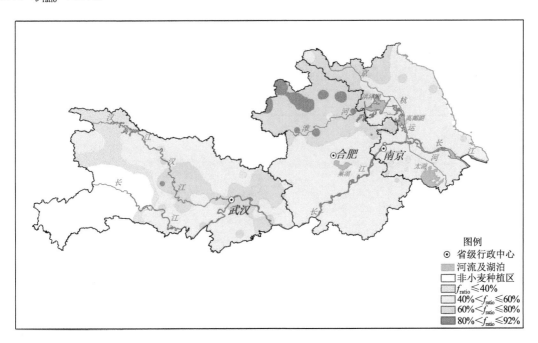

图 8.6　冬小麦春季湿渍害的减产百分率

然后，计算灾损风险强度指数（d）[图 8.7、式（8.17）]发现各站湿渍害灾年灾损风险强度指数在 $5 < d \leqslant 25$，除鄂西南外，安徽的阜阳、亳州、宿州、淮南、蚌埠，以及湖北的襄阳损失强度最高，超过 15，占全区台站的 10%左右；安徽大部、苏南、鄂东南、江汉平原的灾损风险强度指数在 $10 < d \leqslant 15$，占全区台站的 46%；江苏东部、鄂东北、鄂西北灾损风险强度

指数最低，在 $5 < d \leqslant 10$，约占全区台站的 34%。

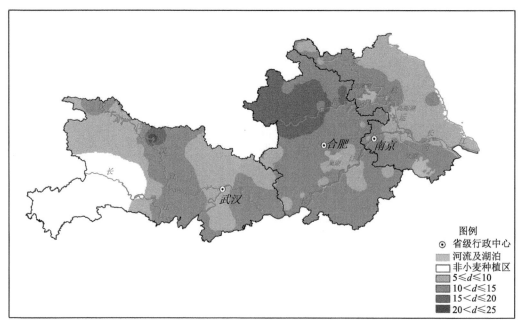

图 8.7　冬小麦因湿渍害造成的灾损风险强度

8.2.3.3　冬小麦春季湿渍害气象风险区划

计算 1961～2010 年的湿渍害风险评估指数，依据风险值大小，将研究区分为如图 8.8 三部分：Ⅰ区为风险高值区（RI>4.0），Ⅱ区为风险中值区（2.0<RI≤4.0），Ⅲ区为风险低值区（RI≤2.0）。

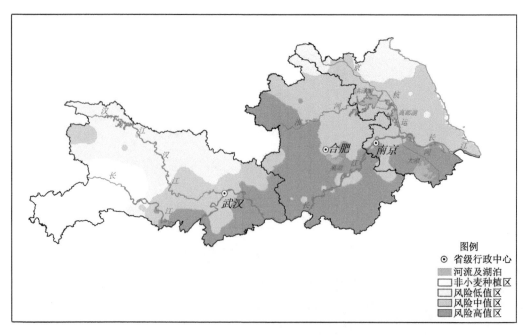

图 8.8　1961～2010 年冬小麦春季湿渍害风险分区图

风险高值区主要位于安徽的阜阳、六安、淮南以及沿江江南、鄂东南及苏南大部分地区,共 54 个站,占全区台站的 27%,属亚热带季风气候区北缘,光热水条件较好,雨热同季,农业利用率较高,适宜稻、麦、棉、油的生产。沿江及以南地区地势开阔、水源充足,土壤多为水稻土和壤土、肥力较高,春季降水偏多是该区冬小麦湿渍害频发的主要原因;江淮西部地区多为潮土、砂姜黑土等,具有易涝、易旱、僵、渍等特点,是安徽历史上严重的低产土壤,小麦产量不稳,自然抗灾能力弱是湿渍害风险高的原因之一。防御策略以改善水利设施、加强农田基本建设、保证能灌能排为主,有效增加土壤有机物质的投入,多采用耐湿品种,以高利用、高投入获得高产出和高效益。

风险中值区范围较广,约占全区台站的 47%,包括安徽江淮东部、淮北大部,江苏的江淮之间、江汉平原南部和鄂东北等地区。该区沿江滨海,过渡性气候特点明显,春季降水分布不均,地形平坦,易洪涝、多干旱。江淮东部和淮北地区土壤主要为潮土类,砂、碱、薄、渍特征明显,农业以稻、麦、棉为主,耕地质量较好,潜在肥力较高;江汉平原和鄂东北地区多为水稻土,土壤紧实黏重,虽通气透水性差,但经增肥改土,完全可以建立起较佳的农田生态环境和良好的农业生产条件。该区经过长期的治水培肥改土,抗灾能力明显增强,湿渍害的风险性显著降低。防御对策坚持以主攻涝渍、旱涝兼顾为原则,继续加强农田水利设施建设。

风险低值区主要位于湖北北部和淮北局部地区,共 31 个站,占全区台站的 16%。冬小麦产量波动较大,受降雨影响较小,湿渍害风险最低。境内地势起伏明显,海拔落差较大,立体气候特征显著,光、热资源丰富,山地土壤多为石灰土、棕壤,水分易散失。受海拔、坡向等地形因素影响,该区的山地气候多样性既为多种经营提供了优良条件,也为种植业带来了较多的灾害性天气,以干旱居多。防御重点应侧重解决生产用水及水土流失问题,因地制宜,合理利用,大力发展特色农产品种植。

8.2.3.4 冬小麦春季湿渍害风险区划年代际变化

根据式(8.18),分别计算 1961~1970 年、1971~1980 年、1981~1990 年、1991~2000 年、2001~2010 年湖北、安徽、江苏的冬小麦春季湿渍害风险指数,从表 8.3 中可见,在各年代际间风险高值区的变化较为明显,以 1961~1970 年、1991~2000 年的高风险区分布最集中且范围大;其次是 1971~1980 年,风险高值区在江淮(苏)、苏南、淮北(皖)、江南(皖)、江汉平原地区;2001 年以后湿渍害风险值明显减小,中值区分布较大,高值区零星分布;1981~1990 年湿渍害风险值最低,RI>2.0 的区域基本在沿江及以南地区。因此,从每 10 年的风险分区变化中发现,冬小麦春季湿渍害发生严重的时段主要在 1961~1970 年、1971~1980 年和1991~2000 年,1981~1990 年和2001~2010 年春季湿渍害发生较少。

表 8.3　1961~2010 年湖北、安徽、江苏的冬小麦春季湿渍害风险值

地区		时期				
		1961~1970 年	1971~1980 年	1981~1990 年	1991~2000 年	2001~2010 年
淮北(苏)	徐州	2	3.5	2	1	0.5
江淮(苏)	淮安	5.5	5.5	2	2.5	2.5
	盱眙	6.5	5	1	4.5	1.5
苏南	南京	3.5	3.5	3	4	6
	无锡	3.5	4	7	4.5	4
	昆山	2	4	6.5	4.5	3

续表

地区		时期				
		1961~1970 年	1971~1980 年	1981~1990 年	1991~2000 年	2001~2010 年
淮北（皖）	砀山	3	0.5	0	2.5	0.5
	临泉	6	5.5	1.5	5	3
	阜南	6	5	0	5	3.5
	凤阳	3	2.5	0	4	3
江淮（皖）	巢湖	6	3	2	5	4
	六安	5.5	3	3.5	5	3.5
江南（皖）	芜湖	5.5	5	3.5	5	1.5
	宣城	7.5	5	2.5	3	1.5
鄂东南	咸宁	6.5	3.5	4.5	2	5.5
	阳新	4	4.5	5.5	5.5	1.5
江汉平原	监利	6.5	6	4.5	1.5	5.5
	汉川	3.5	3.5	2	2	2.5
鄂东北	广水	2	1.5	0.5	0	0.5
	随州	2	1.5	0	0	1
	英山	6	5.5	2.5	4	2
	应城	2.5	2.5	2	1.5	1.5
鄂西北	保康	3.5	3	1	1.5	1.5
	谷城	5	1.5	1	1.5	0.5

8.2.3.5　冬小麦春季湿渍害风险区划 30 年变化

从 1961~1990 年、1971~2000 年、1981~2010 年冬小麦春季湿渍害风险区划图（图 8.9）看，风险高值区年际间变化也较为明显。其中，1961~1990 年高值区集中在鄂、皖的江南地区，面积最大；1971~2000 年高值区主要在苏南、皖南两个区域，总面积略有减少；

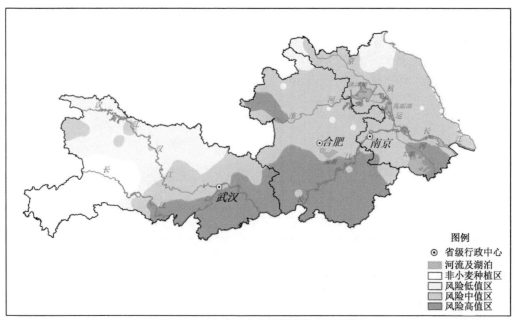

图例
⊙ 省级行政中心
　 河流及湖泊
　 非小麦种植区
　 风险低值区
　 风险中值区
　 风险高值区

（a）1961~1990 年冬小麦春季湿渍害风险区划图

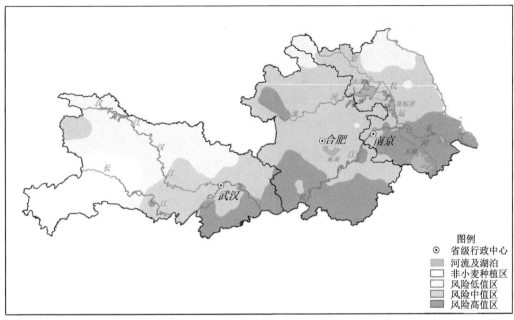

（b）1971～2000年冬小麦春季湿渍害风险区划图

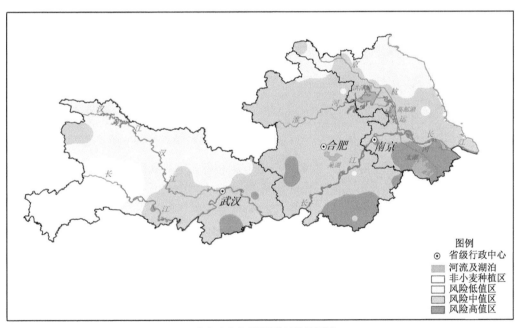

（c）1981～2010年冬小麦春季湿渍害风险区划图

图 8.9　1961～1990 年、1971～2000 年、1981～2010 年冬小麦春季湿渍害风险区划图

1981～2010 年，风险高值区显著减小、低值区范围有所增加。

8.2.4　油菜春季湿渍害气象风险区划

与冬小麦春季湿渍害风险区划方法相同，利用国家级地面气象观测站计算油菜春季湿渍害判别指数，分析其时空分布特征，在此基础上进行油菜春季湿渍害气象风险区划。

8.2.4.1 油菜春季湿渍害的时空分布特征

根据油菜春季湿渍害受灾 Q_s 值（表 8.2）计算的 1961～2010 年油菜春季湿渍害发生频率（图 8.10）可以看出，研究区内均有油菜种植，其春季湿渍害发生频率总体呈现北低南高的趋势。沿江江南油菜种植区的春季湿渍害发生频率普遍达 70%以上，其中安徽黄山一带及江苏太湖西北部油菜种植区春季湿渍害发生频率更是高达 90%以上；江淮之间大部、鄂东北、鄂西南湿渍害发生频率在 50%～70%；其他地区湿渍害发生频率均在 50%以下，其中襄阳—随州—荆门一带不足 30%。

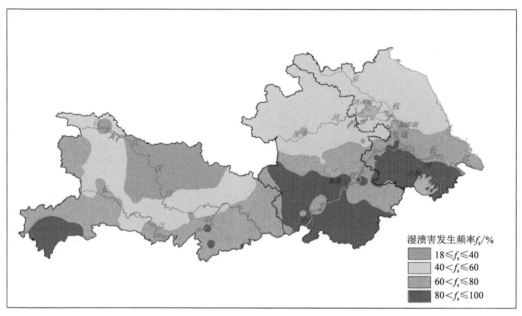

图 8.10　1961～2010 年油菜春季湿渍害发生频率

统计 1961～2010 年逐年湖北、安徽和江苏三个省各县市达到湿渍害标准的数量，用于反映当年湿渍害发生的范围大小。由图 8.11 可看出 1964 年、1973 年、1977 年、1989 年、1991 年、1992 年、1998 年、2002 年以及 2003 年均为典型湿渍害受灾年。

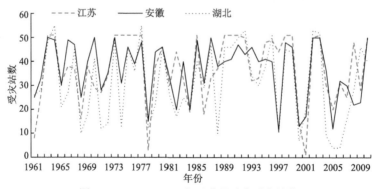

图 8.11　1961～2010 年油菜湿渍害受灾站数

8.2.4.2 春季湿渍害对油菜产量的影响

统计各种植区平均灾年、因灾减产年等数据，发现苏南、江南（皖）、江淮（皖）以及鄂东南油菜的湿渍害受灾年较多，相应的因灾减产的年份也多，淮北（皖）、江南（皖）减产超过 20%的受灾年最多，鄂西南、鄂东北严重灾年最少。从各地区因灾减产频率看，鄂东北平均减产频率最高，达到 62.7%；其次是淮北（皖）地区；江苏的因灾减产频率普遍较低，均在 50%以下（表 8.4）。

表 8.4　1961～2010 年各气候区平均湿渍害受灾年、因灾减产年及各等级减产年统计表

地区	鄂西北	江汉平原	鄂东北	鄂东南	鄂西南	淮北（皖）	江淮（皖）	江南（皖）	淮北（苏）	江淮（苏）	苏南
受灾年/年	22	25.9	20.9	36.6	33.5	22.2	35.6	42	27.4	34.1	48.3
因灾减产>20%的受灾年/年	2.2	2.7	2.0	3.7	1.7	6.2	2.8	4.7	2.4	2.8	3.2
因灾减产 10%～20%的受灾年/年	3.1	3.2	2.9	4.8	4.6	2.6	6.4	6.8	1.8	3.1	3.2
因灾减产<10%的受灾年/年	7.9	8.5	8.2	9.9	10.7	4.6	10.3	9.6	8.1	8.9	15.1
因灾减产受灾年/年	13.2	14.4	13.1	18.4	17	13.4	19.5	21.1	12.3	14.8	21.5
因灾减产频率/%	60	55.6	62.7	50.3	50.7	60.4	54.8	50.2	44.9	43.4	44.5

油菜春季湿渍害造成的产量损失风险大小主要由不同等级的减产强度及其发生概率决定。根据式（8.17）的计算结果，图 8.12 给出了研究区内油菜湿渍害灾年的产量损失风险强度，由图可看出，各站湿渍害灾损风险强度指数普遍在 $6 \leqslant d \leqslant 21$。安徽的东北部地区、湖北的襄阳灾损风险强度指数最高，超过 15，占全区台站的 9%左右；安徽淮河以南大部、江苏江淮之间大部、湖北中东部的灾损风险强度指数在 $10 < d \leqslant 15$，占全区台站的 62%；江苏东北部及西南部、湖北西部的部分地区，以及随州、孝感及荆州的局部地区指数值最低，为 $6 \leqslant d \leqslant 10$，约占全区台站的 29%。

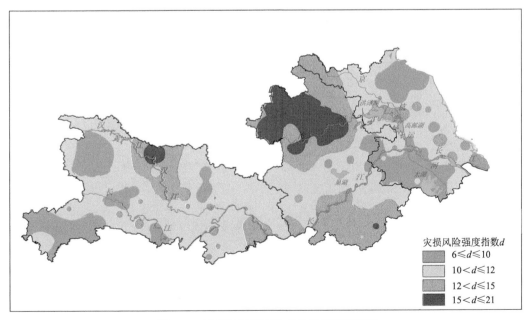

灾损风险强度指数 d
$6 \leqslant d \leqslant 10$
$10 < d \leqslant 12$
$12 < d \leqslant 15$
$15 < d \leqslant 21$

图 8.12　油菜因湿渍害造成的灾损风险强度

8.2.4.3　油菜春季湿渍害气象风险区划

据风险评估模型[式（8.18）]计算研究区内各站的风险评估值，并利用地理信息系统（geographic information system，GIS）进行空间内插。根据风险值大小，将研究区分为三部分，即风险高值区、风险中值区和风险低值区（图8.13）。

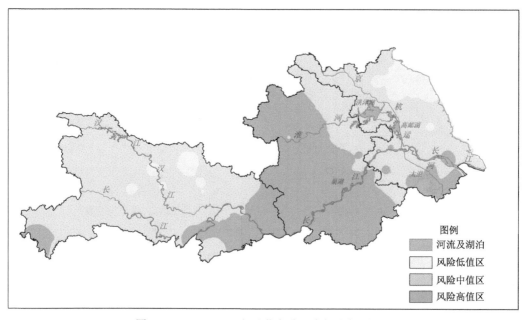

图 8.13　1961～2010 年油菜春季湿渍害风险区划图

风险高值区是灾损风险评估指数 RI > 4.0 的区域，主要位于湖北东南部地区、安徽的江淮西部和沿江以南地区以及江苏南部部分地区，共 58 个站，占全区台站的 37%。该区地处亚热带季风气候区北缘，光热水条件较好，雨热同季，农业利用率较高，适宜稻、麦、棉、油的生产。沿江及以南地区地势开阔、水源充足，土壤多为水稻土和壤土，肥力较高，春季降水偏多是该区油菜湿渍害频发的主要原因；江淮西部地区多为潮土、砂姜黑土等，具有易涝、易旱、僵、渍等特点，是安徽历史上严重的低产土壤，自然抗灾能力弱是湿渍害风险高的原因之一。防御策略以改善水利设施、加强农田基本建设、保证能灌能排为主，有效增加土壤有机物质的投入，多采用耐湿品种，以高利用、高投入获得高产出和高效益。

风险中值区是灾损风险评估指数 2.0 < RI ≤ 4.0 的区域，范围最广，约占全区台站的 55%，主要包括安徽东部，江苏的淮北西部、江淮之间，苏南西部及东北部，湖北大部（除了鄂东南、鄂西南的西南角）。该区过渡性气候特点明显，春季降水分布不均，地形平坦，遇强度大的降水或长时间连阴雨排水不畅较为突出，易洪涝、多干旱。江淮东部和淮北地区土壤主要为潮土类，砂、碱、薄、渍特征明显，农业以稻、麦、棉为主，耕地质量较好，潜在肥力较高；江汉平原和鄂东北地区多为水稻土，土壤以黏性土为主，且地下水位埋深较浅，土壤含水量经常处于过湿状态，土壤虽通气透水性差，但经增肥改土，完全可以建立起较佳的农田生态环境和良好的农业生产条件。该区经过长期的治水培肥改土，抗灾能力明显增强，湿渍害的风险性显著降低。防御对策坚持以主攻涝渍、旱涝兼顾为原则，继续加强农田水利设施建设。

风险低值区是灾损风险评估指数 RI ≤ 2.0 的区域，范围最小，主要位于湖北北部和淮北局部地区，共 13 个站，仅占全区台站的 8%。油菜种植面积较少、产量波动较大，受降雨影响较小，湿渍害风险最低。境内地势起伏明显，海拔落差较大，立体气候特征显著，光、热资源丰富，山地土壤多为石灰土、棕壤，水分易散失。受海拔、坡向等地形因素影响，该区的山地气候多样性既为多种经营提供了优良条件，也为种植业带来了较多的灾害性天气，以干旱居多。防御重点应侧重解决生产用水及水土流失问题，因地制宜，合理利用。

8.2.4.4　油菜春季湿渍害风险区划年代际变化

计算 1961～1970 年、1971～1980 年、1981～1990 年、1991～2000 年、2001～2010 年研究的油菜湿渍害风险指数，从图 8.14 中可见，在各年代际间风险高值区的变化较为明显，以 1961～1970 年、1971～1980 年的风险高值区分布最集中，且范围大；其次是 1991～2000 年，风险高值区在安徽、苏南及江淮之间西部地区；2001～2010 年湿渍害风险值明显减小，风险低值区分布扩大，风险高值区零星分布于安徽、湖北南部及苏南局部；1981～1990 年湿渍害

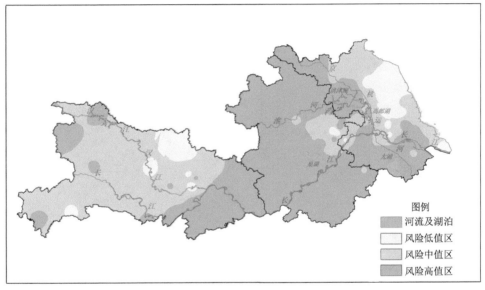

（a）1961～1970年

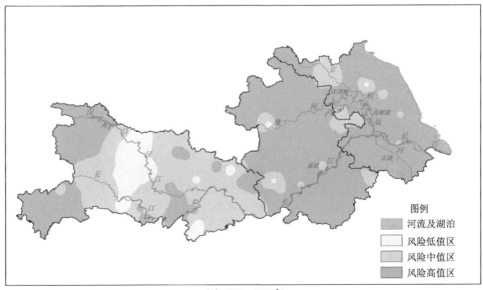

（b）1971～1980年

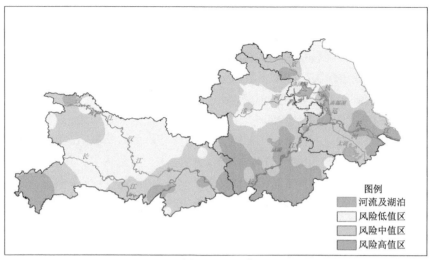

（c）1981～1990年

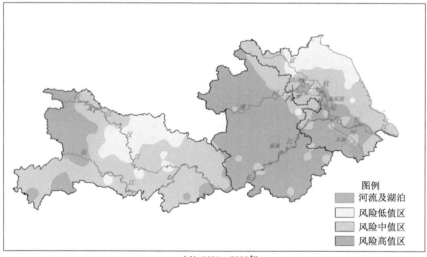

（d）1991～2000年

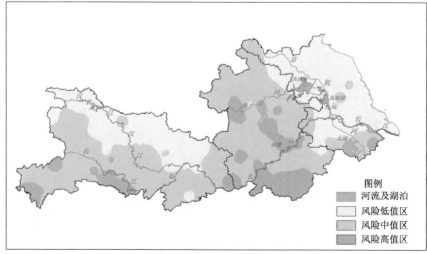

（e）2001～2010年

图 8.14 油菜春季湿渍害风险区划图年代际变化

风险值略大于 2001~2010 年，为湿渍害发生较少年代。因此，从每 10 年的风险分区变化中发现，油菜春季湿渍害发生严重的时段主要在 1961~1970 年、1971~1980 年以及 1991~2000 年，1981~1990 年和 2001~2010 年春季湿渍害发生较少。

8.2.4.5　油菜春季湿渍害风险区划 30 年变化

为更好掌握油菜春季湿渍害在 1961~2010 年变化情况，分 1961~1990 年、1971~2000 年以及 1981~2010 年三个时段计算各地风险评估值，探寻各时段风险区的变化。

比较各时段的风险区划图可见，在 1961~1990 年，油菜春季湿渍害风险高值区范围最大，主要分布在鄂东和苏皖的沿江及江南地区，淮北地区湿渍害风险最低；1971~2000 年，风险高值区范围明显回缩，主要分布在苏皖沿江及江淮之间南部，湖北境内风险高值区范围较小，大部分处于风险中值区；1981~2010 年，风险高值区范围最小，仅出现在安徽的沿江和江南局部地区，研究区内大部分地区油菜湿渍害的风险值较低，风险低值区范围扩大，湿渍害减少或减轻的趋势明显（图 8.15）。

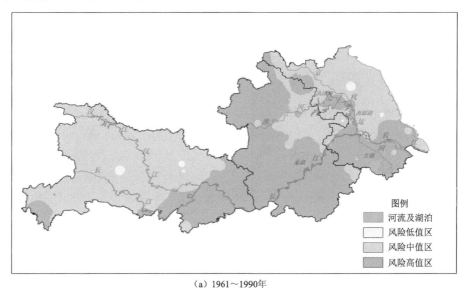

（a）1961~1990年

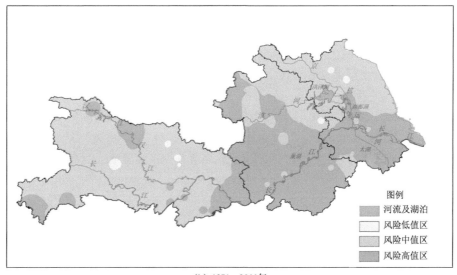

（b）1971~2000年

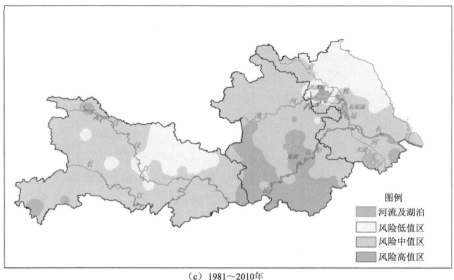

（c）1981～2010年

图 8.15　油菜春季湿渍害风险区划图

8.3　基于 GIS 的作物湿渍害综合风险区划

气象条件是作物生产中变化最大、也是最重要的致灾因子，但也应考虑到在作物气象灾害成灾过程中地理、地形地貌及土壤等因素存在的促进作用。因此，鉴于坡度、土壤透水性等孕灾环境，降水量等致灾因子，作物种植面积等承载体及抗灾能力对灾害的影响，本节利用 GIS、遥感技术，结合研究区基础地理信息数据、土壤信息数据、地形数据、气候资料、冬小麦种植面积和产量等资料，综合考虑孕灾环境敏感性、致灾因子危险性和承灾体脆弱性，基于灾害风险分析理论，对研究区作物湿渍害风险进行综合评估与区划。

8.3.1　数据来源及其预处理

除了作物湿渍害气象风险评估的气象数据、产量数据、灾情数据、基础地理信息数据之外，开展作物湿渍害风险综合评估还需要土壤、地形、土地利用数据，土地覆盖数据：1：100万土壤图由中国科学院南京土壤研究所提供；土壤质地数据：不同深度（0～5cm、5～15cm、15～30cm）1km 分辨率的土壤质地百分比[土壤砂粒百分比（soil texture fraction sand in percent，SNDPPT）、土壤黏粒百分比（soil texture fraction clay in percent，CLYPPT）]数据，来自国际土壤参比与信息中心（International Soil Reference and Information Centre, ISRIC, https://www.i sric.org, 2019/06/24）；地形数据：采用 SRTM 90m 分辨率数字高程数据（digital elevation model, DEM, http://www.gscloud.cn/, 2019/06/24）；MODIS 数据：500m 分辨率土地覆盖类型产品（MCD12Q1），从 NASA 地球观测系统和数据信息系统（earth observation system data and information system, EOSDIS, https://ladsweb.nascom.nasa.gov, 2019/06/24）下载。

评估过程中为消除各因子间不同量纲对评估结果的影响，对各指标均进行标准化处理，标准化公式为

$$x' = \frac{x - x_{min}}{x_{max} - x_{min}} \tag{8.19}$$

式中，x 和 x' 分别为标准化前后的评价指标值；x_{max} 和 x_{min} 分别为同一指标评价样本的最大值和最小值。由于低洼度分析是对不同低洼程度分别赋以不同等级值，无须标准化处理。

8.3.2　湿渍害综合风险评估模型构建

区域灾害系统论认为灾害是孕灾环境、致灾因子与承灾体综合作用的结果，在灾害的形成过程中，三者缺一不可，并认为孕灾环境、致灾因子和承灾体在承灾系统中的作用具有同等的重要性（史培军，2005）。本小节从孕灾环境敏感性、致灾因子危险性及承灾体脆弱性 3 个方面出发，选择坡度、土壤透水性、低洼度、致灾因子气候风险概率、物理暴露性、区域抗灾能力 6 个单项指标，构建了长江中下游地区冬小麦湿渍害综合风险评估模型：

$$D_r = D_e \times D_h \times D_v \tag{8.20}$$

式中，D_r 为湿渍害综合风险评估值；D_e 为孕灾环境敏感性；D_h 为致灾因子危险性；D_v 为承灾体脆弱性。D_r 的值越大，湿渍害风险越大。其技术路线如图 8.16 所示。

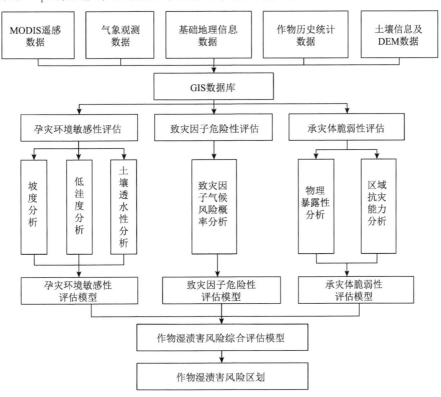

图 8.16　长江中下游地区湿渍害风险评估及区域技术流程图

8.3.2.1　孕灾环境敏感性评估方法

影响湿渍害的环境因子包括气候（主要指降水）、地形地貌、土壤植被、水文 4 个因素，而降水异动是引发湿渍害的最关键气象因素，因此降水在本小节中将作为致灾因子进行分析。本小节选取坡度、低洼度、土壤透水性作为孕灾环境的因素。

1）坡度（Slope）

坡度是地表单元陡缓的程度，地表上任一点的坡度是通过该点的切平面与水平面的夹角。

坡度是影响地表径流的重要因素之一，同样的降雨条件下，坡度越大越容易引起坡面流，水流就下渗得越少；反之坡度越小，降水越容易聚集，下渗得越多。根据 SRTM 90m 分辨率数字高程数据（DEM），利用 ArcGIS 的空间分析工具可以提取研究区域的坡度。

2）低洼度（L_1）

低洼地是指陆地上的局部低洼部分，因排水不良，中心部分常积水成湖泊、沼泽或盐沼，是洪涝灾害的易灾区。基于 GIS 技术确定洪水淹没区的思想，凡是高程值低于给定水位且满足连通性要求的点，皆计入淹没区。在低洼地的提取中，无须满足连通性的要求，且给定水位为高出历史最高水位一定范围的值，利用 ArcGIS10.2 水文分析功能将研究区划分为不同流域，再结合各流域历史最高水位条件和高程数据求出低洼情况，进一步将低洼分为三个等级，分别赋值为 1、2、3，1 表示高低洼度，2 表示中低洼度，3 表示不低洼，值越小表示低洼程度越大，越容易积水，发生湿渍害的可能性也就越大。

单元模拟水深的计算公式为

$$W_{md} = H_m - E \tag{8.21}$$

式中，W_{md} 为模拟水深；H_m 为假设水位；E 为单元高程。

3）土壤透水性

土壤是影响降水入渗的重要因子。不同类型的土壤，受其质地、结构差异的影响，具有不同的入渗能力。通常土壤的砂性越强，其透水能力越强，反之黏性越大，其透水能力越弱，如砂、砂质和粉质土壤、壤土、黏质土壤和碱性黏质土壤几种不同质地的土壤，其入渗能力依次减弱。

采用 1km 分辨率不同深度（0～5cm、5～15cm、15～30cm）标准化的土壤砂粒百分比（SNDPPT）数据和土壤黏粒百分比（CLYPPT）数据作为土壤透水性指数 S_w，其中黏粒、砂粒百分比数据分别取其不同深度百分比数据的平均值。

用黏粒、砂粒百分比表示的土壤透水性指数公式如下：

$$S_w = \frac{P_{clay} - P_{sand}}{P_{clay} + P_{sand}} \tag{8.22}$$

式中，S_w 为土壤透水性指数；P_{clay} 为黏粒百分比；P_{sand} 为砂粒百分比。S_w 的值越小，表明土壤的砂性越强，土壤的透水性越好；反之，其值越大，土壤的黏性越强，土壤透水性越差。

孕灾环境敏感性综合评估模型 D_s 表示为

$$D_s = \frac{w_1 \times S_w' + w_2 \times (1 - Slope')}{L_1} \tag{8.23}$$

式中，S_w'、$Slope'$ 分别为标准化之后的土壤透水性和坡度，w_1、w_2 分别为土壤透水性和坡度的权重，用层次分析法确定。

8.3.2.2　致灾因子危险性评估方法

1）冬小麦和油菜湿渍害等级指标

目前，长江中下游地区冬小麦湿渍害研究中使用的等级指标主要是以致灾因子为划分依据的气象指标。根据《冬小麦、油菜涝渍等级》（QX/T 107—2009），选取降水量、降水日数、日照时数，构建冬小麦涝渍指数（Q_w）。计算公式如下：

$$Q_w = b_1 \frac{R}{R_{max}} + b_2 \frac{D_R}{D} - b_3 \frac{S}{S_{max}} \qquad (8.24)$$

式中，Q_w 为涝渍指数；R 为旬降水量；R_{max} 为近三个年代的旬最大降水量；D_R 为旬降水日数；D 为旬天数；S 为旬日照时数；S_{max} 为旬可能日照时数；b_1、b_2、b_3 分别为降水量、降水日数和日照时数对涝渍害形成的影响系数。影响系数的计算有不同方法可供选择，《冬小麦、油菜涝渍等级》中采用主成分分析法，参考取值：b_1 为 0.75～1.00，b_2 为 0.75～1.00，b_3 为 0.50～0.75。

2）致灾因子气候风险概率评估

自然风险评估中，由泊松分布、正态分布、对数正态分布和指数分布等概率密度函数求得的气候概率结果往往具有客观性和稳定性，可用来描述灾害可能发生的危险性大小（黄崇福，2005）。作者对研究区 203 个气象站点的 1971～2010 年冬小麦 Q_w 进行了正态性检验，只有 15 个站点的 Q_w 不满足正态分布。对这些未通过正态检验的站点进行普通坐标与概率坐标间的变换，将其转换成正态分布。因此本小节用正态分布函数表示各地冬小麦发生湿渍害的风险大小，其概率分布函数为

$$f(x) = \frac{1}{\sigma \sqrt{2\pi}} e^{\frac{-(x-\mu)^2}{2\sigma^2}} \qquad (8.25)$$

式中，$f(x)$ 为概率密度函数；x 为 Q_w 序列值；μ 为数学期望值，大样本序列可由平均值代替；σ 为标准差。对概率密度函数求积分，分别得到湿渍害气候轻度、中度、重度风险概率（D_{h1}、D_{h2} 和 D_{h3}），其值越大，表明湿渍害的风险性越大；反之，发生湿渍害的风险越小。本小节致灾因子湿渍害气候综合风险概率（D_h）为轻度及以上的湿渍害概率。计算公式分别为

$$D_h = \int_{Q_{w2}}^{Q_{w1}} f(x) dx$$
$$D_h = 1 - \int_{-\infty}^{Q_{w1}} f(x) dx \qquad (8.26)$$

式中，Q_w 为涝渍指数，作者选取了春季不同湿渍害等级的下限作为临界值，见表 8.5。

表 8.5 冬小麦和油菜春季涝渍指数与湿渍害等级的对应关系

涝渍指数	湿渍害等级
$Q_w < 0.8$	无
$0.8 < Q_w < 0.1$	轻度
$0.1 < Q_w < 1.2$	中度
$Q_w > 1.20$	重度

8.3.2.3　承灾体脆弱性评估方法

目前对承灾体脆弱性的认识处于起步阶段，仍然没有一个统一的概念定义承灾体脆弱性，但大多数研究者认为承灾体脆弱性由暴露性、敏感性和恢复力三方面因子构成。灾害学中，承灾体脆弱性主要强调人类社会系统在受到灾害影响时的抗御、应对和恢复能力，葛全胜等（2008）将承灾体脆弱性定义为承灾体在面对潜在的灾害危险性时，由于自然、社会和环境等因素的作用，所表现出的物理暴露性、应对外部打击的固有敏感性及人类防抗风险能力。承灾体敏感度主要取决于承灾体生理结构和遭受灾害过程时所处的发育阶段，目前尚无统一指标能够对作物抗湿能力进行宏观评估。因此，作者仅从承灾体物理暴露性和区域应灾能力两个方面来构建承灾体脆弱性评估模型，进行湿渍害承灾体脆弱性评估。本小节采用相对冬小麦种植面积作为承灾体物理暴露性指标，即各县市的冬小麦种植面积与各县市耕地面积之比。其计算公式如下：

$$V_e = \frac{A_w}{A_a} \tag{8.27}$$

式中，V_e 为承灾体物理暴露性指数；A_w 为冬小麦种植面积；A_a 是由 MODIS（MCD12Q1）提取的县市耕地面积。

区域抗灾能力指数 V_d 反映的是区域人类社会为保障承灾体免受、少受某种灾害威胁而采取的基础的及专项的防备措施力度大小（葛全胜等，2008）。本小节采用某区域单产占整个研究区单产总和的平均值所代表的区域农业水平指数来表示区域抗灾能力。

$$V_d = \frac{1}{n}\sum_{i=1}^{n}\frac{Y_i}{S_i} \tag{8.28}$$

$$S_i = \sum_{ij=1}^{m}Y_{ij} \tag{8.29}$$

式中，V_d 为区域抗灾能力指数；Y_i 为某地区第 i 年的实际单产；S_i 为第 i 年全域各区实际单产总和；Y_{ij} 为第 i 年 j 地区的实际单产；n 为年代长度；m 为区域个数（研究区内共有 231 行政单元参与风险评估）。

利用承灾体物理暴露性和区域抗灾能力两个指标构建承灾体脆弱性评估模型 D_v：

$$D_v = w_3 \times V'_e + w_4 \times (1 - V'_d) \tag{8.30}$$

式中，V'_e 为标准化后的承灾体物理暴露性指数；V'_d 为标准化后的区域应灾能力指数；w_3、w_4 分别为承灾体物理暴露性指数和区域抗灾能力指数的权重，用层次分析法确定。

8.3.3　冬小麦春季湿渍害综合风险区划

评估过程中，需要将各指标统一为具有相同分辨率（1km）的栅格图层，在此基础上，根据式（8.20），采用 ArcGIS 栅格计算器工具进行湿渍害综合风险评估分析，并采用自然断点分级法（Jenks）进行湿渍害等级划分（莫建飞等，2010；石莉莉和乔建平，2009），得到基于不同要素的春季湿渍害风险区划图。

8.3.3.1　孕灾环境敏感性评估

在 ArcGIS 中利用空间分析功能，使用 DEM 数据生成研究区坡度分布图[图 8.17（a）]，并且统计了研究区不同坡度等级的面积比重（表 8.6），可以看出研究区大部分地区比较平缓，坡度小于等于 6°的面积占整个研究区的 70.11%。由图 8.17（a）、图 8.17（b）可以看出江苏省绝大部分地区的坡度都很小，基本在 2°以下；安徽省除皖西丘陵山区和皖南丘陵山区坡度基本在 6°以上外，其余大部分地区都在 2°以下；湖北省东、西、北三面的坡度都相对比较大，尤其是西北秦岭东延部分和大巴山东段的山地平均坡度在 15°以上；在江苏省、安徽省和湖北省江淮平原区为低洼区。由土壤透水性空间分布图[图 8.17（c）]可以看出，土壤透水性较差的区域主要分布在淮河以北、江淮平原、湖北省北部、东部（汉江和长江以北）以及江苏东部京杭运河以东等地，S_w 值大部分都在 0 以上，最大值出现在安徽省淮河以北砂姜黑土比较集聚的区域；皖西、皖南丘陵山区土壤透水性最好，湖北省西南部土壤透水性次之。

长江中下游地区冬小麦湿渍害脆弱度全区平均值为 0.225，但不同区域脆弱度具有明显的空间分异[图 8.17（d）]。孕灾环境敏感性较高的区域主要分布在整个江苏省、安徽省沿淮河和长江地区及湖北省沿江地区，这些地区土壤质地相对比较黏重，地形低洼，坡度较小；孕灾环境敏感性较低的区域主要出现在湖北省西部和安徽省西南丘陵及皖西丘陵山区，这些地区土壤砂性较强，坡度较大。

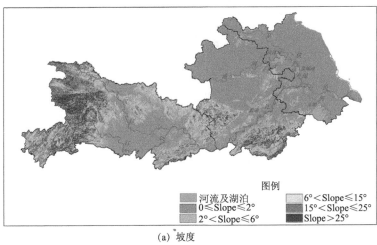

图例

河流及湖泊	6°＜Slope≤15°
0≤Slope≤2°	15°＜Slope≤25°
2°＜Slope≤6°	Slope＞25°

(a) 坡度

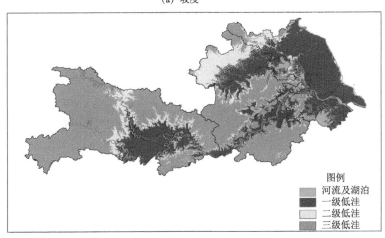

图例

河流及湖泊
一级低洼
二级低洼
三级低洼

(b) 低洼度

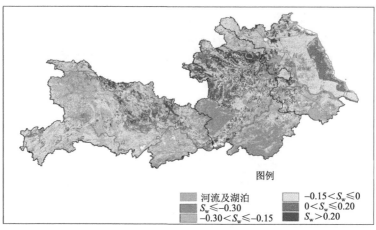

（c）土壤透水性

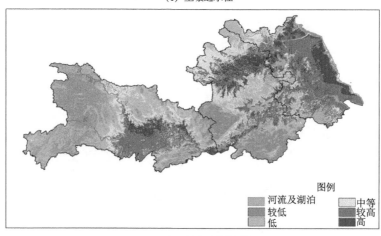

（d）孕灾环境敏感性

图 8.17　研究区各环境因子综合分布图

表 8.6　不同坡度等级的面积比重

等级	平地	平坡	缓坡	斜坡	陡坡
坡度 Slope/（°）	0 ≤ Slope ≤ 2	2 < Slope ≤ 6	6 < Slope ≤ 15	15 < Slope ≤ 25	Slope>25
面积比重/%	58.44	11.67	12.56	10.89	6.44

8.3.3.2　致灾因子危险性评估

利用反距离权重插值法将各气象台站上求得的气候风险概率转换为覆盖整个研究区的空间分布数据。由插值结果（图 8.18）可知，研究区不同等级湿渍害气候风险概率及综合气候风险概率均呈纬向分布，南高北低，南北差异大，其中综合气候风险概率与春季降水分布基本一致。淮河以北地区发生轻度、中度、重度湿渍害的概率相对较小，自淮河往南地区的概率依次增大，在长江以南区域概率最大，这主要与降水量和日照有关。从综合气候风险概率结果来看，淮河以南地区都存在 10%以上的湿渍害气候风险概率，湖北省西南部地区（恩施土家族苗族自治州）和安徽省最南部地区（主要是黄山市）概率甚至高达 40%以上。

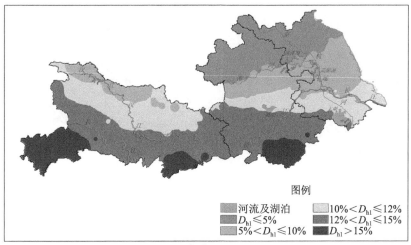

（a）轻度

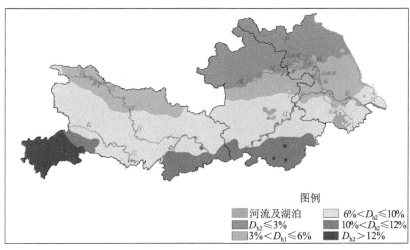

（b）中度

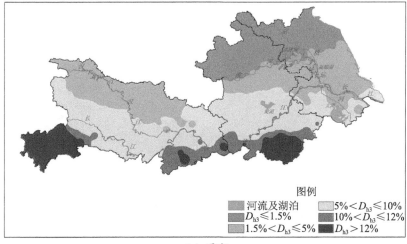

（c）重度

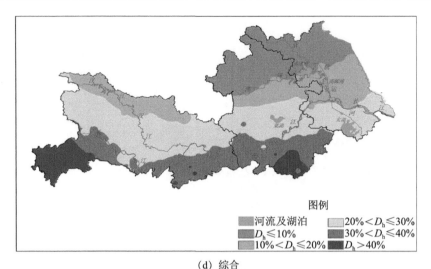

（d）综合

图 8.18　研究区冬小麦湿渍害气候风险概率分布

8.3.3.3　冬小麦脆弱性评估

图 8.19（a）显示了研究区冬小麦物理暴露性指数的空间分布。从分布来看，淮河沿线、江苏省大部分市县以及湖北省的老河口、襄阳、枣阳、宜昌、潜江、天门等地区冬小麦的物理暴露性指数相对较大，超过 10% 的面积种植了冬小麦，其中安徽省淮河以北绝大部分地区冬小麦种植面积超过了 30%，江苏省内京杭运河沿线的铜山、宿迁、泗阳、淮安、泰兴、江阴等区域冬小麦种植面积达 20% 以上；研究区中部长江沿线及湖北西部地区冬小麦的物理暴露性指数较小，在 5% 及以下。

区域抗灾能力总体由西向东逐渐增强[图 8.19（b）]。局部来看湖北省区域抗灾能力自西向东的空间变化规律不明显，其中郧西、荆门、襄阳、枣阳、随州、广水等地的 V_d 在 0.0059 以上，其中荆门市的 V_d 达到 0.01276；研究区抗灾能力总体最强的地区出现在江苏省盐城、兴化、高邮等地，表明这些地区较其他地区冬小麦单产稳定性更高，整个江苏省区域抗灾能力相对最强，V_d 基本都在 0.0059 以上，安徽省次之；抗灾能力最弱地区为湖北省西南部及安徽省南部黄山、祁

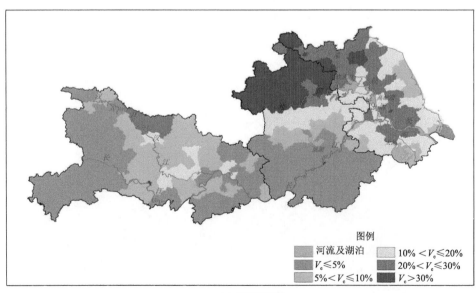

（a）物理暴露性

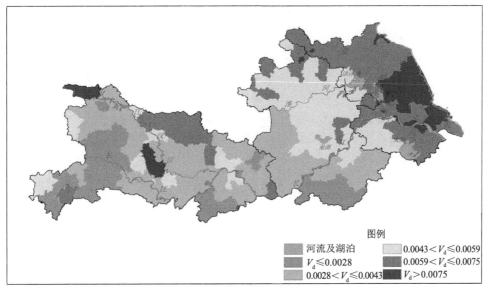

（b）区域抗灾能力

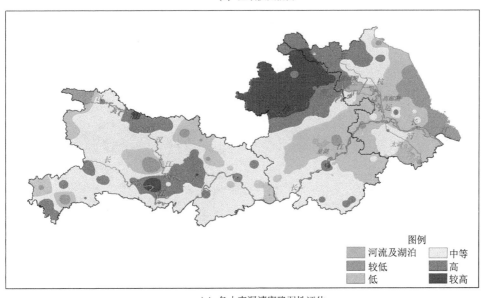

（c）冬小麦湿渍害脆弱性评估

图 8.19　冬小麦各评估因子空间分布图

门、休宁等地区，V_d 在 0.0028 以下，表明这些地区单产波动较大，抗灾能力相对较低。

　　承灾体脆弱性空间分布［图 8.19（c）］显示冬小麦湿渍害脆弱性高及较高的区域主要集中在安徽省淮河以北、淮河沿线的市县以及湖北省荆州东北部、潜江、天门、孝感的东南部及襄阳北部等地；江苏省中部、南部、东部沿海区域和安徽省中东部具有相对较低的脆弱性，其余大部分地区都呈中等脆弱性。

8.3.3.4　冬小麦湿渍害综合风险评估及区划

　　由冬小麦湿渍害综合风险评估等级区划图（图 8.20）可知，研究区综合风险地域差异明显，高风险区主要位于湖北省江汉平原、从武汉到芜湖的沿江平原地区，安徽省南部的南陵、宣城、郎溪和江苏省太湖西北部的溧阳、丹阳、宜兴等地区也有零星分布。这些地区春季降水丰富，多年春季平均降水量在 300～628mm，地势低平，河湖众多，土壤以黏性比较大的水稻土、红壤为主。

较高风险区与中等风险区的分布在部分地区会混杂在一起，尤其是在湖北省西南部和东南丘陵等地区，这些地区多年春季平均降水量在 350mm 以上，春季多年平均降水日数最多，相应的日照时数最少，冬少严寒，夏无酷暑，雾多寡照，因此发生湿渍害的风险多为较高、中等。其他较高风险区主要分布在三块区域，一是湖北省江汉平原、从武汉到芜湖的沿江平原地区的外围；二是安徽省芜湖到长江入海口的沿江平原地区；三是淮河西南部及沿淮比较近的蚌埠、淮南、滁州等地，此区春季降水量在 300～400mm，春季连阴雨的概率也比较大，冬小麦前茬以水稻为主，有总舵淮河干支流所形成众沿河湖洼地，两岗之间的低洼田，土壤以黏性土为主，易发生湿渍害，同时冬小麦种植比较高，是湿渍害的主要发生区域。

中风险区包括江苏省废黄河以南到蚌蜓河（北澄子河、东台河）以北，安徽省沿淮以北部分区域、江淮之间部分区域以及湖北省北部。此区大部分春季及春季连阴雨的概率均小于淮河以南区域，日照较为丰富，但遇强度大的降水过程或长时间连阴雨，仍会出现影响冬小麦生长的湿渍害。

低风险区包括江苏省和安徽省最北地区、皖西山区、皖南山区，湖北省西北山区。安徽省和江苏省最北区域春季降水在整个研究区最少，春季连阴雨发生概率小；皖南山区主要受地形和较少的冬小麦种植面积影响，冬小麦受湿渍害的风险最小。

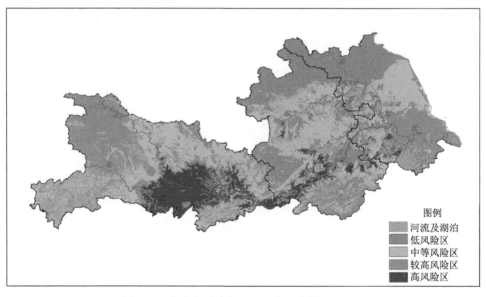

图 8.20　冬小麦湿渍害综合风险评估等级区划图

8.3.4　油菜春季湿渍害综合风险区划

图 8.21（a）显示了研究区油菜物理暴露性指数的空间分布。可以看出油菜物理暴露性指数较大的区域主要集中分布在湖北省江汉平原地区，安徽省江淮之间沿巢湖的县市（寿县、肥西、肥东、合肥、长丰、全椒及和县等）以及江苏省南京、镇江、常州及南通等地区，超过 8%的面积种植了油菜；在湖北省西部山区，安徽省淮河以北、西部和南部山区以及江苏省

北部地区油菜种植面积较少，油菜的物理暴露性指数较小，在 4% 及以下。

由油菜区域抗灾能力空间分布[图 8.21（b）]可以看出，江苏省绝大部分县市的抗灾能力都比较强，湖北省抗灾能力强的区域主要分布在襄阳、荆门、宜昌及荆州等地，安徽省应灾能力强的区域分散在不同地方。这些地区具有相对较大的 V_d 值，其单产波动较小。

油菜湿渍害脆弱性评估空间分布[图 8.21（c）]显示了研究区脆弱性高及较高的区域主要集中在湖北省江汉平原及东部地区，安徽省中部和东南部以及江苏省西南部地区；在江苏省大部分地区，湖北省襄阳、宜昌以及安徽省阜阳、亳州及宿州北部等地区都具有较低的脆弱性。

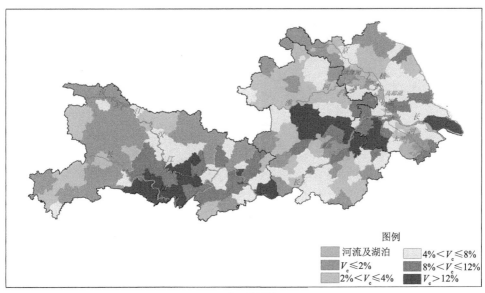

图例
河流及湖泊　　　　$4\% < V_e \leqslant 8\%$
$V_e \leqslant 2\%$　　　　$8\% < V_e \leqslant 12\%$
$2\% < V_e \leqslant 4\%$　　$V_e > 12\%$

（a）物理暴露性

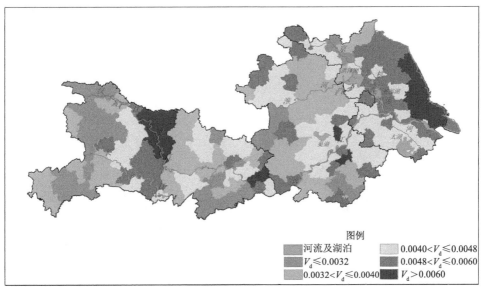

图例
河流及湖泊　　　　$0.0040 < V_d \leqslant 0.0048$
$V_d \leqslant 0.0032$　　　$0.0048 < V_d \leqslant 0.0060$
$0.0032 < V_d \leqslant 0.0040$　$V_d > 0.0060$

（b）区域抗灾能力

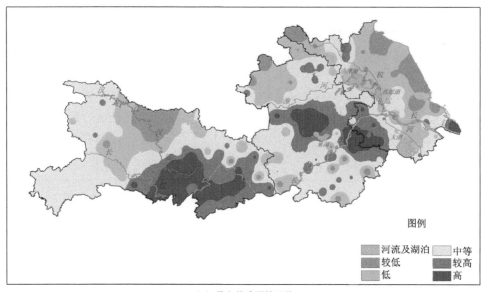

（c）承灾体脆弱性评估

图 8.21　油菜各评估因子空间分布图

　　利用油菜湿渍害脆弱性评估结果，结合 8.3.2 节中得到的研究区湿渍害孕灾环境敏感性和致灾因子危险性评估结果，根据构建的作物湿渍害综合风险评估模型[式（8.20）]，获取油菜湿渍害综合风险评估等级区划图（图 8.22）。由该图可以看出，研究区油菜的综合风险评估结果空间分布与冬小麦的综合风险评估结果空间分布相似。较高及高风险区主要位于湖北省江汉平原及沿江平原地区、安徽省南部沿江平原地区以及江苏省南部地区。这些地区在油菜生长发育期内降水丰沛，地势低平且河湖众多，油菜种植面积相对其他地区也较大；与冬小麦湿渍害风险评估结果相比，油菜湿渍害低风险区有所扩大，主要包括湖北省西北山区、皖西和皖南山区以及安徽省和江苏省北部等地区。山区相对平原地区坡度较大,油菜种植面积小，而安徽省淮北地区和江苏省淮北地区降水较少，因此，这些区域的油菜湿渍害综合风险最小。

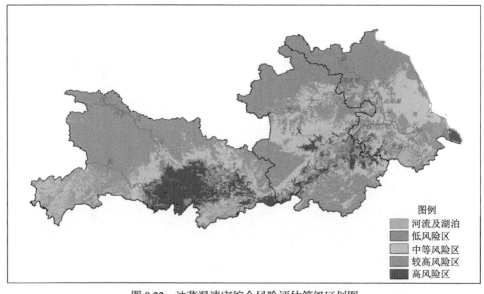

图 8.22　油菜湿渍害综合风险评估等级区划图

8.4 小 结

利用对春季湿渍害孕灾环境影响最明显和最直接的因子，构建湿渍害敏感性定量评估模型，是湿渍害孕灾环境敏感性评估的一个有益的探索；根据这个模型对长江中下游地区冬作物春季湿渍害孕灾环境的评估结果与实际情况基本一致。

长江中下游地区冬小麦湿渍害气候风险概率均呈纬向分布，南高北低，南北差异大，与春季降水分布基本一致。淮河以北地区发生轻度、中度、重度湿渍害的概率相对较小，淮河以南的地区概率依次增大，在长江以南区域概率最大，这主要与降水量和日照有关。从综合风险概率结果来看，淮河以南地区都存在10%以上的湿渍害气候风险概率，湖北省西南部地区（恩施土家族苗族自治州）和安徽省最南部地区（主要是黄山市）概率甚至高达40%以上。

以孕灾环境敏感性、致灾因子危险性和承灾体脆弱性构建作物春季湿渍害综合风险评估指标，按照高、较高、中和低4个等级对长江中下游地区作物春季湿渍害综合风险进行区划。结果发现，长江中下游地区冬小麦春季湿渍害综合风险分布与区域分异特征高风险区主要位于江汉平原、从武汉到芜湖的沿江平原；较高风险区主要包括高风险区外围的一定区域、由芜湖到入海口的沿江平原区以及安徽省沿淮平原和台地；中风险区主要分布在江苏省中部地区、安徽省沿淮及江淮之间除较高风险区的大部分地区、鄂北岗地、鄂东北丘陵、鄂东南山地以及鄂西南山地等地区；低风险区主要分布在安徽省和江苏省最北部降水相对比较少的地区、皖西和皖南丘陵和山地以及湖北省西北部山地等地区。

油菜春季湿渍害的综合风险评估结果空间分布与冬小麦春季湿渍害的综合风险评估结果空间分布相似。较高及高风险区主要位于湖北省的江汉平原及沿江平原地区、皖南沿江平原地区以及苏南地区。该区域在油菜生长发育期内降水丰沛，地势低平且河湖众多，油菜种植面积较大；与冬小麦湿渍害风险评估结果相比，油菜湿渍害低风险区有所扩大，主要包括鄂西北山区、皖西和皖南山区以及安徽省和江苏省淮北地区。这是由于山区相对平原地区坡度较大，油菜种植面积小，而淮北地区则春季降水偏少，所以油菜湿渍害综合风险最小。

本章从气象、地理和农业等不同角度构建了长江中下游地区综合风险评估模型，基于该模型的评估结果能够更加细化、真实地反映研究区春季湿渍害的风险分布特征及地域性差异。影响湿渍害的因子十分复杂，所构建评估指标和模型只是一个初步结果，它在反映区域脆弱性特征、致灾因子危险性等方面还有待于进一步改进，尤其是基于生育期的动态化冬小麦（油菜）春季湿渍害风险评估技术模型还有待于进一步深入研究。

参 考 文 献

郝树荣, 俞方易, 张展羽, 等. 2015. 气候变化对南京主要作物需水量的影响. 水利水电科技进展, 35(3): 25-30.

黄崇福. 2005. 自然灾害风险评价: 理论与实践. 北京: 科学出版社.

黄毓华, 武金岗, 高苹. 2000. 淮河以南春季三麦阴湿害的判别方法. 中国农业气象, 21(1): 23-26.

葛全胜, 邹铭, 郑景云. 2008. 中国自然灾害风险综合评估初步研究. 北京: 科学出版社.

金之庆, 石春林, 葛道阔, 等. 2001. 长江下游平原小麦生长季气候变化特点及小麦发展方向. 江苏农业学报, 17(4): 193-199.

康绍忠, 刘晓明, 熊运章. 1994. 土壤-植物-大气连续体水分传输理论及应用. 北京: 水利电力出版社.

刘海军, 康跃虎. 2006. 冬小麦拔节抽穗期作物系数的研究. 农业工程学报, 22(10): 52-56.

刘钰, Pereira L S. 2000. 对 FAO 推荐的作物系数计算方法的验证. 农业工程学报, 16(5): 26-31.

马晓群, 陈晓艺, 盛绍学. 2003. 安徽省冬小麦渍涝灾害损失评估模型研究. 自然灾害学报, 12(1): 158-162.

莫建飞, 陆甲, 李艳兰, 等. 2010.基于 GIS 的广西洪涝灾害孕灾环境敏感性评估. 灾害学, 25(4): 33-37.

盛绍学, 石磊, 张玉龙. 2009. 江淮地区冬小麦渍害指标与风险评估模型研究. 中国农学通报, 25(19): 263-268.

石莉莉, 乔建平. 2009. 基于 GIS 和贡献权重迭加方法的区域滑坡灾害易损性评价. 灾害学, 24(3): 46-50.

史培军. 2005. 五论灾害系统研究的理论与实践. 自然灾害学报, 18(6): 1-9.

孙爽, 杨晓光, 李克南, 等. 2013.中国冬小麦需水量时空特征分析.农业工程学报, 29(15): 72-82.

汤志成, 高苹. 1996. 作物产量预报系统. 中国农业气象, 17(2): 49-52.

吴洪颜, 曹璐, 李娟, 等. 2016. 长江中下游冬小麦春季湿渍害灾损风险评估. 长江流域资源与环境, 25(8): 1279-1285.

张恒敢, 张继林. 1999. 宁麦 9 号小麦形态生理特性研究.江苏农业科学, (6): 14-19.

中国气象局. 2009. 冬小麦、油菜涝渍等级(QX/T 107—2009). 北京: 气象出版社.